湖南大学机械与运载工程学院资助出版图书

# 钎料设计、制造工艺实践与技巧

虞觉奇　梅照营　著

机 械 工 业 出 版 社

本书详尽地阐述了钎料配方设计的方法，特别是利用合金相图资料设计钎料配方，提供了非标配方设计的捷径，列举了各种钎料配方实例；解读了作者对钎焊材料的研究方法和成功实例；分析生产实际中出现的问题及解决途径。这些实践经验和心得，对钎焊材料研究和制造有很高的实用价值。

本书可供钎焊材料制造企业，特别是小微型钎料制造企业的技术人员，高等院校师生和研究机构相关专业的从业人员作为参考。

**图书在版编目（CIP）数据**

钎料设计、制造工艺实践与技巧/虞觉奇，梅照营著．—北京：机械工业出版社，2021.3

ISBN 978-7-111-67658-4

Ⅰ.①钎…　Ⅱ.①虞…　②梅…　Ⅲ.①钎料-研究　Ⅳ.①TG425

中国版本图书馆 CIP 数据核字（2021）第 036637 号

机械工业出版社（北京市百万庄大街 22 号　邮政编码 100037）
策划编辑：吕德齐　责任编辑：吕德齐　王春雨
责任校对：王明欣　封面设计：鞠　杨
责任印制：李　昂
北京机工印刷厂印刷
2021 年 5 月第 1 版第 1 次印刷
169mm×239mm · 12 印张 · 229 千字
标准书号：ISBN 978-7-111-67658-4
定价：69.00 元

电话服务　　网络服务
客服电话：010-88361066　机　工　官　网：www.cmpbook.com
010-88379833　机　工　官　博：weibo.com/cmp1952
010-68326294　金　书　网：www.golden-book.com
**封底无防伪标均为盗版**　机工教育服务网：www.cmpedu.com

# 前　言

钎焊是焊接领域的一个分支，历史悠久，应用广泛，至今许多领域都应用到钎焊技术，大到航空航天、人造卫星，小到微电子等制造业，尤其是电机、电器、制冷、机械制造、探矿、建筑、化工、食品器皿、电信器件、芯片，甚至金银首饰等都离不开钎焊技术。

钎料和钎剂是实施钎焊技术必不可少的焊接材料，随着钎焊技术的广泛应用，钎料和钎剂制造业也相应迅速发展。钎料、钎剂的制造涉及金属材料、冶金铸造、压力加工、机械设计、化学工业等多领域的知识，但目前尚未见专门针对钎料制造的书籍。

1978 年我们开始钎焊材料的研究和生产，几十年来，利用合金相图原理进行各种钎料配方设计研究和生产实践工作，尤其对非标钎料配方设计取得了一些成果，掌握了一些制造技巧；钎剂方面在前人研究的基础上，以陶瓷相图资料为依据，研制铝钎剂和膏状银钎剂取得了可喜成果；我们创建了先进的双辊法 0. 2mm±0. 05mm 微晶态薄带钎料的成形技术，在设备设计和繁多的工艺参数研究方面取得成功；在生产设备上，我们改进了倾转式中频熔炼炉，有效提高钎料的熔炼质量和生产率。我们把所有的经历、心得和成功的经验，详尽地撰写在本书中，以飨读者。

本书的出版得到了湖南大学机械与运载工程学院资助。在撰写过程中，得到张启运教授、刘立斌教授、庄鸿寿教授的指教，若干金相图片得到陈明安教授、尹斌老师的协助，出版工作得到都林公司董事会的全力支持，特别得到机械工业出版社的大力支持，使本书得以顺利出版，在此致以衷心感谢！

尽管我们力求把本书写得完美，但由于作者知识水平所限，书中难免有不足之处，谨请广大读者不吝指教。

虞觉奇　梅照营

# 目　录

# 第1章　绪　　论

## 1.1　钎料配方的重要性

钎料很少使用纯金属，绝大多数钎料为满足使用性能要求，一般为由二元或三元甚至更多元素组成的合金。合金元素的组配，元素种类的选择或元素含量的配比，基本上决定了钎料合金的主要性能。因此，用户选择钎料时，总是关注钎料的类别和钎料中化学成分的配比，也就是通常所谓的配方，看它能否满足产品性能的要求和实施焊接的工艺要求；对于钎料制造企业而言，为了制造出具有市场竞争力的优秀钎料产品，非常关注寻求优秀的钎料配方，因为没有优秀的钎料配方，就不可能制造出性能优良的钎料产品。配方的优越程度直接影响钎料产品性能的优劣和市场竞争力。

根据钎料配方中化学成分的组合，大致能判断钎料的基本性能，例如由Cu和P两组元组成的铜磷钎料，磷含量高则熔化温度低，流动性好，但脆性增大，磷含量低，则正好相反；又如由Cu、Zn两组元组成的铜锌钎料，$w(Zn) \leqslant 32\%$，为α黄铜钎料，熔点高，流动性差，但塑性好；$w(Zn) \geqslant 46\%$，为β黄铜，熔化温度稍微降低，但断后伸长率低、脆性大。

## 1.2　钎料配方的来源

钎料制造企业所采用的最主要的配方是国家标准中列出的配方，符合国家标准的钎料产品属于市场准入产品，虽然国家标准配方不一定是最佳配方，但它是产品允许销售的最低要求，它能保证钎料产品的基本性能要求和广泛的适用条件，当然国家标准的制定应该与国际焊接学会的标准接轨，同时选择国内钎料制造企业生产中优秀的企业标准，也可选录研究机构研究成果并已批量投产的那些优秀配方。

除了国家标准和国际标准外，先进工业国，如美国、日本、英国等国家标准，国际上著名焊接材料公司如美国的哈里斯（Harris）公司、德国的德固萨（Degussa）公司、英国的英高克（Engelhard）公司等，它们企业标准中有许多配方都是非常优秀的。

市场需求，促进自主研发，获得钎料配方。由于供方无货或断货而影响用户生产时，用户找其他钎料制造厂提出供货要求。20 世纪 90 年代有一用户向我当时供职的钎料厂要求供应一种钎料，价格低于 300 元/kg，熔化温度 250~300℃，根据用户提出的要求，研究认为产品属于高温软钎料，因价格相当高，可能含有一定量的银，然后查阅二元合金相图资料，发现共晶型二元合金如下：Ag-Sn（221℃）、Cd-Pb（280℃），Cd-Sb（290℃）、Cd-Sn（177℃）、Cd-Zn（266℃），Pb-Sn（183℃）、Pb-Sb（251℃），Pb-Zn（318℃），分析认为其中 Ag-Sn、Cd-Sn、Pb-Sn、Pb-Zn 合金系不符合熔化温度要求，不宜作为基体合金系，对于 Cd-Pb、Cd-Sb、Cd-Zn、Pb-Sb 四个合金系进行初试，同时查阅相关文献，确定 Cd-Zn 系二元合金作为基体合金，再添加其他合金元素，经过试验并与用户进行互动，获得所需配方，产品售价和质量得到用户认可，钎料厂获得供货机会。

2014 年深圳某高级不锈钢茶具、餐具制造企业，要求广州市钧益钎料厂提供不锈钢白色钎料，丝径为 $\phi1.0$mm，接头要有一定强度，价格不限。此钎料无国标型号，未查到国外资料，国内无厂家供货，笔者自主研发确定了符合用户产品要求的配方。详见 3.5.4 节。

一种新的钎料合金系，虽然尚未在生产中应用，最初肯定尚未列入国内外标准，但它有科学前瞻性，代表着技术的先进性。例如由于环保要求，禁止电子工业产品中使用含 Pb 的 Sn-Pb 钎料。因此，研究无 Pb 钎料，从而出现无 Pb 的各种 Sn 基软钎料。曾经为了经济目的，降低钎料中的银含量，专家们进行了低银的 CuPAg 系钎料的研究，创造出 CuPAg2、CuPAg5 等系列低银钎料；同样研究了无银的 CuPSn 系钎料，以代替含银的钎料，这些成果在尚未纳标之前，市场上已有需求，并已得到应用。

标准配方中列出的主要化学成分，通常是一个范围而不是一个确定的值，例如：BAg25CuZn 钎料的成分范围为 $w(\mathrm{Ag}) = 24\% \sim 26\%$，$w(\mathrm{Cu}) = 39\% \sim 41\%$，$w(\mathrm{Zn}) = 33\% \sim 37\%$。配方中 Ag 和 Cu 的质量分数波动范围为 2%，Zn 的质量分数波动范围为 4%。配方中最关键的制约元素是 Ag 含量，$w(\mathrm{Ag})$ 不低于 24%，否则作为不合格产品处理，对于 Cu 和 Zn 的制约基本上不限制。生产实际中考虑钎料的成本、制造技术水平等因素，Ag 的配比一般为 $w(\mathrm{Ag}) = 24.2\% \sim 24.5\%$，Cu 和 Zn 的配比通常取配方波动范围的中间值，分别为 $w(\mathrm{Cu}) = 40\%$ 和 $w(\mathrm{Zn}) = 35\%$ 左右，在这一基础上，技术人员会根据客户对钎料使用性能的要求和自己的经验，对钎料配方在限定成分范围内进行适当的调整，一般不会做大的变动，因为超出标准范围就涉及非标配方和责任问题，所以修改标准配方的程度非常有限，钎料性能变动程度也很有限。

对于客户新的要求或超出标准配方可变动范围的要求，只有自行研制新的配方，目前国内除了历史悠久、经济实力强劲、技术力量雄厚的钎料制造企业有可能投资研究新配方，大多数小微钎料制造企业，实际上是不会真正投资自行研制有前瞻性的新配方，也不太愿意与科研机构或大专院校合作开发新的配方，主要原因是企业主要负责人安于现状，缺乏科学技术对产品开发和市场销售作用的认识；同时对创新的艰辛认识不足，总希望一旦投资立刻出成果，立刻转化生产力，收回成本；不明白从立项、投资、研制、试生产、批量生产，投放市场之后的销售情况等有一定的难度和周期性。所以国内许多小微钎料制造企业配方的来源，主要是搜集各种标准配方，其次是用户提出供货要求或获悉市场急需某种钎料时，刺激自主研发新产品配方。

# 第 2 章 钎料配方设计技术

## 2.1 钎料的基本要求

绝大多数钎料都为合金，主要为共晶合金或具有多相形式的固溶体，合金内部经常存在一定数量的脆性相，因此钎料合金一般具有一个熔化温度区间，加工成形性能通常不如纯金属或单相固溶体合金。从使用和加工方面考虑，钎料合金应具有如下要求[2]：

1）钎料应具有合适的熔化温度和小的结晶温度区间，钎料的液相点温度至少比母材的固相点温度低 45~55℃，以避免钎焊过程中母材晶粒过分长大、过烧甚至熔化。

2）具有良好的润湿性和填缝性。

3）能与母材发生相互溶解、扩散等作用，保证形成牢固的结合。

4）化学成分稳定，减少和防止在钎焊过程中合金元素挥发和偏析。

5）具有良好的加工性能，钎料通常经锭铸、挤压、拉丝或轧制、制环等工序加工成形，若锭铸时偏析严重，合金中存在少量低熔点相或存在较多脆性相时，将大大影响钎料的加工性。

6）满足钎料的使用要求（如力学性能、工艺性、化学稳定性，甚至色泽等）的前提下，考虑经济性要求。

## 2.2 钎料配方设计特点

为了达到钎料的基本要求，钎料配方设计与常规金属材料合金设计，铸造合金设计，甚至熔化焊填充金属合金设计都有很大区别。钎料合金使用时必须熔化，但母材金属必须保持固体状态，因此通常情况下总是希望钎料合金的熔化温度，主要是液相点温度尽可能低，结晶温度区间小，熔化以后与母材润湿性好，再依靠毛细作用在接头缝隙中流布，充填接缝间隙，同时液态钎料与母材相互作用，形成理想的钎焊接头，为此钎料配方设计具有如下特点。

**1. 降低钎料合金的液相点温度**

生产实际中常为钎料合金中加入什么元素能降低其熔点而发愁，其实只要查阅钎料主体元素的二元合金相图就能找到解决办法。凡是能使主体元素熔点降低的元素，原则上都能使钎料的熔点降低，在硬钎料中应用最广泛的为铜基钎料、银钎料或以银加铜为基的钎料，它们的主体元素为铜或银，它们组成的钎料合金是以铜或银等一价元素为溶剂的合金。现选取生产中常用的 Zn、Cd、Ga、In、Ge、Sn、Sb 七个合金元素作为溶质元素，它们对铜和银液相线温度的影响关系如图 2-1 和图 2-2 所示，同时在表 2-1 中列出这些元素的化合价及其所处的元素周期，可以发现这些元素都能有效地降低铜或银的液相线温度，化合价越高降温效果越好；其次是当化合价相同时，与铜或银处于不同周期的元素的降温效果更显著。

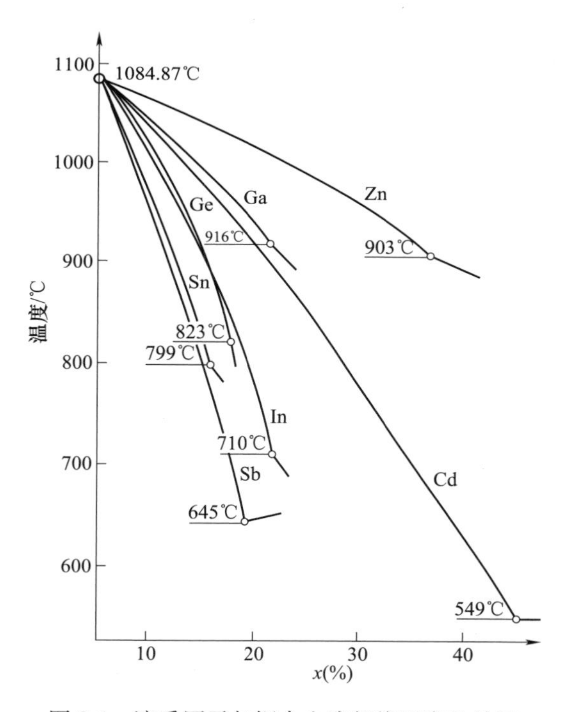


图 2-1　溶质原子与铜合金液相线温度的关系

**表 2-1　元素周期及化合价**

| 周期 | 化合价 | | | | |
|---|---|---|---|---|---|
| | +1 | +2 | +3 | +4 | +5 |
| 4 | Cu | Zn | Ga | Ge | — |
| 5 | Ag | Cd | In | Sn | Sb |

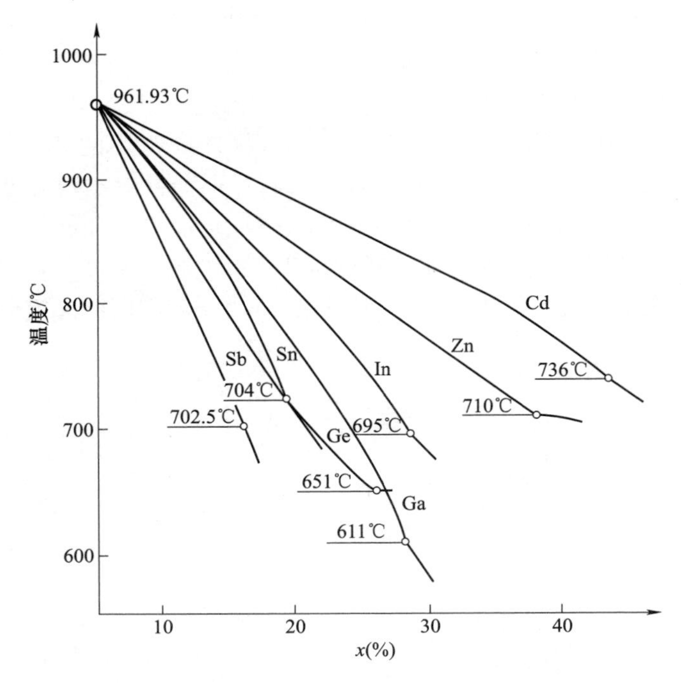


图 2-2　溶质原子与银合金液相线温度的关系

例如：Cu、Zn、Ga、Ge 都处在第 4 周期，从图 2-1 可见对 Cu 的降温效果 Ge>Ga>Zn；又如 Ag、Cd、In、Sn、Sb 都处在第 5 周期，从图 2-2 可见对 Ag 的降温效果 Sb>Sn>In> Cd；再比较 Cd 和 Zn，它们都是+2 价元素，对 Cu 的降温效果 Cd> Zn，对 Ag 的降温效果 Zn> Cd，见表 2-1，因 Cu 与 Cd、Ag 与 Zn 分别处于不同的周期；在 Ag+Cu 为基的钎料中，当 Cu 高 Ag 低时，也就相当于低银钎料，添加 Cd、Sn 元素降温效果很显著，当钎料中 Ag 高 Cu 低时，经验表明当 $w(\mathrm{Ag})\geqslant 30\%$时，Cd 和 Sn 的降温效果相对而言要差很多，因为 Cd 和 Sn 与 Ag 处在同一周期。

**2. 钎料润湿性**

钎料熔化后的液滴与母材表面接触达到平衡时，如图 2-3 所示，在 $O$ 点出现几个力的平衡，平衡时 $O$ 点的界面张力有如下关系：

$$\sigma_{SG}=\sigma_{LS}+\sigma_{LG}\cos\theta$$

$$\cos\theta=\frac{\sigma_{SG}-\sigma_{LS}}{\sigma_{LG}} \tag{2-1}$$

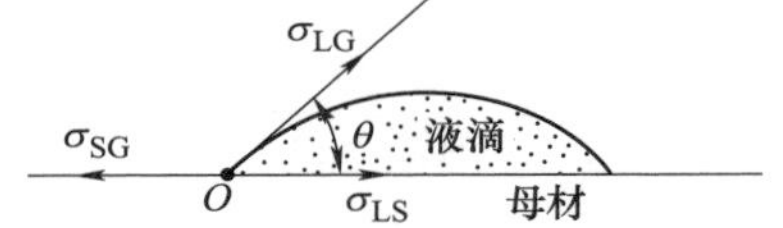


图 2-3　液滴在固体表面示意图

$\sigma_{SG}$—固-气界面张力

$\sigma_{LG}$—液-气界面张力（表面张力）

$\sigma_{LS}$—液固界面张力

$\theta$—润湿角

当 $\sigma_{SG}>\sigma_{LS}$时，$\cos\theta>0$，即 $0°<\theta<90°$，此时液

体能润湿固体表面；若 $\theta=0°$，为完全润湿。当 $\sigma_{SG}<\sigma_{LS}$时，$\cos\theta<0$，即 $90°<\theta<180°$，此时液体不润湿固体表面；若 $\theta=180°$，则为完全不润湿。钎焊时希望钎料的润湿角<20°；使用钎剂时，可以有效地减小钎料对母材的润湿角。

钎料对母材的润湿决定于具体条件下三相间的互相作用，但不论情况如何，由式（2-1）可知 $\sigma_{SG}$增大、$\sigma_{LS}$或 $\sigma_{LG}$减小，都能使 $\cos\theta$ 增大，即 $\theta$ 角减小，即能提高液态钎料对母材表面的润湿性。从物理概念上说，$\sigma_{LG}$减小，意味着液体内部原子对表面层原子吸引力减弱，液体表面层原子容易克服本身的内聚力，使表面积扩大，钎料容易铺展；$\sigma_{LS}$减小，表明固体表面层原子对液体界面层原子吸引力增大，使液体界面层原子对母材表面的附着力增大，促进液体钎料的铺展。表面张力 $\sigma_{LG}$和界面张力 $\sigma_{LS}$减小，都能促使液滴对固体表面的润湿性，关于表面张力数据可查看本书附录 C。

生产实践表明，为了降低液态钎料合金的表面张力 $\sigma_{LG}$，可在钎料中添加比钎料合金主体元素表面张力更小的合金元素，溶液中表面张力小的组分，将聚集在液体表面呈正吸附，使合金系表面自由能降低[1]，从而提高钎料的润湿性。

为了降低 $\sigma_{LS}$，虽无数据可查，但可在钎料中添加能与母材元素或其他主要元素形成固溶体或化合物的元素，从而有效提高润湿性。例如 Pb 对 Fe 互不溶解也不形成化合物，因此 Pb 对钢的润湿性极差，几乎不润湿。当在 Pb 中添加 Sn 后，因 Sn 能有限固溶于 Fe，也能与 Fe 形成化合物，所以能减小润湿角 $\theta$ 而提高了润湿性[2]，Ag 与 Fe 基本上不互溶，在 Ag 中添加 Cu，由于 Cu 与 Fe 有一定溶解度，所以 Ag-Cu 钎料对钢有较好的润湿性；Ag-Cu 钎料对 Cr-Ni 不锈钢润湿性不理想，在 Ag-Cu 钎料中加入少量的 Ni 之后，润湿性有明显提高；在 Cu-Zn 钎料中，添加一定量 Mn 或 Co 之后，使钎料对硬质合金的润湿性有明显提高，原因在于硬质合金中用 Co 作黏结剂。

研究和实践表明：钎料中加入能与母材主体元素或主要元素形成固溶体的元素，对提高钎料润湿性效果最显著，加入能形成化合物的元素，效果不如能形成固溶体相的元素[2]。从元素周期表看，添加元素与母材为同族元素或同周期元素，越靠近母材主体元素，对提高钎料润湿性效果越好。

比较 $\sigma_{LG}$和 $\sigma_{LS}$对润湿性的影响，能降低 $\sigma_{LS}$的元素提高润湿性的效果，远远高于能降低 $\sigma_{LG}$的元素。这些实践经验，对钎料配方设计提供了重要且可靠的依据。

**3. 钎焊接头的结合强度**

当钎料熔化之后，在对母材润湿和填缝过程中，液态钎料与固态母材界面上发生相互作用，一般为钎料向母材扩散和母材向钎料溶解。作用的结果是钎焊接头分为三个区域，如图 2-4 所示，液态钎料与母材接触界面的母材侧，为钎料向母材扩散的区域，称为扩散区，界面的钎料侧为母材向钎料溶解区域，称为溶解区，中间部分为钎缝中心区。中心区的成分和组织与工件装配间隙大小有很大关系；当间隙大时，该区成分和组织比较接近钎料原来的状态，但是由于母材向钎料的溶解，与原钎料的成分和组织也有一定的差异；当间隙小时，与钎料原始状态差别比较大，如用镍-铬-硅-硼钎料钎焊不锈钢小间隙钎缝时，钎料本身为包晶组织，但钎缝却由固溶体组成[2]。

溶解区和扩散区的成分和组织对钎焊接头性能影响很大，当元素溶解和扩散之后，能形成固溶体组织的，接头性能最好，尤其是当钎料基体元素与母材基体元素为同基成分时，在界面上能形成类似熔化焊焊缝的交互结晶。例如用 Al-Si 基钎料钎焊 3A21(3003)、工业纯铝等铝材时，钎料合金中的铝原子以母材表面铝晶粒为基面向钎缝中成长，首先结晶出铝固体，形成铝固溶体的交互结晶，如图 2-5 所示；用黄铜钎料、铜磷钎料钎焊铜及铜合金时，也可发现形成类似的交互结晶的钎缝组织，这种钎缝组织的接头性能最好。

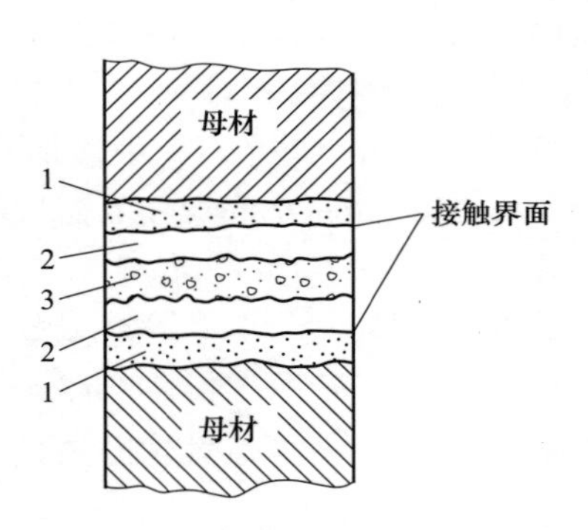


图 2-4 钎焊接头区域示意图

1—扩散区 2—溶解区 3—钎缝中心区

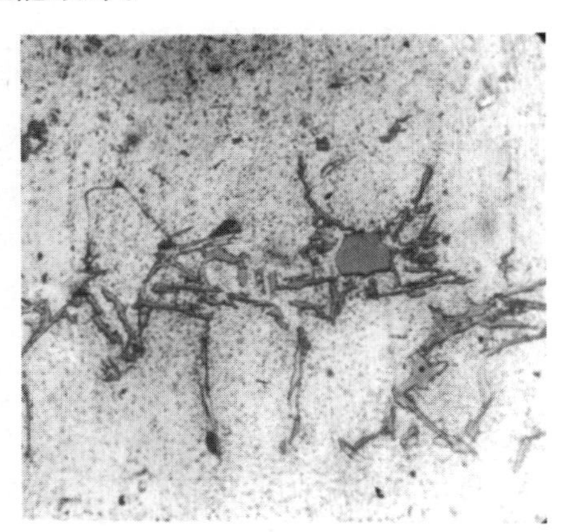

图 2-5 铝钎焊接头金相图 400×

当某元素扩散或溶解时，超过母材或钎料基体元素的最大溶解浓度时，就可能形成化合物，特别是形成连续层状化合物，此时钎焊接头性能将大幅度下降。为了鉴别某元素与母材或钎料基体元素是否会形成化合物，只要查阅相关的二元合金相图。例如用含 Si 的钎料钎焊钢，在 Fe-Si 二元合金相图上得知 Si 在 Fe 中的饱和溶解浓度很小，并且有 Fe-Si 化合物存在，所以在扩散区有可能出现化合物。用 Sn 基钎料钎焊铜时，在 Cu-Sn 二元合金相图上存在化合物，所以钎焊时，当 Cu 在 Sn 中溶解量超过最大溶解浓度时，在溶解区会出现 $Cu_6Sn_5$ 化合物[2]，特别当形成连续层状化合物时，对接头性能影响更大。

在扩散区出现钎料元素向母材晶间渗入时，对接头性能的影响很大，例如含硼的镍基钎料钎焊不锈钢时，就出现硼向晶间渗入现象[2]。

**4. 钎料的加工性**

所谓钎料的加工性，是指钎料在挤压、拉丝、矫直、轧片等成形加工环节中，进行加工的难易程度，这一性能常常被钎料研究者在配方设计时忽略。例如Cu-P-Sn钎料的配方设计，在使用性能和经济性方面都获得相当满意的结果，但由于挤压难度非常大，钎料企业不愿意制造，因而得不到广泛应用。

有的合金随温度变化会发生相变，例如Ag-Cu-Zn系合金，由于Ag、Cu、Zn配比不同，会出现α相和β相不同相区，β相强度高有一定脆性，但高温时变形抗力小，易挤压；α相塑性好，变形抗力大，挤压性差，但室温时后续加工性能好。配方设计时，当含Ag量确定后，调整Cu与Zn的配比，使钎料高温时具有α+β两相组织，而室温时具有单相α组织，使钎料既容易挤压又能顺利拉丝和矫直，这是最理想的配方。但实际上许多配方偏重合金具有α单相组织，结果在高温挤压时不那么顺利。例如广泛应用的BAg45Cu30Zn25钎料，它在常温、高温都处于单相α组织，挤压锭温约600℃，有时甚至高达620℃，导致挤压丝料严重氧化而发黑。

有时为了改善钎料的某些性能，配方中加入多种合金元素，并且加入量较大，易形成加工硬化，使后续加工难度增大。

共晶型钎料一般设计为亚共晶组织的合金，使挤压和后续加工都能顺利进行，如BCu93P。

## 2.3 钎料配方常用设计方法

### 2.3.1 正交试验法

首先确定钎料合金元素数目，根据经验。钎料主体元素最少为一个，即纯金属，应用最广泛的为3~4个组元，其他元素一般加入量都比较少，可以在主体元素含量基本调整完毕后，再予以调试。钎料的主要性能指标是液相点温度、结晶温度区间、强度、塑性和加工性。

将各因素（即元素种类）、不同水平（即元素含量）进行合理搭配，制订出正交表，然后按表组合进行试验，并记录每次实验的结果（包括工艺试验和力学性能试验），进行数据处理，也可以把结果数据做成曲线图。

最后得出配方（即元素种类和各元素含量），必要时可再进行第二次列表实验。现以Ag25CuZnCd钎料为例介绍编排正交试验表的过程。

因素：Ag、Cd、Cu、Zn四个元素。

水平：$w(Ag)$（%）24，25，26。

因为国标规定BAg25CuZnCd钎料中含银量范围为$w(Ag)=24\%\sim26\%$；根据

Ag-Cd 二元合金相图和实践经验，为防止钎料出现脆性，Cd 的含量应少于 Ag 的含量，由此建立因素-水平正交表（见表 2-2）。

表 2-2 因素-水平正交表

| 因素 | | Ag | Cd | Cu | Zn |
|---|---|---|---|---|---|
| 水平（质量分数,%） | Ⅰ | 24 | 20 | 31 | 25 |
| | Ⅱ | 25 | 22 | 29 | 24 |
| | Ⅲ | 26 | 24 | 27 | 23 |

根据因素数 4 和水平数 3，选用 L9（$3^4$）正交试验表（见表 2-3），共做 9 次试验。

表 2-3 L9($3^4$) 正交试验表

| 试验号 | 元素含量（质量分数,%） | | | |
|---|---|---|---|---|
| | Ag | Cd | Cu | Zn |
| 1 | 24 | 20 | 31 (a) | 25 (a) |
| 2 | 24 | 22 | 29 (b) | 24 (b) |
| 3 | 24 | 24 | 27 (c) | 23 (c) |
| 4 | 25 | 20 | 27 (c) | 24 (b) |
| 5 | 25 | 22 | 31 (a) | 23 (c) |
| 6 | 25 | 24 | 29 (b) | 25 (a) |
| 7 | 26 | 20 | 29 (b) | 23 (c) |
| 8 | 26 | 22 | 27 (c) | 25 (a) |
| 9 | 26 | 24 | 31 (a) | 24 (b) |

通过试验，当含 Ag 量确定时，对所要求性能可以得出最佳的 AgCdCuZn 配比。这种方法对探索钎料配方来说，试验次数偏多，并且最后确定的配数范围偏大，从制样、试验、检测到数据处理得出最终结果，周期较长。

## 2.3.2 固定元素法

以 Ag25CuZnCd 钎料配方设计为例，根据 GB/T 10046—2018 规定，该钎料含 Ag 量为 $w(\mathrm{Ag})=24\%\sim26\%$，可以先固定为 $w(\mathrm{Ag})=25\%$；从 Ag-Cd 二元合金相图可知[3]，当 $w(\mathrm{Cd})\geqslant50\%$ 时，会出现六方晶格的 AgCd 化合物，有脆性，因此 Cd 的含量必须少于 Ag 的含量，现将 Cd 的含量设为 $w(\mathrm{Cd})=20\%$，因此配方式为 $\mathrm{Ag25Cd20Zn}_x\mathrm{Cu}_{55-x}$ 在这个四元合金的配方式中，实际只有一个 Zn 元素为主变量，配方设计简单，依据该配方式设计五组配方，列于表 2-4 中，并按表 2-4 列出的配方，熔炼浇注后车制成如图 2-6 所示的试样，每个配方制 5 个试样，共 25 个试样，其中每一配方有两个为备用试样，共有 10 个备用试样，然后进行拉伸试验，每个配方获得三个正常拉断的测试数据，取其平均值列于表 2-5，并做出钎料的抗拉强度 $R_m$ 和断后伸长率 $A$(%) 与含 Zn 量的关系曲线，如图 2-7 所示。

**表 2-4　Ag25Cd20$Zn_x$$Cu_{55-x}$ 钎料配比[4]**

| 序号 | 元素含量（质量分数,%） | | | |
|---|---|---|---|---|
| | Ag | Cd | $Cu_{55-x}$ | $Zn_x$ |
| 1 | 25（25.0） | 20（19.5） | 24（24.1） | 31（31.3） |
| 2 | 25（25.1） | 20（19.8） | 27（27.2） | 28（28.0） |
| 3 | 25（25.1） | 20（20.0） | 30（29.8） | 25（24.9） |
| 4 | 25（25.1） | 20（19.7） | 33（33.4） | 22（21.8） |
| 5 | 25（25.2） | 20（20.0） | 36（35.7） | 19（19.0） |

注：括号内数据为熔炼后化学成分分析结果。

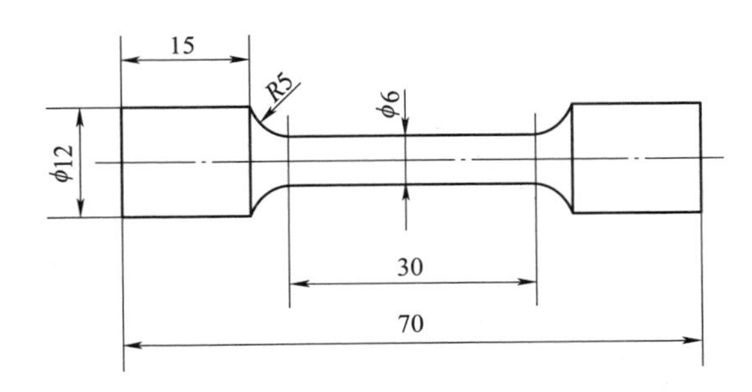


图 2-6　拉伸试样图

**表 2-5　试件拉伸试验结果**

| 序号 | $w$(Zn)（%） | 抗拉强度 $R_m$/MPa | 断后伸长率 $A$（%） |
|---|---|---|---|
| 1 | 31 | 492 | 1.2 |
| 2 | 28 | 407 | 4 |
| 3 | 25 | 372 | 7 |
| 4 | 22 | 350 | 11 |
| 5 | 19 | 323 | 13.5 |

由图 2-7 可见，随含 Zn 量的增加，钎料强度增加，而断后伸长率迅速下降，3 号配方的综合性能最佳，铸态钎料的抗拉强度 $R_m$ 为 372MPa，断后伸长率达到 7%。3 号试样经差热分析（DTA）测定的温度曲线如图 2-8 所示，该图前半段为试样加热直至熔化的温度变化，后半段为熔化了的试样冷却凝固过程中的温度变

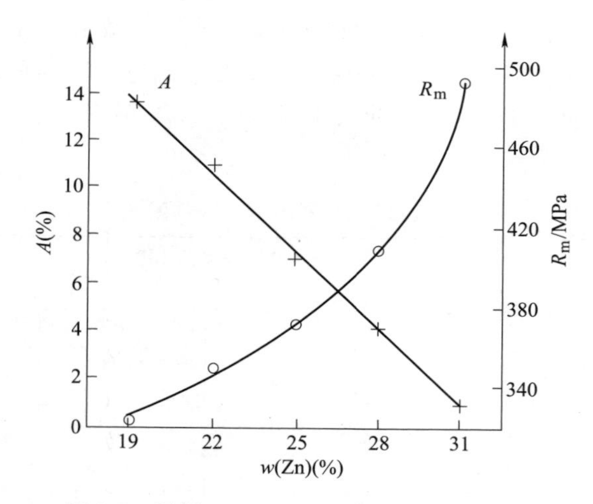


图 2-7 钎料 $R_m$、$A$（%）与含 Zn 量的关系

化。根据美国焊接学会审批的美国国家标准[5]，Liquidus（液相点）和 Solidus（固相点）解释，笔者从图 2-8 认定，3 号试样的固相点温度和液相点温度取 DTA 曲线加热段和冷却段相应点温度的平均值为宜，因此为 604.4℃和 721.6℃。

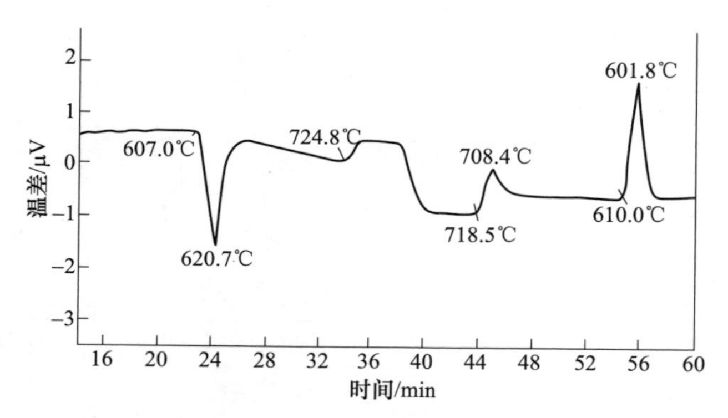


图 2-8 3 号试样 DTA 曲线图

### 2.3.3 合金相图依据法

合金相图是研究合金系在平衡状态下不同成分、不同温度时所处状态，当合金相图中标出各相区时，就可获知所研究的合金在某温度下所具有的相（如固溶体、化合物等），对于该合金，只要计算出各相的相对量，就能初步估计合金的性能。利用合金相图设计钎料配方时，首先须了解相图的基本知识，下面就相图

的最基本知识和钎料配方设计时最可能碰到的一些情况做简单的介绍，下面相图介绍都按平衡状态进行解释。

**1. 二元合金相图**

（1）共晶型二元合金相图

1）不形成化合物的二元合金相图。图 2-9 为 Ag-Cu 二元合金相图，凡是两组元在液态时能无限溶解，固态时有限溶解，但不生成化合物，在某一温度时能发生共晶反应的合金，都具有这一类型的共晶型相图；纵坐标为温度坐标，横坐标为成分坐标，AED 为液相线，该线以上为液相区，合金处于液态，ABECD 为固相线，该线以下的区域，合金处于固态，（Ag）为 Cu 在 Ag 中的固溶体，此时 Ag 为溶剂，Cu 为溶质，与 Ag 具有相同的晶体结构，（Cu）为 Ag 在 Cu 中的固溶体，与 Cu 具有相同的晶体结构，一般说固溶体塑性好，强度比溶剂组元高。ABF 为 Cu 在 Ag 中溶解浓度变化曲线，B 点为 780℃时 Cu 在 Ag 中的最大溶解浓度，$w$(Cu)= 8.8%；DCG 为 Ag 在 Cu 中最大溶解浓度变化曲线，C 点是 780 ℃时 Ag 在 Cu 中的最大溶解浓度，$w$(Ag)= 7.9%；200℃时在 F 点 $w$(Cu)= 0.206%，G 点 $w$(Ag) <0.1%[6]。

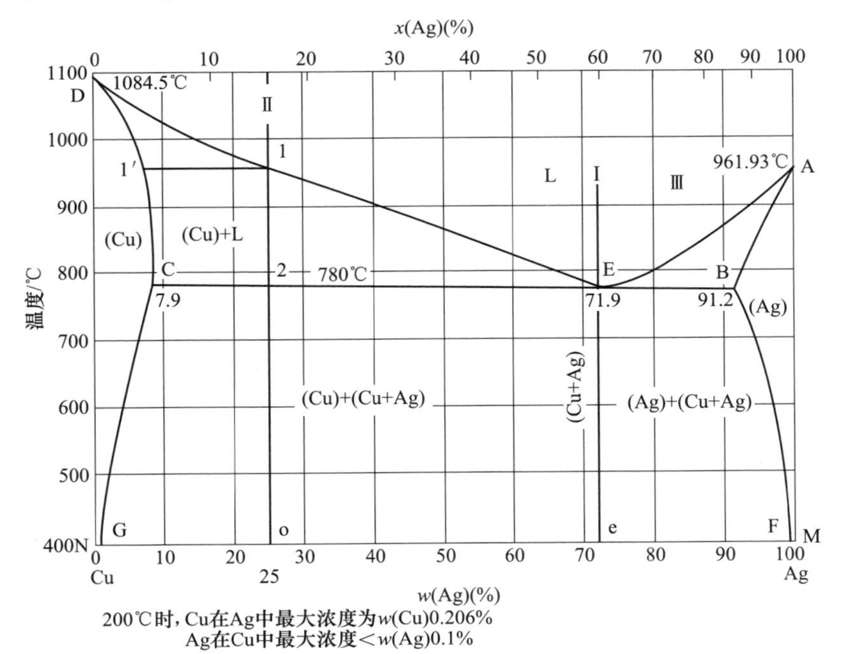


图 2-9　Ag-Cu 二元合金相图

现以合金 I 的冷却过程的变化加以说明，成分为 $w$(Ag)= 71.9%、$w$(Cu)= 28.1%。当液体金属从高温冷却至 780℃时，即达到 E 点时，发生共晶反应，反

应式为 $L_E \xrightarrow{780℃} \alpha_B+\alpha_C$，从液体合金中同时结晶出 $\alpha_B$ 和 $\alpha_C$ 两种固溶体，$\alpha_B$ 的成分为 $w(\text{Ag}) = 91.2\%$ 和 $w(\text{Cu}) = 8.8\%$，$\alpha_C$ 的成分为 $w(\text{Ag}) = 7.9\%$ 和 $w(\text{Cu}) = 92.1\%$，称为共晶体，以（$\alpha_C+\alpha_B$）表示其组织形式，在进行共晶反应时，温度780℃保持不变，这一温度停滞对钎料配方设计非常重要；当液体金属全部凝固后，温度继续下降，共晶体中的两种固溶体将分别沿 BF 线和 CG 线逐渐析出它们各自相应的溶质元素。

合金Ⅱ成分为 $w(\text{Ag}) = 25\%$、$w(\text{Cu}) = 75\%$，高温时为均匀互溶的液溶体，当温度下降至液相线 DE 时，相交于 1 点，此时液体金属开始凝固结晶出 $\alpha_{Cu}$ 相，过 1 点画出成分坐标的平行线交固相线 DC 于 1′点，1′点所标的成分就是刚结晶出 $\alpha_{Cu}$ 相的成分；温度继续下降，$\alpha_{Cu}$ 相的量逐渐增多，液相的量逐渐减少，结晶出来 $\alpha_{Cu}$ 相的成分由 1′点沿 DC 线向 C 点变化，液相的成分由 1 点沿 DE 线向 E 点变化，冷却至 780℃时，剩余液体达到 E 点成分，在 E 点进行共晶反应，生成共晶体（$\alpha_C+\alpha_B$），该合金的组织为 $\alpha_{Cu}+(\alpha_C+\alpha_B)$，共晶反应前结晶出来的 $\alpha_{Cu}$ 相称为先共晶 $\alpha_{Cu}$ 相，780℃时 $\alpha_{Cu}$ 相与 $\alpha_C$ 相的成分是相同的，都为 $w(\text{Ag}) = 7.9\%$、$w(\text{Cu}) = 92.1\%$，$\alpha_B$ 的成分为 $w(\text{Ag}) = 91.2\%$、$w(\text{Cu}) = 8.8\%$；共晶反应结束后，温度继续下降直至室温，其中先共晶 $\alpha_{Cu}$ 相和共晶体中的 $\alpha_C$ 和 $\alpha_B$ 相的变化与合金Ⅰ相同。

合金Ⅲ的成分为 $w(\text{Ag}) = 80\%$、$w(\text{Cu}) = 20\%$，冷却过程变化与合金Ⅱ相似，液体金属从高温冷却至液相线 AE 时，结晶出先共晶 $\alpha_{Ag}$ 相，温度降至 780℃时，剩余液相在 E 点进行共晶反应，结晶出共晶体 $\alpha_B+\alpha_C$，合金组织为 $\alpha_{Ag}+(\alpha_B+\alpha_C)$，780℃时，$\alpha_{Ag}$ 与 $\alpha_B$ 的成分相同，都为 $w(\text{Ag}) = 91.2\%$、$w(\text{Cu}) = 8.8\%$；温度继续下降至室温，先共晶 $\alpha_{Ag}$ 和共晶体中的 $\alpha_B$、$\alpha_C$ 相变化与合金Ⅰ相同。

利用杠杆定律可计算二元合金相图中各个相的相对量[3]。

**例 1**：已知合金Ⅰ的成分为 $w(\text{Ag}) = 71.9\%$、$w(\text{Cu}) = 28.1\%$（见图 2-9）。

**求**：①780℃时 $\alpha_C$ 和 $\alpha_B$ 的相对量；

②常温时，$\alpha_{Cu}$ 和 $\alpha_{Ag}$ 的相对量。

**解**：①$\alpha_C = \dfrac{EB}{CB} \times 100\% = \dfrac{91.2 - 71.9}{91.2 - 7.9} \times 100\% = 23.2\%$

$$\alpha_B = \frac{CE}{CB} \times 100\% = \frac{71.9 - 7.9}{91.2 - 7.9} \times 100\% = 76.8\%$$

②常温时忽略 G 点和 F 点的溶解量，直接取 M 点和 N 点的含量。

共晶体中 $\alpha_{Ag} = \dfrac{eN}{MN} \times 100\% = \dfrac{71.9}{100} \times 100\% = 71.9\%$，

共晶体中 $\alpha_{Cu} = \dfrac{eM}{MN} \times 100\% = \dfrac{28.1}{100} \times 100\% = 28.1\%$。

**例 2**：已知合金Ⅱ的成分为 $w(\text{Ag})=25\%$、$w(\text{Cu})=75\%$，合金组织为先共晶 $\alpha_{Cu}$+共晶体（$\alpha_{Cu}+\alpha_{Ag}$）。

**求**：①780℃时先共晶 $\alpha_{Cu}$ 和共晶体（$\alpha_C+\alpha_B$）的相对量；

②常温时先共晶 $\alpha_{Cu}$ 和共晶体（$\alpha_{Cu}+\alpha_{Ag}$）的相对量；

③常温时共晶体中 $\alpha_{Cu}$ 和 $\alpha_{Ag}$ 的相对量；

④常温时 $\alpha_{Cu}$ 和 $\alpha_{Ag}$ 总相对量。

**解**：①780℃时：

$$\text{先共晶 } \alpha_{Cu}=\frac{E2}{CE}\times100\%=\frac{71.9-25}{71.9-7.9}\times100\%=73.3\%,$$

$$\text{共晶体}(\alpha_C+\alpha_B)=\frac{C2}{CE}\times100\%=\frac{25-7.9}{71.9-7.9}\times100\%=26.7\%。$$

②常温时（不考虑 Ag 在 Cu 中的溶解量）：

$$\text{先共晶 } \alpha_{Cu}=\frac{oe}{eN}\times100\%=\frac{71.9-25}{71.9}\times100\%=65.2\%,$$

$$\text{共晶体}(\alpha_{Cu}+\alpha_{Ag})=\frac{oN}{eN}\times100\%=\frac{25}{71.9}\times100\%=34.8\%。$$

$$③\text{共晶体中 } \alpha_{Cu}=\frac{eM}{MN}\times34.8\%=\frac{28.1}{100}\times34.8\%=9.8\%,$$

$$\text{共晶体中 } \alpha_{Ag}=\frac{eN}{MN}\times34.8\%=\frac{71.9}{100}\times34.8\%=25\%$$

④$\alpha_{Cu}$ 总量为先共晶 $\alpha_{Cu}$+共晶体中的 $\alpha_{Cu}$，即为 65.2%+9.8%=75%。$\alpha_{Ag}$ 就是共晶体中的 $\alpha_{Ag}$=25%。

2）形成化合物的二元合金相图。两组元液态时无限溶解，固态时有限溶解，两组元能形成同分熔化化合物。图 2-10 为 Cu-P 二元合金相图，$Cu_3P$ 是其中的一个同分熔化化合物，在该二元系相图中可看作一个组元，它与 Cu 形成共晶型二元合金相图，在实际应用中就用 Cu-$Cu_3P$ 这一部分相图，超过 $Cu_3P$ 部分由于合金太脆，没有实用价值。

$w(\text{P})=8.4\%$的 Cu-P 合金在 714℃时发生共晶反应：$L_E \xrightleftharpoons{714℃} \alpha_{Cu}+Cu_3P$，从液体中同时结晶出 $\alpha_{Cu}$ 和 $Cu_3P$ 两种晶体，714℃时，P 在 Cu 中的最大溶解浓度为 $w(\text{P})=1.75\%$[3]，待合金全部凝固后，温度继续下降，溶解于 Cu 中的 P，将逐渐从固溶体中析出。

现以 $w(\text{P})=7.0\%$的 Cu-P 合金说明其冷却过程的变化，从图 2-10 可见，高于液相线 AE 温度时，合金为均匀的液溶体，当温度冷却至 AE 线时，相交于 1 点，开始结晶出先共晶 $\alpha_{Cu}$，温度继续下降，$\alpha_{Cu}$ 相的数量逐渐增多而液相数量逐渐减少，$\alpha_{Cu}$ 相的成分沿 AB 线向 B 点变化，液相的成分沿 AE 线向 E 点变化，当

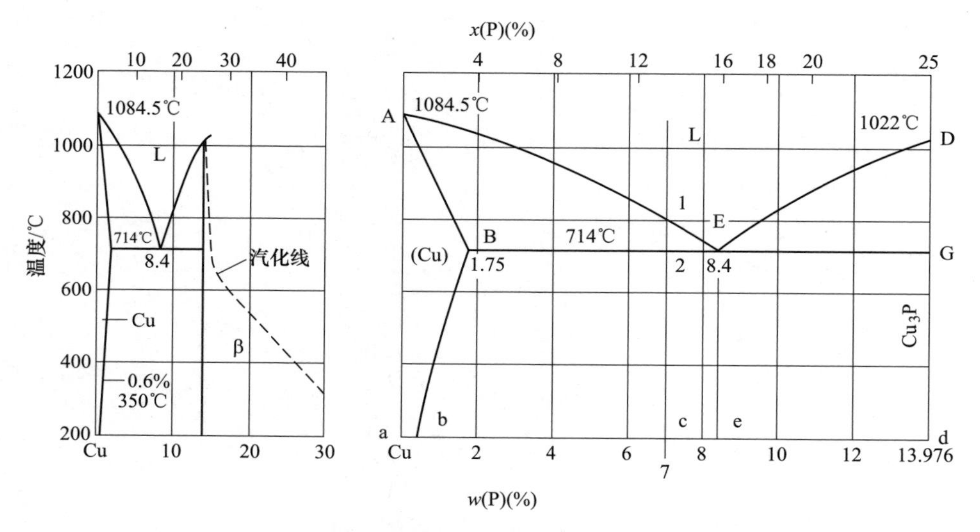


图 2-10 Cu-P 二元合金相图[3]

冷却至 714℃时，先共晶 $\alpha_{Cu}$相的成分为 $w(P)=1.75\%$、$w(Cu)=98.25\%$，剩余液体达到 E 点，成分为 $w(P)=8.4\%$，进行共晶反应：$L_E \xrightleftharpoons{714℃} \alpha_B+Cu_3P$，结晶出（$\alpha_B+Cu_3P$）共晶体直至完全凝固，温度继续下降，到室温时 P 在 Cu 中的溶解浓度约为 $w(P)=0.2\%$[7]（笔者根据文献［6］不同温度时 P 在 Cu 中溶解浓度数据，用作图外延法求得室温时约为 $w(P)=0.16\%$，因此在图 2-10 中的 b 点取 $w(P)=0.2\%$）。该合金常温组织为 $\alpha_{Cu}+(\alpha_{Cu}+Cu_3P)$。现对 $w(P)=7.0\%$合金各组织相对量进行计算。

**求**：①714℃时先共晶 $\alpha_B$和（$\alpha_B+Cu_3P$）共晶体相对量；

②714℃时 $\alpha_B$总数量和 $Cu_3P$ 总量；

③常温时先共晶 $\alpha_{Cu}$和（$\alpha_{Cu}+Cu_3P$）共晶体相对量；

④常温时 $\alpha_{Cu}$总量和 $Cu_3P$ 总量。

**解**：①714℃时（见图 2-10）：

$$先共晶\ \alpha_B=\frac{E2}{EB}\times100\%=\frac{8.4-7.0}{8.4-1.75}\times100\%=21.1\%$$

$$共晶体(\alpha_B+Cu_3P)=\frac{B2}{EB}\times100\%=\frac{7.0-1.75}{8.4-1.75}\times100\%=78.9\%$$

②714℃时：

$$\alpha_B\ 的总量=\frac{G2}{BG}\times100\%=\frac{13.976-7.0}{13.976-1.75}\times100\%=57.1\%$$

$$Cu_3P\text{ 的总量} = \frac{B2}{BG} \times 100\% = \frac{7.0 - 1.75}{13.976 - 1.75} \times 100\% = 42.9\%$$

③常温时：

$$\text{先共晶 } \alpha_{Cu} = \frac{ce}{be} \times 100\% = \frac{8.4 - 7.0}{8.4 - 0.2} \times 100\% = 17.1\%$$

$$\text{共晶体}(\alpha_{Cu} + Cu_3P) = \frac{bc}{be} \times 100\% = \frac{7.0 - 0.2}{8.4 - 0.2} \times 100\% = 82.9\%$$

④常温时：

$$\alpha_{Cu}\text{ 的总量} = \frac{cd}{bd} \times 100\% = \frac{13.976 - 7.0}{13.976 - 0.2} \times 100\% = 50.6\%$$

$$Cu_3P\text{ 的总量} = \frac{cb}{bd} \times 100\% = \frac{7.0 - 0.2}{13.976 - 0.2} \times 100\% = 49.4\%$$

从上述计算可知，当合金中 $w(P)=7.0\%$时，脆性相 $Cu_3P$ 几乎占二分之一，若含 P 量更高的话，合金脆性更大，BCu93P 牌号钎料原则上含 P 量为 $w(P) \leqslant 7.0\%$。

（2）包晶型二元合金相图　Ag-Pt、Ag-Zn、Ag-In、Cu-Zn、Cu-Sn 等都属这类相图，在钎料配方设计时经常碰到，现以图 2-11b 相图为例进行讨论。

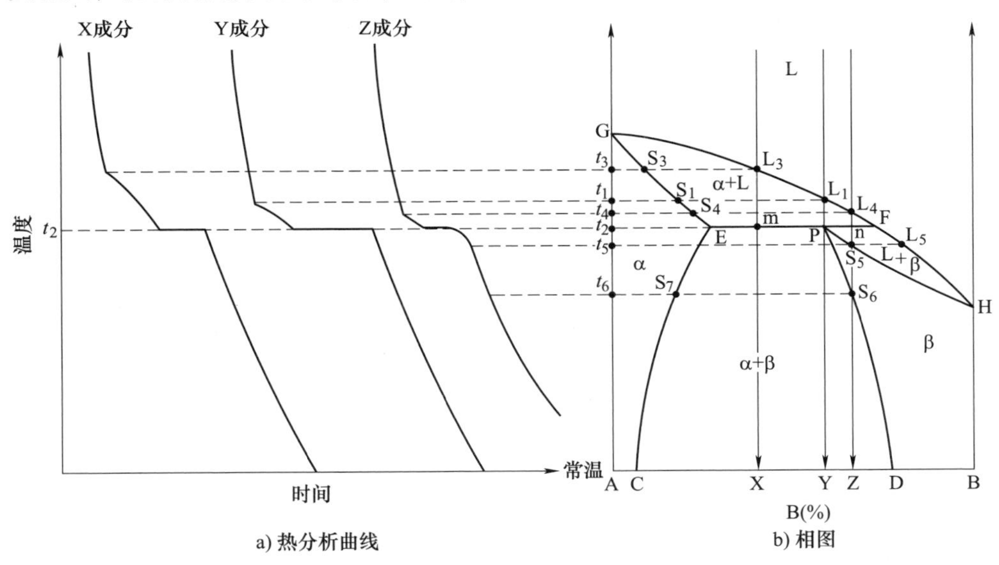


图 2-11　包晶型二元合金相图[8]

A、B 为两组元，GFH 为液相线，GEPH 为固相线，EPF 水平线为包晶线，在此线上液相 $L_P$和 $\alpha_E$相、$\beta_F$相达到三相平衡，在 P 点进行包晶反应，P 点为包晶点，α 为组元 B 溶于 A 的固溶体，β 为组元 A 溶于 B 的固溶体，现对在 EPF

范围内成分为X、Y、Z三个合金，在冷却过程中的变化予以分析。

Y成分合金从高温冷却至$t_1$温度时，与液相线交于$L_1$点，开始结晶出成分为$S_1$的α固溶体初晶，随着温度下降，α相数量不断增加，液相数量不断减少，α固溶体的成分由$S_1$点沿GE线向E点变化，液体的成分由$L_1$点沿GF线向F点变化，到达$t_2$温度时，成分为E的α固溶体和成分为F的液体其相对量由杠杆定律求得：

$$\frac{Q_L}{Q_Y}=\frac{EP}{EF},\ \frac{Q_\alpha}{Q_Y}=\frac{PF}{EF}$$

式中，$Q_Y$、$Q_L$、$Q_\alpha$分别为Y合金总量、液相的量和α固相的量。

在$t_2$温度下，成分为E的$\alpha_E$与成分为F的$L_F$发生如下反应：$\alpha_E+L_F\xrightarrow{t_2}\beta_p$，这个由一种固相和一种液相互相作用产生另一种固相的反应是包晶反应的特点，由于三相共存，根据相律：自由度为零，反应在恒温下进行；温度$t_2$称为包晶温度。当$Q_L:Q_\alpha=EP:PF$时，正好使$\alpha_E$与$L_F$充分反应变成单一的$\beta_p$固溶体，反应完了后，随温度下降，β固溶体析出α相，其成分由E点沿EC线向C点变化，β相本身成分由P点沿PD线向D点变化。β与α成分变化相互依存关系称为共轭变化。再看图2-11a的热分析曲线，温度从$t_1$下降到$t_2$，由于结晶时释放出结晶潜热，冷却速度降低，在$t_2$温度进行三相平衡反应，保持恒温的水平线，反应完了后温度又快速下降。

X成分合金从高温冷却到$t_2$温度之前，变化过程与Y合金相同，达到$t_2$温度时，进行包晶反应，参加反应的$\alpha_E$和$L_F$两个相的相对量为：$\alpha_E=\frac{mF}{EF}$，$L_F=\frac{Em}{EF}$，与Y合金相比较，mF>PF，Em<EP，也就是在$t_2$温度时，X合金的$\alpha_E$固相量比Y合金的量多，而液相$L_F$的量比Y合金少，反应结束时，有剩余的$\alpha_E$固相，合金组织为$\alpha_E+\beta_p$，继续冷却，$\alpha_E$相和$\beta_p$相的成分变化与Y合金相同，X合金的热分析曲线不同之处是恒温反应的时间比Y合金短。

Z成分合金从高温冷却到$t_2$温度之前，变化过程与Y合金相同，温度降至$t_2$点时，进行包晶反应，参加反应的$\alpha_E$的量为nF，液相$L_F$的量为En，与Y合金相比，nF<PF，En>EP，液相量比Y合金多，而固相量比Y合金少，当反应结束时有过剩的液相，这些液体将按树枝晶生长方式直接结晶出β相晶体，液体成分沿FH线变化，β相成分沿PH线变化，当温度降至$t_5$时，液体凝固完毕，得到单一β相组织，温度降到$t_6$时，开始从β相中析出α相，之后两相的共轭变化与X、Y合金相同。再看Z合金的热分析曲线，除了水平线较短外，还有一段液相凝固的曲线。

（3）二元合金相图的杠杆定律　主要是用于求二元合金相图中两相区各相的成分和相对量，图2-12为无限固溶型二元合金相图，根据相律，二元合金两相平衡区只有一个自由度，当k合金冷却到$t_1$温度时，为液、固两相区，就能确定这两个相的成分；过$t_1$点画出成分坐标AB的平行线，交液相线于m点，交固相线于n点，过m和n点，分别画出AB的垂直线，交AB于m′和n′点，此时液相成分为m′，固相成分为n′。

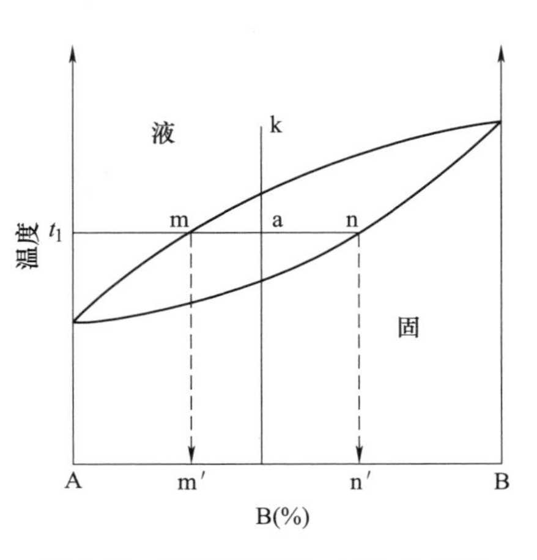

图2-12　无限固溶型二元合金相图

合金在$t_1$温度时，两个相的相对量计算如下：

$$液相相对量 = \frac{an}{mn} \times 100\%$$

$$固相相对量 = \frac{am}{mn} \times 100\%$$

适用各种类型二元合金相图两相区的计算。

**2. 三元合金相图**

三元合金相图最常用的成分坐标是等边三角形，三角形的三个顶点代表三个纯组元，含量为100%，每条边代表两个顶点组元组成的二元合金系的成分变化，这个三角形称为成分三角形。在三角形平面内的一点表示一个给定成分的三元合金。过成分三角形三个顶点作垂直于三角形平面的三条直线为温度坐标。三元合金相图包含三个自由变量，两个成分变量和一个温度变量，所以三元合金相图是一个三维立体图形。为了使用方便，可以将温度固定，只剩下两个成分变量，得到的平面图形即为某温度的横截面图，也就是等温截面图，用来表示某温度下，合金状态随成分变化的规律。也可以固定一个成分，得到纵向截面的平面图，表示成分随温度变化的规律。钎料配方设计时，最常用的为液相面投影图，或某一温度下的等温截面图。根据给定合金在液相面投影图上标象点的位置，大致可以判断该合金的液相点温度；同时再用350℃以下或常温的等温截面图，根据该合金标象点的位置，大致可判断室温时该合金由哪些相组成。

三元合金相图的基本特性如下：

1）合金总量表示：成分三角形内任何点的合金，其所含三组元之和为100%，见图2-13，A、B、C为三元合金相图的三组元，每条边分成10等份，分别表示每一组元由0至100%的变化，给定合金标象点为O，过O点作成分三角形三条边的平行线，gh∥AC，lm//AB，ef ∥BC，则 Ag+ Bm+Ce $=X_B+X_C+X_A=100\%$。

2）等含量规则：平行于成分三角形一边的直线上任何点的合金，该边所对的顶角组元的含量都相等，如图 2-13 所示，lm∥AB，AB 所对顶角组元为 C，则处于 lm 线上任何成分的合金中，组元 C 的含量都相等。

3）等比规则：过成分三角形顶点到对边的任意直线，直线上任何点的合金，除顶点组元外，其他两组元含量的比值都相等。图 2-13 中过顶点 C 作直线交 AB 于 n 点，则在该直线上任一点 A 组元和 B 组元含量之比=nB/nA；$x$ 为 Cn 线上任意一个合金，$X_A/X_B$ = ix/kx =nB/nA。

4）直线法则[9]：三元合金相图的等温截面中两相平衡区，一般为四边形，两端为两个单相区，如图 2-14 所示，当合金 O 位于两相平衡区 abcd 四边形内时，把 ab 和 cd 等分成同样的份数，作出相应的连线，O 点处于 mn 线上，则 α 相和 β 相的相对量可按下式计算：

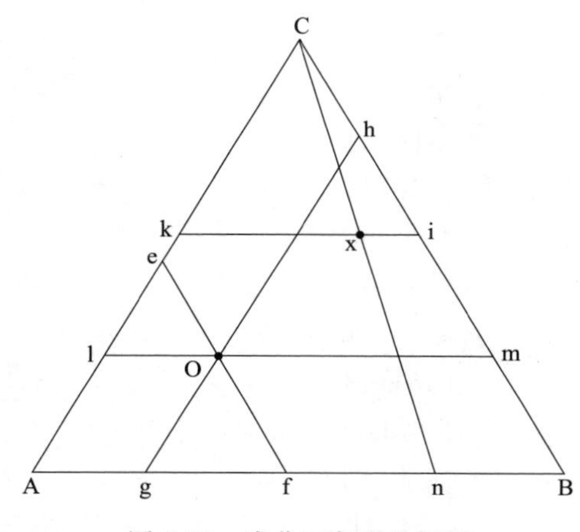


图 2-13 成分三角形坐标图

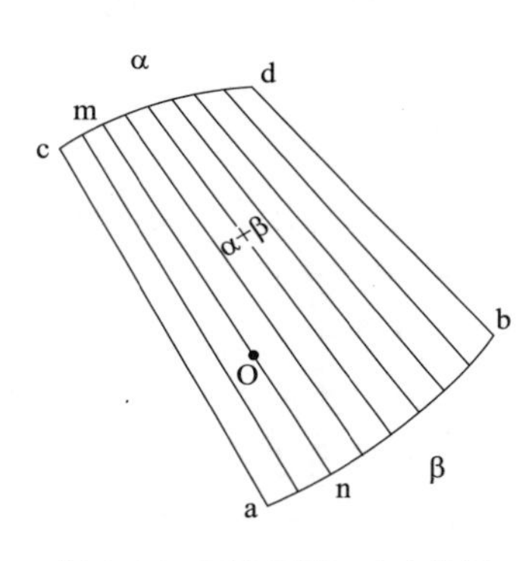


图 2-14 两相平衡区示意图

$$\alpha \text{ 相相对量} = \frac{\mathrm{On}}{\mathrm{mn}} \times 100\% ,$$

$$\beta \text{ 相相对量} = \frac{\mathrm{Om}}{\mathrm{mn}} \times 100\% 。$$

虽然这一计算方法有一定误差，但已能满足实用的钎料合金设计要求。

5）三角形重心法则：三元合金三相平衡时，三相平衡区在等温截面上的投影一般为一个三角形，当三角形的一条边与成分三角形的边重叠时，该三角形可能是三相平衡区，也可能是两相平衡区。三相平衡区各相的相对量计算服从三角形重心法，如图 2-15 所示，三角形 PQR 为 α、β、γ 三相平衡区，合金 O 标象点在 PQR 三角形内，求 α、β、γ 三相的相对量，连接 PO 延长至 $p$ 点，RO 延长至

$r$ 点，QO 延长至 $q$ 点，则：

$$\alpha \text{ 的相对量} = \frac{Op}{Pp} \times 100\%$$

$$(\beta+\gamma)\text{ 相对数量} = \frac{PO}{Pp} \times 100\%$$

$$\beta \text{ 相对数量} = \frac{pR}{QR} \times \frac{PO}{Pp} \times 100\%$$

$$\gamma \text{ 相对数量} = \frac{pQ}{QR} \times \frac{PO}{Pp} \times 100\%$$

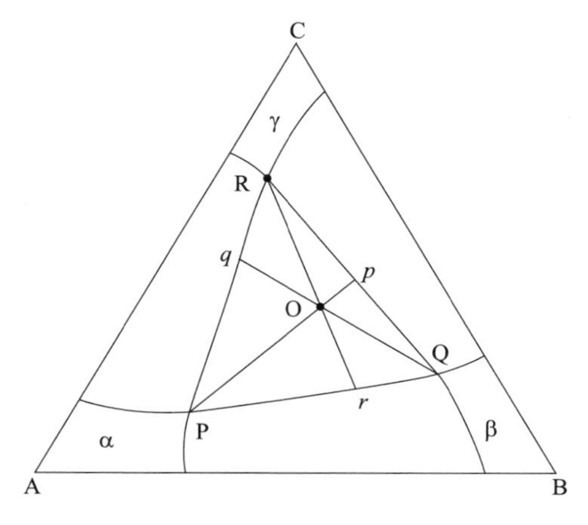


图 2-15　三元系水平截面三相平衡区图

实际应用时，只要量出相图上的 P$p$、OP、O$p$、QR、$p$R、$p$Q 等线段的长度，把具体数据代入上述计算式，就能求出 α、β、γ 相的相对量，为减少误差，把相图相应部分放大后测量数据，再计算。经验表明，计算误差完全符合钎料配方设计实用的要求。

利用相图设计钎料配方的最大优点就是研究周期短，成功率高，节省成本。当给定一个成分组合后，在相图上作出标象点，首先可以从液相面投影图上估计出大致的液相点温度，然后根据该合金在低于 350℃ 等温截面图中所在的相区，可计算出各相的相对量，一般低于固相面温度的等温截面的相图上，都会标出相区，此时应注意脆性相的性质和相对量对钎料合金塑性的影响。调整给定配方的配比，反复计算，就可得出认为是合适的配方，然后进行配制、工艺试验，如果工艺试验满意的话，可以进行熔化温度和力学性能的测试，把所有测试数据整理、汇总作为该配方的档案资料备案；如果工艺性能试验结果低于对比试样，包括国内外标准配方或市场上优秀产品样品，可再进行计算调整成分。经验表明，一般在相图上经过认真计算得出的配方，基本上 1～2 个反复，就能达到或超过对比试样的性能，或达到客户提出的要求。

合金相图依据法的最大缺点，首先是不会总能找到所需的合适的相图，其次是得出的配方虽然能满足客户的要求或具有较强的市场竞争力，但不一定是最佳配方。采用固定元素法，由于作出系统的性能曲线，原则上可以得出研究范围内的最佳配方。

# 第 3 章　常用钎料的配方设计

国内大多数硬钎料生产企业产销量最大的产品，主要为铜基钎料和银钎料，在 GB/T 6418—2008 标准中，铜基钎料有高铜合金、铜锌合金、铜磷合金、其他铜合金四个系列 46 个型号，银钎料有银铜、银铜锌、银铜锌镉、银铜锌锡等 13 个系列 50 个型号，铝钎料有铝硅、铝硅铜、铝硅镁、铝硅锌四个系列 12 个型号，产品种类繁多，技术成熟，适应性广，应该说按标准配方生产完全可以满足市场需要，但在实际生产中，由于市场需求的多样性，供方市场竞争激烈，对钎料成本、性能、环保要求以及不断发展的技术要求等因素，要求性价比更高的新配方，是市场竞争的必然结果，为了更好掌握钎料配方设计技术，下面对常用钎料的配方设计技术进行具体探讨。

## 3.1　铜锌钎料的配方设计

以锌为主要合金元素的铜合金，通常称为黄铜，单纯的铜锌二元合金称为普通黄铜或简单黄铜，在铜锌合金中加入其他元素，构成三元、四元或更多元的黄铜称为复杂黄铜或特殊黄铜，铜锌钎料属于复杂黄铜。无论研制黄铜钎料或是银铜锌为基的银钎料，都必须了解黄铜合金方面的基础知识，为此先介绍这方面的知识。

### 3.1.1　黄铜的基础知识

#### 1. Cu-Zn 二元合金相图

图 3-1 为 Cu-Zn 二元合金相图[10]，该相图中有五个包晶反应、两个共析反应和一个有序化转变；固态下有 $\alpha_{Cu}$、β（β′）、γ、δ、ε、$\eta_{Zn}$六个组成相，δ 相高温存在，ε、$\eta_{Zn}$相为 Zn 基合金，工业上实用的黄铜含 Zn 量都为 $w(Zn)<50\%$，通常只涉及 α 和 β 两个相，有时也会出现 γ 相。$w(Zn)<50\%$部分有一个包晶反应，包晶反应生成物及其随温度下降的相变，对合金性能有很大影响，现对该包晶反应给予解释。包晶反应区的含 Zn 量为 $w(Zn)=32.5\%\sim37.5\%$，见图 3-2，合金 O 含 $w(Zn)=36.8\%$，冷却到 $t_1$ 温度时，开始结晶出 α 相，随后 α 相成分沿固相线向 P 点变化，液相成分沿液相线向 K 点变化，冷却到 902℃时，进行包晶反应：$L_K+\alpha_P \xrightleftharpoons{902℃} \beta_O$，生成 β 相，在 902℃进行包晶反应时，α 相的相对量 =

$\dfrac{OK}{PK}\times 100\% = \dfrac{37.5-36.8}{37.5-32.5}\times 100\% = 14\%$，液相的相对量 $=\dfrac{OP}{PK}\times 100\% = \dfrac{36.8-32.5}{37.5-32.5}\times 100\% = 86\%$，液相与 α 相正好反应完，得到单一的 β 相；温度继续下降，从 β 相中析出 α 相，最后得到 α+β 的两相组织。

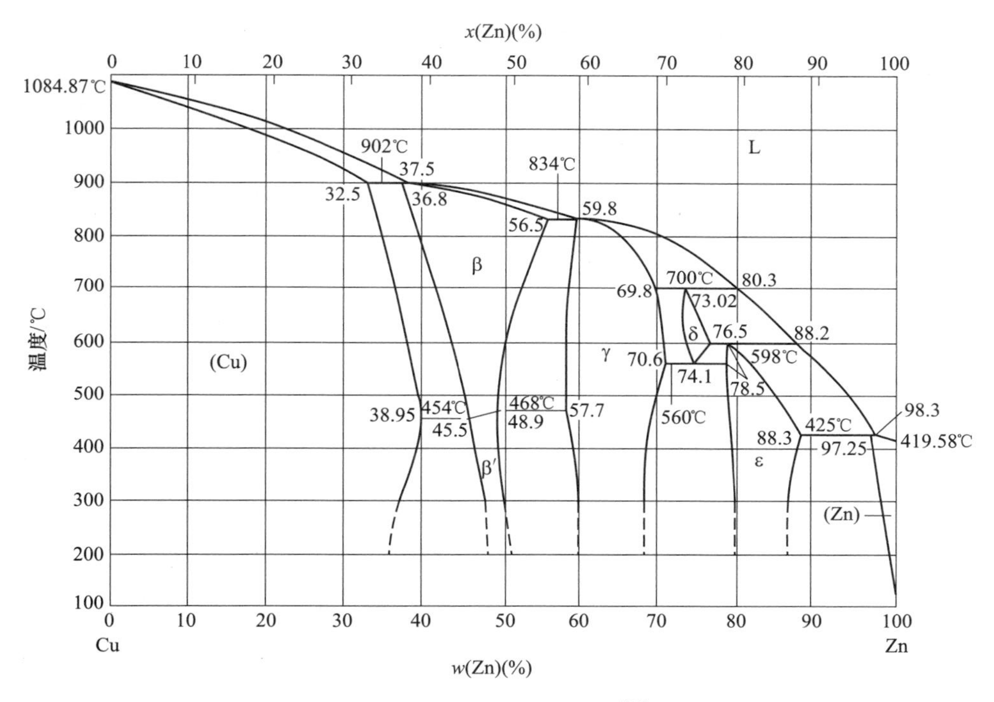


图 3-1　铜锌二元合金相图[10]

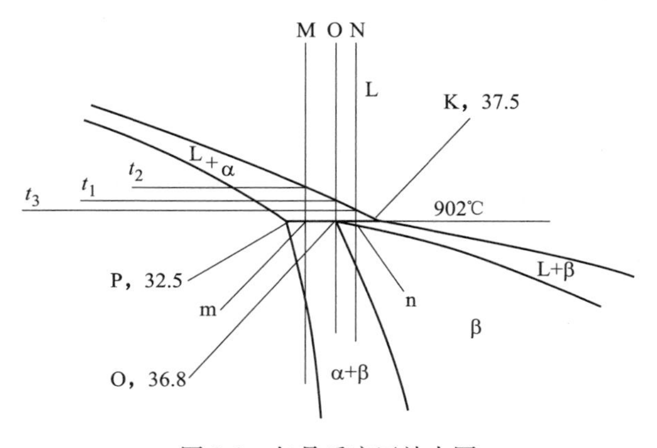


图 3-2　包晶反应区放大图

合金 M 含 Zn 量处于 P 点与 O 点之间，随机假设 $w(\mathrm{Zn})=34\%$，当合金冷却到 $t_2$ 温度时，开始结晶出 α 相，α 相和液相随温度下降的变化与 O 合金相同，冷却到 902℃时，进行包晶反应：$L+\alpha \xrightleftharpoons{902℃} \beta+\alpha$，

$$\alpha\text{ 相相对量}=\frac{mK}{PK}\times 100\%=\frac{37.5-34}{37.5-32.5}\times 100\%=70\%$$

$$L\text{ 相相对量}=\frac{Pm}{PK}\times 100\%=\frac{34-32.5}{37.5-32.5}\times 100\%=30\%$$

在包晶反应中有过量的 α 相存在，反应结束后存在 α+β 两个相，温度再继续下降到达 $\beta \rightleftharpoons \alpha$ 相变线时，β 相转变成 α 相，最后得到单相 α 组织。

合金 N 含 Zn 量处于 O 点与 K 点之间，随机假设 $w(\mathrm{Zn})=37\%$，当冷却到 $t_3$ 温度时，开始结晶出 α 相，α 相与液相随温度下降的变化与 O 合金相同，冷却到 902℃时，进行包晶反应，

$$L+\alpha \xrightleftharpoons{902℃} \beta+L$$

$$\alpha\text{ 相相对量}=\frac{nK}{PK}\times 100\%=\frac{37.5-37}{37.5-32.5}\times 100\%=10\%$$

$$L\text{ 相相对量}=\frac{Pn}{PK}\times 100\%=\frac{37-32.5}{37.5-32.5}\times 100\%=90\%$$

表明 N 合金在 902℃包晶反应结束时，有 β 相和过剩的液相，继续冷却，这些过剩液相将直接结晶出 β 相，结晶完了时得到单相 β 相组织，继续冷却到 $\beta \rightleftharpoons \alpha$ 相变线时，从 β 相中析出 α 相，最后得到 α+β 两相组织，虽然 N 合金与 O 合金最后都是 α+β 两相组织，但 N 合金中 β 相相对量高于 O 合金。

从图 3-1 可知，$\beta \rightleftharpoons \alpha$ 相变线向右倾斜，表示 Zn 在 $\alpha_{Cu}$ 相中固溶浓度随温度下降而增大，从 β 相中析出 α 相，使合金组织中 β 相减少而 α 相增加，意味着合金塑性向有利方向变化。下面讨论 α 相、β 相、γ 相的特性。

α 相：是 Zn 溶于 Cu 中的固溶体，晶格与铜相同，为面心立方晶格，塑性好，能承受各种冷热加工，强度随含 Zn 量的增加而增加。平衡状态下 902℃时，Zn 在 Cu 中最大溶解浓度为 $w(\mathrm{Zn})=32.5\%$，温度降至 454℃时，最大溶解浓度达 $w(\mathrm{Zn})=38.95\%$，表明 Zn 在 Cu 中饱和溶解浓度曲线向右倾斜，这种变化趋向与大多数合金情况不同。常温下 Zn 在 Cu 中溶解浓度有多种说法，有的说 $w(\mathrm{Zn})=37\%$，也有说 $w(\mathrm{Zn})=30\%$，或许由于研究条件不同而出现差异。α 相的颜色随含 Zn 量增加由纯铜色逐渐变为黄色。Zn 在 α 铜中的饱和溶解浓度列于表 3-1。

**表 3-1　Zn 在 α 铜中的饱和溶解浓度[6]**

| 温度/℃ | 902 | 454 | 400 | 250 | 200 | 167 | 150 | 0 |
|---|---|---|---|---|---|---|---|---|
| $w(\mathrm{Zn})$ (%) | 32.5 | 38.95 | 38.5 | 35.8 | 35.0 | 34.0 | 33.4 | 29.6 |

β 相：是以电子化合物 CuZn 为基的固溶体，体心立方晶格，按 CuZn 化学式计算，β 相的含 Zn 量为 $w(\mathrm{Zn})=50.7\%$，由于可溶解不同数量的 Cu 或 Zn，β 相的成分在相图上显示出一定成分范围的区域，β 相区的最宽成分范围为 $w(\mathrm{Zn})=36.8\%\sim56.5\%$。β 相在 454 ~468℃时，发生有序化转变，Cu 原子处于晶格顶角，Zn 原子处于体心位置[11]，有序化后用 β′表示，高温 β 相塑性好，变形抗力小，易进行压力加工，低温 β 相有脆性，塑性差，硬度高。铸态单相 β 黄铜为粗大多边形晶粒组织，断后伸长率为 4%~9%。

γ 相：是电子化合物 $\mathrm{Cu_5Zn_8}$ 为基的固溶体，呈复杂立方晶格，室温下硬而脆，工业实用黄铜中应避免出现 γ 相。

在铸造条件下，合金组织不完全与平衡状态相符合，如 $w(\mathrm{Zn})=32\%$的黄铜，平衡条件下应为 α 相黄铜，但在铸造条件下为 α+β（或 α+β′）两相黄铜；由于铸造冷却速度快慢程度不同，冷却速度较慢时，有可能从 β 相中析出 γ 相，冷却速度较快时，左边饱和浓度曲线向垂直方向偏移，将增加 β 相比例。各相的结构特征列于表 3-2。

**表 3-2　Cu-Zn 系二元合金相图中相结构特征**[6]

| 相 | 化学式 | $w(\mathrm{Zn})$（%） | 晶体结构 | 晶格常数/nm | 电子浓度 | 注 |
|---|---|---|---|---|---|---|
| α | — | 0~39.0 | 面心立方 | 0.3608~0.3693 | — | — |
| β | Cu-Zn | 45.5~48.9 | 体心立方 | 0.2985 | 3/2 | — |
| β′ | Cu-Zn | — | 有序体心立方 | 0.2949~0.29539 | 3/2 | Cu 原子占晶角位置<br>Zn 原子占体心位置 |
| γ | — | 59~67 | — | — | — | >700℃ |
| γ′ | — | | — | — | — | 600~550℃ |
| γ″ | $\mathrm{Cu_5Zn_8}$ | | 有序体心立方 | 0.88877~<br>0.88922 | 21/13 | 550~280℃ |
| γ‴ | — | | — | — | — | 280~250℃ |
| δ | $\mathrm{CuZn_3}$ | 73~76.5 | 有序体心立方 | 0.3006 | 7/4 | 558~700℃ |
| ε | $\mathrm{CuZn_3}$ | 80.5~86.3 | 密排六方 | $a=0.27383\sim$<br>0.27667<br>$c=0.42939\sim$<br>0.43006 | — | $\mathrm{CuZn_5}$ 或 $\mathrm{CuZn_4}$ |
| η | — | 97.3~100 | 密排六方 | — | — | — |

配制铜锌基钎料时，一般含 Zn 量为 $w(\mathrm{Zn})=38\%\sim42\%$，室温时为 α+β 两相组织，冷却过程中将从 β 相中析出 α 相，α 相的形状、大小与冷却速度有关，冷却速度高时，α 相呈长条状，缓冷时 α 相呈多边形块状[12]，铸态时一般呈方

向性针条状。

**2. 铸造二元黄铜组织及力学性能**

在铸造条件下，由于冷却速度较快，原子扩散过程不能充分进行，因此铸态组织与二元合金相图平衡态组织有一定偏离；固溶浓度曲线左移导致 α 相区缩小，甚至当含 Zn 量 $w$(Zn) = 30%~32%时，就会出现 β′相；由于 β→α 和 β→γ 的相变扩散过程都不能充分进行，β 相区因快冷而扩大[12]。不过铸态二元黄铜组织与平衡态仍旧一样，只是相区范围有所差异，通常认为 α 黄铜含 Zn 量 $w$(Zn) < 36%，α + β 两相区范围为 $w$(Zn) = 36% ~ 47%，β 相区为 $w$(Zn) = 47%~50%。

铸造二元黄铜的力学性能如图 3-3 所示，铸造二元黄铜的断后伸长率和强度都比纯铜高，它的抗拉强度随含 Zn 量的增加而提高，当 $w$(Zn) ≈ 45%刚达到单相 β 组织时，$R_m$达到最大值，约为 420MPa，在含 Zn 量为 $w$(Zn) = 47%~50%的单相 β 相区内，$R_m$急速陡降至约 70MPa 左右。显然在单相 α 黄铜和两相 α+β 组织的工业实用黄铜中，抗拉强度总是随含 Zn 量的增加而增加。铸造二元黄铜的断后伸长率随含 Zn 量的增加而不断提高，到 $w$(Zn) = 30%~32%时，也就是组织中刚出现 β 相时，达到最大值，约为 58%，再增加 Zn，由于组织中 β 相的增加而使断后伸长率开始逐渐下降，当含 Zn 量 $w$(Zn) ≥38%时，断后伸长率有明显下降，当 $w$(Zn) = 45%时，断后伸长率约为 10%。

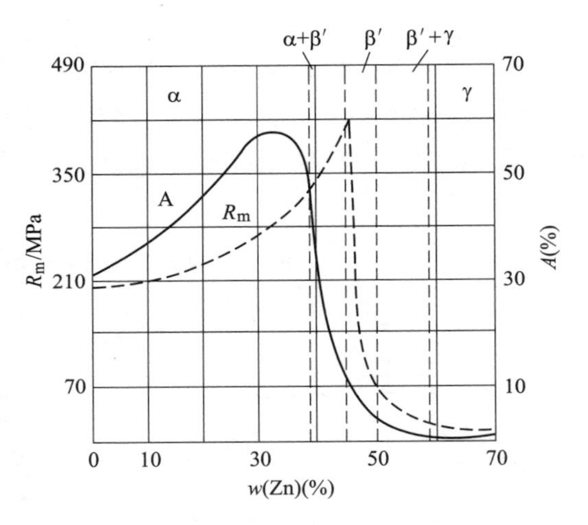

图 3-3 铸态黄铜的力学性能与含锌量及组织的关系[7]

综合 Cu-Zn 二元合金相图和图 3-3，对于铜锌钎料合金而言，含 Zn 量为 $w$(Zn) ≤37%的单相 α 相合金，虽然断后伸长率和强度指标都很好，但液相点温度约 902℃，熔化温度太高；含 Zn 量为 $w$(Zn) ≥46%的单相 β 组织合金，虽然液相点温度约低于 882℃，但合金的断后伸长率约低于 8%，不利于钎料合金的加工和使用要求，最可取的含 Zn 量范围为 $w$(Zn) = 38% ~42%的 α+β 两相组织的合金，为了设计方便，把 Cu-Zn 二元合金相图相关部分和图 3-3 两个图合并在一起，如图 3-4 所示，把含 Zn 量与熔化温度和断后伸长率数据整理列于表 3-3。因为在 $w$(Zn) = 38% ~42%范围内的二元黄铜强度随含 Zn 量增加而提高，故在表 3-3 中不列出它们的相应数据，钎料设计时可不考虑强度因素。虽然把平衡状态图和铸态性能图放在一起不是最合适，但它们的数据不影响工厂中实用设计的参考价值。

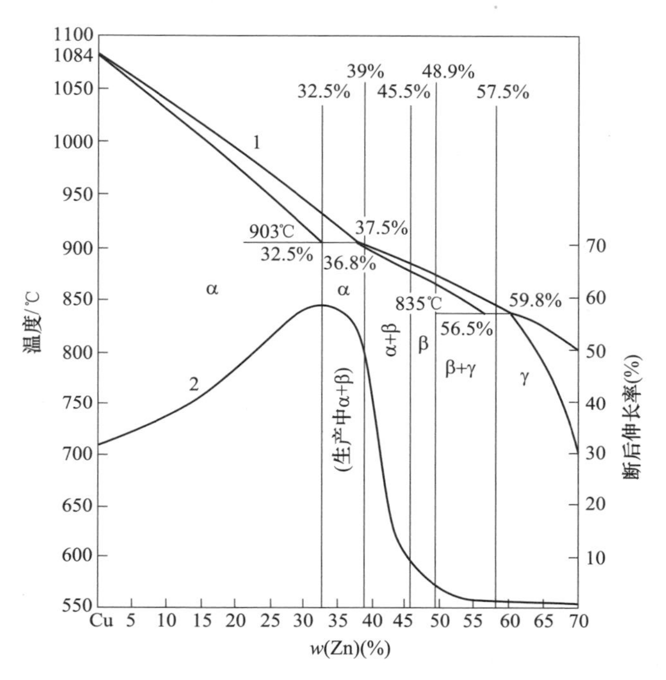


图 3-4 铸态黄铜含 Zn 量与熔化温度、断后伸长率及组织的关系

1—熔化温度 2—断后伸长率

**表 3-3 黄铜含 Zn 量与熔化温度和断后伸长率关系**

| Zn/Cu | 比值 | 断后伸长率（%） | 固相点/℃ | 液相点/℃ |
|---|---|---|---|---|
| 32. 5/67. 5 | 0. 481 | 58 | 902 | 936 |
| 38/62 | 0. 613 | 54 | 899 | 902 |
| 39/61 | 0. 639 | 50 | 895 | 900 |
| 40/60 | 0. 667 | 43 | 893 | 897 |
| 41/59 | 0. 695 | 34 | 890 | 895 |
| 41. 5/58. 5 | 0. 709 | 27 | 888 | 893 |
| 42/58 | 0. 724 | 23 | 887 | 892 |
| 42. 5/57. 5 | 0. 739 | 20 | 885 | 891 |
| 43/57 | 0. 754 | 15 | 884 | 890 |
| 43. 2/56. 8 | 0. 760 | 14 | 883 | 889 |
| 43. 5/56. 5 | 0. 768 | 13 | 882 | 888 |

（续）

| Zn/Cu | 比值 | 断后伸长率（%） | 固相点/℃ | 液相点/℃ |
|---|---|---|---|---|
| 44/56 | 0.786 | 12 | 880 | 887 |
| 44.5/55.5 | 0.801 | 11.5 | 878 | 885 |
| 45/55 | 0.818 | 10 | 877 | 884 |
| 45.5/54.5 | 0.835 | 8.5 | 875 | 883 |
| 46/54 | 0.852 | 8 | 874 | 882 |
| 47/53 | 0.887 | 6.5 | 872 | 880 |
| 48/52 | 0.923 | 5 | 867 | 875 |
| 49/51 | 0.960 | 4 | 865 | 872 |
| 50/50 | 1.000 | ≈3.5 | 860 | 870 |

**3. 特殊黄铜——合金元素对铜锌合金的影响**

在铜锌合金中加入少量（一般为 $w$：1%～2%，少数达 $w$：4%～6%）锡、硅、镍、铝、铅、铁等元素，构成三元、四元或更多元合金，称特殊黄铜或复杂黄铜，这种黄铜的组织可根据加入元素的“锌当量系数”来推算。二元铜锌合金中加入少量其他元素后，通常会使铜锌系中的 $\alpha/(\alpha+\beta)$ 相界线移动，移向铜侧，则 $\alpha$ 相区缩小，移向锌侧，则 $\alpha$ 相区扩大，复杂黄铜的组织相当于简单黄铜中增加或减少 Zn 含量的合金组织，实验表明在铜锌合金中加入 $w(\mathrm{Sn})=1\%$之后的组织，相当于铜锌合金中加入 $w(\mathrm{Zn})=2\%$的组织，称锡的“锌当量系数”为 2，锡的锌当量系数为正值，表示缩小 $\alpha$ 相区。加入 $w(\mathrm{Ni})=1\%$，则合金的组织相当于铜锌合金中减少了 $w(\mathrm{Zn})=1.5\%$的合金组织，称 Ni 的“锌当量系数”为 -1.5，它表示使 $\alpha$ 相区扩大，各元素的“锌当量系数”列于表 3-4。

**表 3-4 元素的“锌当量系数”**[7]

| 元素 | Si | Al | Sn | Mg | Cd | Pb | Mn | Fe | Co | Ni |
|---|---|---|---|---|---|---|---|---|---|---|
| 锌当量系数 | 10 | 6 | 2 | 2 | 1 | 1 | 0.5 | 0.9 | -1.5～-0.1 | -1.5～-1.3 |

铜锌二元合金加入多种合金元素之后，可运用“锌当量系数”计算该合金的锌当量，然后按锌当量数据在 Cu-Zn 二元合金相图上找出标象点，判断所计算的特殊黄铜的基本组织和特征，也就是说利用二元合金相图判断特殊黄铜的组织和特性。折合的锌当量可按下式计算[7]：

$$\mathrm{Zn}_{当} = \frac{A + \sum C \times \eta}{A + B + \sum C \times \eta} \times 100\%$$

$\mathrm{Zn}_{当}$：Cu-Zn 合金中加入其他合金元素后，相当于 Cu-Zn 二元合金中含 Zn

量（%）。

A、B：分别表示 Zn 和 Cu 在合金中的实际含量（%）。

$\sum C \times \eta$：表示除 Zn 之外的合金元素实际含量（C）与该元素锌当量系数（$\eta$）的乘积总和（%）。

例如：已知合金 HAl66-6-3-2（质量分数：Cu66%，Al6%，Fe3%，Mn2%，Zn23%）

求该合金的锌当量。

$$Zn_{当} = \frac{23 + (6 \times 6 + 3 \times 0.9 + 2 \times 0.5)}{23 + 66 + (6 \times 6 + 3 \times 0.9 + 2 \times 0.5)} \times 100\% = 48.7\%$$

从图 3-1Cu-Zn 二元合金相图可知，$w(Zn) = 48.7\%$的合金标象点在 β 单相区，非常接近 β/(β+γ) 相界线，该合金应为单相 β 组织，但实际生产中很可能出现 γ 相。

必须指出，利用 Cu-Zn 二元合金相图和锌当量计算法来确定多元黄铜的组织，虽然比较简便，但只是一种近似的估计，仅仅适用于合金元素质量分数不大于5%的场合，当合金元素含量高，且锌当量系数数值大时，误差较大，因此尽量采用铜、锌和主加元素组成的三元合金相图来研究复杂黄铜的组织，通常先用300℃以下的三元合金相图等温截面或室温等温截面来确定合金在室温下的组织。

利用三元合金相图确定复杂黄铜的组织，先求出三元合金的锌当量，将 Cu 和主加元素以外的所有合金元素的加入量乘以各自的锌当量系数之和，再加上 Zn 的实际含量，按下式计算锌当量，用 $Zn'_{当}$表示[11]：

$$Zn'_{当} = \frac{Zn + \sum C'\eta}{Zn + Cu + 主加元素 + \sum C'\eta} \times 100\%$$

**例 1**：利用 Cu-Zn-Al 三元合金相图确定 HAl66-6-3-2 合金的组织，主加元素为 Al，

$$Zn'_{当} = \frac{23 + (3 \times 0.9 + 2 \times 0.5)}{23 + 66 + 6 + (3 \times 0.9 + 2 \times 0.5)} \times 100\% = 27.05\%,$$

该黄铜合金中铜和主加元素 Al 的含量百分数略有变化。

$$Cu = \frac{66}{23 + 66 + 6 + (3 \times 0.9 + 2 \times 0.5)} \times 100\% = 66.87\%,$$

$$Al = \frac{6}{23 + 66 + 6 + (3 \times 0.9 + 2 \times 0.5)} \times 100\% = 6.08\%。$$

现已把该五元合金近似地转化为 $w(Cu) = 66.87\%$，$w(Zn) = 27.05\%$，$w(Al) = 6.08\%$的三元合金。

图 3-5 为 Cu-Zn-Al 三元合金相图的 800℃和 410℃两个等温截面，上述三元合金在 800℃等温截面上标象点落在 β 单相区，在 410℃等温截面上则落在 β+α+γ 三相区内，可知该五元复杂黄铜在平衡状态下，它的组织应该由 β+ α+γ 三相组成，由于标象点落在三相区的 β 相角处，所以合金主体是 β 相，α 相和 γ 相数量较少；在铸造状态下，其组织随冷却条件不同，可能出现不同情况；β+ α+γ，单相 β，β+ α，β+γ 都可能出现，但不希望出现 γ 相。

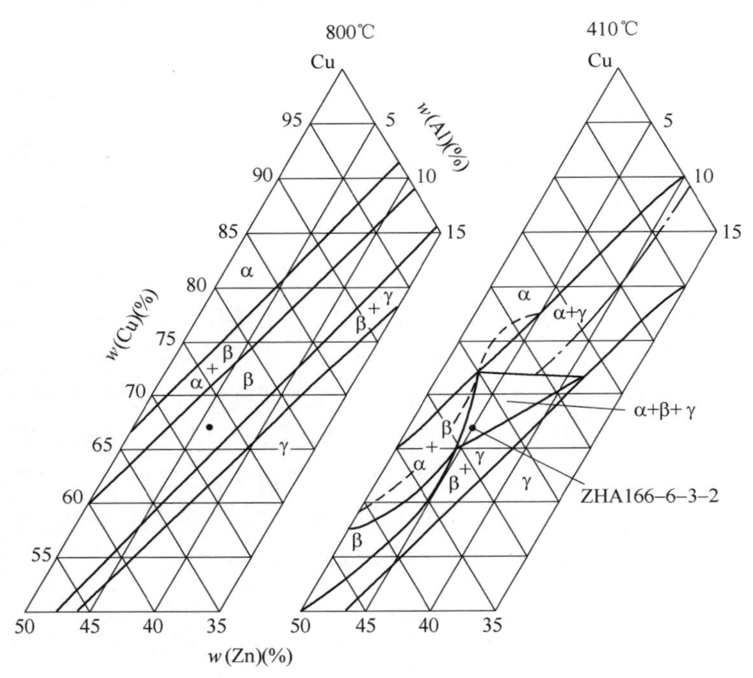


图 3-5 Cu-Zn-Al 三元合金相图（等温截面）[11]

再以 $w$(Cu) = 59.2%，$w$(Zn) = 37.9%，$w$(Sn) = 2.75%，$w$(Si) = 0.15%铜锌合金为例，依据 Cu-Zn 二元合金相图和 Cu-Zn-Sn 三元合金相图计算锌当量来确定其组织。这一合金是某钎料厂在制造 BCu60ZnSn（Si）钎料时，由于错料，铸锭出现从未有过的脆性，当直径为 50mm ，长度为 1m 的铸锭，从 1m 高水平掉落地上时，铸锭就断裂，后经化学成分分析，就是上述的成分。按 Cu-Zn 二元合金相图计算锌当量：

$$Zn_{当} = \frac{37.9 + 2.75 \times 2 + 0.15 \times 10}{37.9 + 59.2 + 2.75 \times 2 + 0.15 \times 10} \times 100\% = 43.1\%,$$

由图 3-1 知，在平衡状态下，该合金处于 α+β 两相区，按通常认定两相区范围为 $w$(Zn) = 37%~46%，根据杠杆定律计算，α 相相对量为 32%，β 相为 68%，按这一相对量比例，和 β 相的性能，合金不应该出现那么大脆性。

按 Cu-Zn-Sn 三元金相图计算锌当量：

$$Zn'_{当} = \frac{37.9 + 0.15 \times 10}{37.9 + 59.2 + 2.75 + 0.15 \times 10} \times 100\% = 38.88\%,$$

$$Sn = \frac{2.75}{101.35} \times 100\% = 2.71\%,$$

$$Cu = \frac{59.2}{101.35} \times 100\% = 58.41\%。$$

该合金在 Cu-Zn-Sn 系三元合金相图 20℃ 等温截面图上的标象点落在 α+β+γ 三相区，如图 3-6 所示，用三角形重心法则计算它们的相对量为 α 相：61.1%，β 相：11.9%，γ 相：27%，出现那么多 γ 相，合金必然很脆，也表明三元合金相图判断复杂黄铜的组织比 Cu-Zn 二元合金相图更接近合金的实际组织状况。

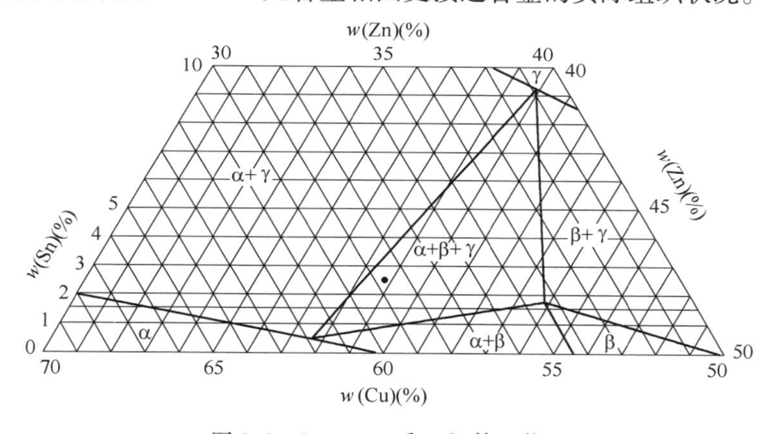


图 3-6　Cu-Zn-Sn 系 20℃ 等温截面

简单黄铜中的 α、β 相为简单固溶体，仅由 Zn 的固溶而强化，强化效果小，退火后的强度约为 240~ 390MPa，而复杂黄铜的 α、β 相由多种元素强化，强化效果大，退火后的强度可达 630~680MPa，冷加工硬化十分显著，这一特性对钎料加工带来不良影响[7]。

合金元素对复杂黄铜的作用和影响分述如下。

Sn：锡在黄铜中的饱和浓度随含 Zn 量的增加而降低，当铜中 Zn 由零增加到约 $w(Zn)=38\%$ 时，锡在 α 固溶体中的最大溶解浓度由 $w(Sn)=15\%$ 下降到 $w(Sn)\approx0.7\%$，在 Zn 饱和的铜固溶体中，锡的溶解浓度很少，但当 Zn 增加到出现 β 相时，锡的溶解浓度稍有增加，少量的锡溶于黄铜的 α 相及 β 相中，常用的锡黄铜中 $w(Sn)\leqslant1\%$，$w(Sn)$ 最多不超过 1.2%，否则合金组织中出 γ（$Cu_5Zn_8$）相，降低塑性、增大脆性[7]。

在锡黄铜中 Sn 的作用主要是抑制脱 Zn，提高黄铜在海水中的耐蚀性。在黄铜钎料中 Sn 的主要作用是提高钎料润湿性和有效降低钎料液相点温度。

Mn：锰有微弱缩小黄铜 α 相区的作用，对黄铜的组织影响不大，锰能大量溶于纯铜和 α 黄铜中，最大溶解浓度达 $w(\mathrm{Mn})=20\%$，锰在高温 β 相中也有一定溶解量，但在低温 β′相中的溶解浓度很少，当黄铜的含 Zn 量超过 $w(\mathrm{Zn})=35\%$、含 Mn 量超过 $w(\mathrm{Mn})=4\%$时，组织中将出现富锰的ε（$MnZn_3$）脆性相，分布在 β′相的晶界上，严重影响金属的塑性和韧性，因此在 α+β 两相黄铜中，含 Mn 量不能超过 $w(\mathrm{Mn})=4\%$。普通锰黄铜中取含锰量 $w(\mathrm{Mn})=2\%\sim4\%$。黄铜中加入少量锰能显著提高黄铜的抗拉强度又不会明显降低其塑性[11]。例如：HMn 58-2 为α+β 两相黄铜，$R_m \geqslant 350\mathrm{MPa}$，断后伸长率 $A \geqslant 20\%$。

Cu-Zn-Mn 合金的颜色与含锰量有关，随 Mn 含量增加，合金颜色逐渐由红变黄，由黄变白，当含 Zn 量为 $w(\mathrm{Zn})=30\%$时，加入 $w(\mathrm{Mn})=12\%$，就可使合金变为类似镍白铜的银白色[7]，如图 3-7 所示。曾为研制白色钎料选取 Cu-Zn-Mn 系合金，按图 3-7 所示成分试配，实验表明，合金是浅黄色而不是银白色，放置空气中因氧化变成灰黄偏黑色，液相点温度约 850℃，不宜作为白色钎料的合金系。黄铜钎料中添锰，熔炼浇注时二次氧化明显，钎焊时易出气孔，钎料中加 Mn 时，加入量是很关键的因素。

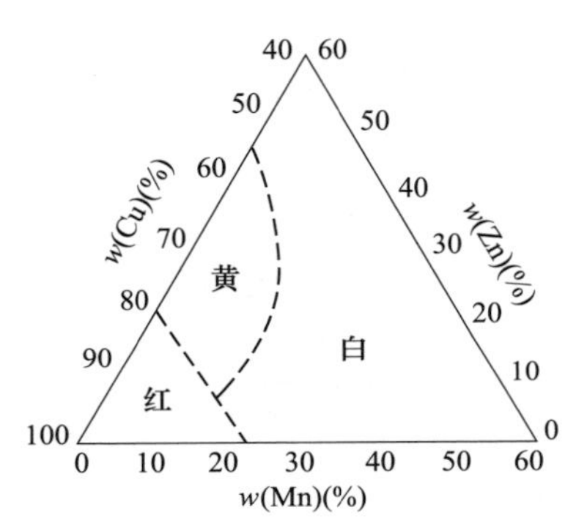


图 3-7　Cu-Zn-Mn 系合金颜色随锰含量不同而变化的情况[7]

Si：Si 的锌当量系数很高，等于 10，在黄铜中加入少量 Si 就会大大缩小 α 相区，当 $w(\mathrm{Si})>4\%$、$w(\mathrm{Zn})>20\%$时，就会出现六方晶格的 β 相，此相高温时塑性好，约 555℃分解成（α+γ）共析体，γ 相为 $Cu_5Si$，复杂立方晶格，合金脆性大，不能进行压力加工；当 $w(\mathrm{Zn})\leqslant20\%$、$w(\mathrm{Si})<3\%$时，室温下具有 α 固溶体和少量（α+γ）共析体，例如常用的牌号为 HSi80-3 硅黄铜。为保证良好的力学性能，组织中 γ 相数量的比例不能大。硅能降低铜锌合金液相线温度，在液面或铸件表面生成 $SiO_2$ 薄膜，可防止锌的蒸发，也能提高黄铜对大气和海水的耐蚀性。当黄铜中存在 Mn 或 Fe 时，若 $w(\mathrm{Si})>0.1\%$，便会生成 $Mn_5Si_3$ 或 FeSi 相，分布在晶界上，使合金变脆[7,11]。

在 Cu-Zn 或 Cu-Zn-Ag 系钎料中加入适量的 Si，可防止 Zn 的挥发，也能使钎缝表面光亮。

Ni：镍的锌当量系数为负，能扩大 α 相区，Ni 能细化晶粒，提高强度和韧性，提高合金抗脱锌和耐蚀性，在黄铜钎料中加 Ni 有利于减少黄铜盘丝的脆断，并且丝料色泽接近低银钎料丝的颜色，非常漂亮。

Fe：铁与铜不形成中间相，铁在固态铜锌合金中的溶解浓度极低，室温时最大溶解浓度约为 $w(\mathrm{Fe})=0.3\%$，高温时以富铁相高熔点微粒形式析出，成为铜合金的非自发性晶核，起到细化晶粒的作用[7]。黄铜中含铁量一般 $w(\mathrm{Fe})<1.5\%$，含铁量高时由于富铁相的偏聚，将导致合金塑性和耐蚀性下降；钎料中含铁量 $w(\mathrm{Fe})<0.6\%$。

Al：铝的锌当量系数很高，等于6，由 Cu-Zn-Al 三元合金相图的20℃等温截面可以看出，少量铝能使 α 黄铜或（α+β）黄铜组织中 β 相增多，甚至出现 γ 脆性相，如图 3-8 所示。铝能显著提高合金的强度和硬度，使韧性和塑性明显降低。铝在 Cu-Zn-Al 合金中表面离子化倾向比锌大，优先与氧形成致密的氧化铝膜，显著提高合金的耐蚀性，铝黄铜中除用于与海水接触的黄铜件含铝高达 $w(\mathrm{Al})=7\%$外，大多数 Al 黄铜含 Al 量为 $w(\mathrm{Al})\leqslant 3\%$；在铜锌钎料中添加铝可防止 Zn 蒸发，但会影响钎料的流布性，铜锌钎料中很少添加 Al 作为合金元素。

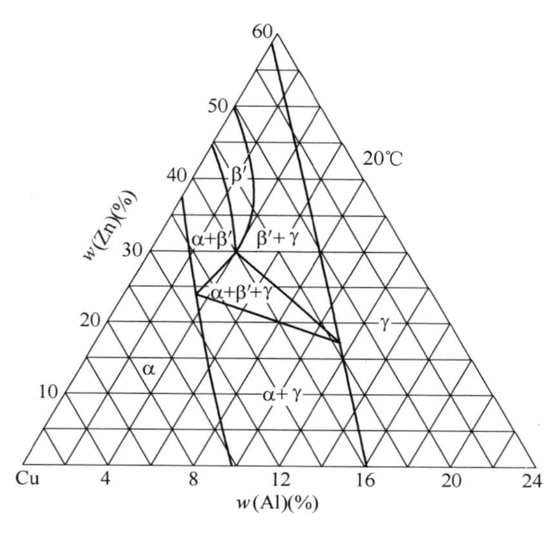


图 3-8 Cu-Zn-Al 系 20℃等温截面[7]

## 3.1.2 铜锌合金钎料实例分析及配方设计

在工厂生产实践中，设计一个前所未有的钎料配方的情况极其少有，大多数情况是用户对原来使用的钎料在某一方面不够满意或提出新的要求，那么对原用钎料配方给予局部修改；也可能在钎料制造过程中出现一些问题，如加工性不好，或出现脆断现象，于是把配方进行适当调整。原来使用的配方极大部分为国家标准配方，有的是国外标准配方，也有国内外著名企业的企业标准，例如美国的哈里斯（Harris）、德国的德固萨（Degussa）公司等企业标准，都是非常优秀的标准配方。如果从原配方组分的数据上简单地进行数据调整，一般很难得到更好的结果；如果用元素固定法做一系列成分数据变动，然后配制相当多的试样，通过一系列试验，得出最佳配比，对原配方进行修正，在工厂生产实际中根本不可能，无论在时间上或是成本上都不允许。现在用相图依据法对常用钎料配方进行实例分析和配方设计。

**1. BCu60ZnSn(Si) 钎料**

这一钎料在国内应用非常广，它常用作钎料也用作熔化焊的填充料，它的配方实质上是以锡黄铜 HSn60-1 为参考配方，根据钎焊工艺特点予以适当修正而成，表 3-5 列出它们的化学成分。

**表 3-5 BCu60ZnSn（Si）钎料化学成分**

| 合金型号 | 化学成分，(w,%) | | | | 熔化温度/℃ |
|---|---|---|---|---|---|
| | Cu | Sn | Si | Zn | |
| BCu60ZnSn(Si) | 60±1 | 1±0.2 | 0.25±0.1 | 余（38.75） | 890~905 |
| HSn60-1 | 60±1 | 1.25±0.25 | — | 余（38.75） | 886~901 |

由表 3-5 可知，两者化学成分非常接近，HSn60-1 中加 Sn 的目的和作用是为了提高黄铜在海水和大气中的耐蚀能力，并指出 $w(\mathrm{Sn}) \leqslant 1\%$，否则材料有脆性。在 BCu60ZnSn(Si)钎料中加 Sn 的主要作用是提高钎料的润湿性，也指出 $w(\mathrm{Sn})<1\%$[2]。加 Si 是为了防止焊接过程中 Zn 的挥发，锌的损耗与含 Si 量的关系示于图 3-9。当钎焊温度超过 1000℃时，必须注意 Zn 的挥发现象。

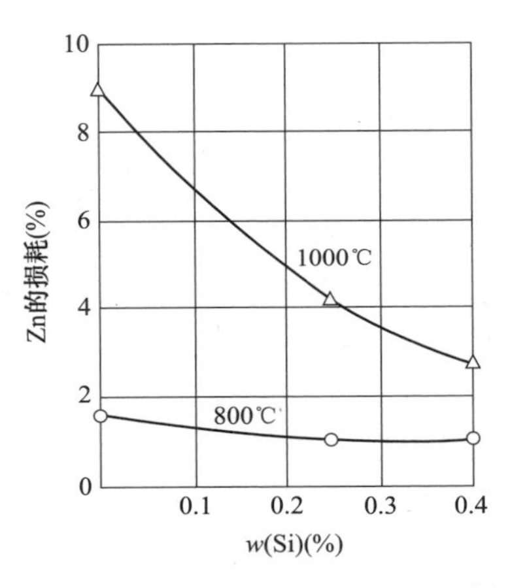


图 3-9 锌的损耗与含硅量的关系[2]

Sn 和 Si 的 Zn 当量系数都很高，分别为 2 和 10，明显缩小 α 相区，增加 β 相数量，它们会影响钎料的脆性吗？由于加入量较少，在生产实际中一般影响不大，但当生产直径为 ϕ1.2~ϕ1.5mm 盘丝时，经常会出现不规则的脆性断裂，严重时会出现整盘钎料丝的脆性断裂，黄铜盘丝的脆性断裂，往往是供货厂家的麻烦事，这里从材料组织因素来分析脆性断裂的可能原因。

用 Cu-Zn-Sn 三元合金相图，按表 3-5BCu60ZnSn（Si）的公称化学成分和 Zn 的当量系数，计算钎料合金的成分并推算合金的组织。

$$\mathrm{Zn}'_{\text{当}} = \frac{38.75 + 0.25 \times 10}{38.75 + 60 + 1.0 + 0.25 \times 10} \times 100\% = 40.34\%,$$

$$\mathrm{Cu} = \frac{60}{102.25} \times 100\% = 58.68\%,$$

$$\mathrm{Sn} = \frac{1.0}{102.25} \times 100\% = 0.98\%。$$

此时钎料合金在图 3-10 的标象点 B 落在 α+β 两相区，组织为 α+β 两相组织，通过两相区四边形法则计算，α 相的相对量约为54%，β 相相对量约为46%，材料塑性相当好；但由于标象点 B 非常接近 α+β+γ 三相区，铸态钎料合金的组织一定程度上会偏离平衡状态组织。

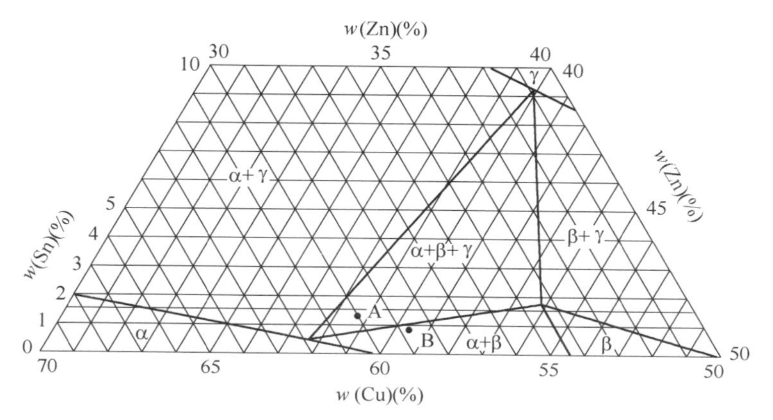


图 3-10 Cu-Zn-Sn 系 20℃等温截面

曾对该型号某批次钎料，成分为质量分数 Cu59.52%、Zn39.30%、Sn1.0%、Si0.2%，在图 3-10 中标象点处于 B 点稍偏右，为 α+β 两相组织，对其铸态锭坯横截面取样，经 X 射线结构分析表明，合金中除 α 和 β 谱线外，出现了 γ-$Cu_5Zn_8$ 谱线，如图 3-11 所示，证明铸态钎料合金中出现了脆性相，它的铸态组织与平衡态有一定偏离。

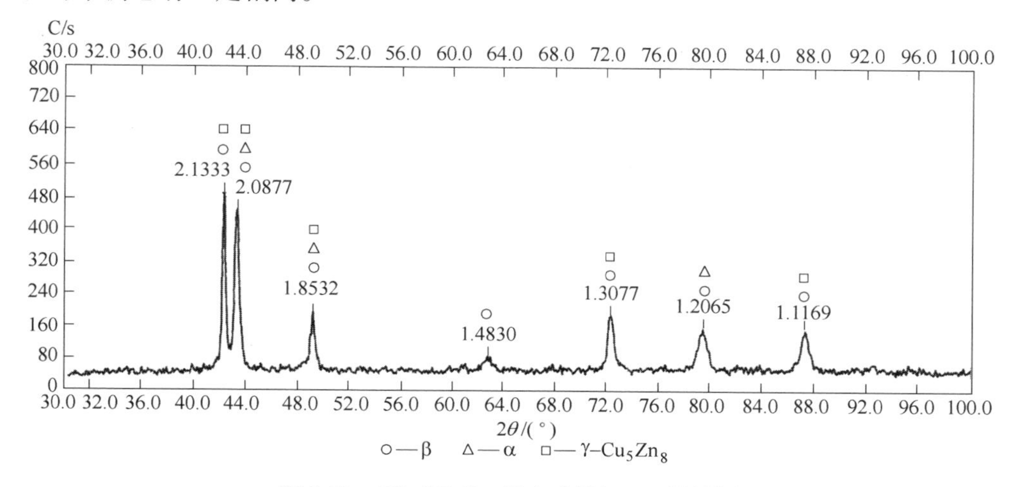


图 3-11 BCu60ZnSn（Si）钎料 XRD 谱线图

HSn60-1 合金在图 3-10 中标象点 A 落在 α+β+γ 三相区内，通过三角形重心法则计算，各相的相对量分别为：α：74.5%，β：21.2%，γ：4.3%；当

$w$(Sn)>1%时，合金中出现相当多的 γ 脆性相，这就是许多资料在论述锡黄铜时，总提到含 Sn 量质量分数不超过 1%，否则合金会出现脆性。虽然合金的标称含量为 $w$(Sn)= 1.0%~1.5%，但很多实例中 $w$(Sn)<1%[12]。

铜锌钎料合金一般都处于 α+β 两相区，标准添加量 $w$(Sn)= 0.8%~1.2%，现设 $w$(Sn)= 1%，根据图 3-10 计算不同含 Zn 量对应的 α、β、γ 相的相对含量，列于表 3-6。

**表 3-6 当 $w$(Sn)= 1%时，Cu-Zn-Sn 三元系相图中各相含量**

| $w$(%) | | Zn/Cu | α（%） | β（%） | γ（%） |
|---|---|---|---|---|---|
| Zn | Cu | | | | |
| 37.5 | 61.5 | 0.609 | 93.8 | 0 | 6.2 |
| 38 | 61 | 0.623 | 86.2 | 9.9 | 3.9 |
| 39 | 60 | 0.650 | 71.9 | 26.3 | 1.8 |
| 40 | 59 | 0.678 | 58 | 42 | 0 |
| 40.5 | 58.5 | 0.692 | 52.7 | 47.3 | 0 |
| 41 | 58 | 0.707 | 45 | 55 | 0 |
| 41.5 | 57.5 | 0.722 | 40 | 60 | 0 |
| 42 | 57 | 0.737 | 34 | 66 | 0 |
| 42.5 | 56.5 | 0.752 | 27.8 | 72.2 | 0 |
| 43 | 56 | 0.768 | 22.3 | 77.7 | 0 |
| 44 | 55 | 0.80 | 6 | 94 | 0 |

从表 3-6 可见，当 $w$(Zn)≤39%时，合金中将出现 γ 脆性相，当 $w$(Zn)≥41%时，β 相含量太多也将使合金出现脆性，含 $w$(Zn)= 39%~41%时，是 Cu-Zn-Sn 三元合金，当 $w$(Sn)= 1%时在理论上可供选择的范围。

当合金中加入第四组元 Si 后，那么表 3-6 中的 Zn 含量应看成是四元合金的 Zn 当量。假设四元合金 CuZnSn1Si0.2，取 Zn 当量为 40.5%，进行逆运算，求实际应有的含 Zn 量为 $x$：

Cu 含量为 $100-x-1-0.2=98.8-x$

$$Zn'_{当} = 0.405 = \frac{x + 0.2 \times 10}{x + (98.8 - x) + 1 + 0.2 \times 10} = \frac{x + 2}{101.8}$$

$x=39.23$

Cu=98.8−39.23=59.57

配方为 Cu59.57Zn39.23Sn1.0Si0.2

黄铜钎料设计时，若设定 $w$(Sn)= 1.0%，则从图 3-10 可见，Sn = 1 的线与 α+β+γ 三相区三角形交于（Zn37.5，Cu61.5 和 Zn40，Cu59）两个点，当

$w$(Zn)= 37.5%～40%时合金中出现 γ 脆性相；当 $w$(Zn)≥42%时，β 相份额太大也将导致合金脆性，所以 Zn 的可选择范围有两个：即 $w$(Zn)<37.5%和 $w$(Zn)= 40%～42%，这样从理论上就材料性质方面防止钎料合金的脆性。实际生产中 Sn 含量可取标准配方中的下限，即 $w$(Sn)= 0.8%。再从另一方案考虑，根据图 3-10，过 $w$(Sn)= 0.5%的点作 Cu-Zn 边的平行线，则该线刚好处在 α+β+γ 三相区三角形下方而不与其相交，这意味着当 $w$(Sn)≤0.5%时，CuZnSn 合金中不出现 γ 脆性相，只要控制合适的 Zn：Cu 值，合金中不会有太多的 β 相，就从材料性质上控制了合金的脆性。另外设计时在 $w$(Si)= 0.15%～0.35%范围内选择合适的含 Si 量。

**2. 黄铜盘丝钎料存在问题及解决办法**

用来制造黄铜盘丝钎料的配方示于表 3-7，序号 1、2、3 为 GB/T 6418—2008 标准配方，其中 2 号、3 号是 2008 年修订新标准时新增的配方，它们的特点是 Sn 含量从过去的 $w$(Sn)= 0.8%～1.2%减少到 $w$(Sn)= 0.2%～0.5%，主要考虑 $w$(Sn)= 1.0%左右有可能导致钎料脆性，但考虑到 Sn 有利于对钢和铜的润湿性，必须保留一定的含量；其次是添加 Mn，在不影响钎料强度的条件下，增加钎料的塑性，也可改善对钢和铜的润湿性。1 号配方是广泛应用又是一直沿用下来最成熟的配方，无论制条还是制盘丝都用这个配方，各厂家实际生产配方大同小异，基本上与 4 号配方相似。由于盘丝出现了脆性断裂，许多厂家都有不同方式的改进，钧益厂设计了 5 号配方，$w$(Sn)= 0.5%，同时添加 $w$(Mn)= 0.2%，都林厂在 1 号配方基础上添加 $w$(Ni)= 0.2%～0.4%，示于 6 号配方，都借此以增加钎料的塑性，防止脆断。

**表 3-7　黄铜盘丝钎料配方**

| 序号 | 型号或牌号 | 化学成分（$w$）（%） | | | | | | 熔化温度/℃ |
|---|---|---|---|---|---|---|---|---|
| | | Cu | Sn | Si | Mn | Ni | Zn | |
| 1 | BCu60ZnSn(Si) | 59～61<br>60 | 0.8～1.2<br>1.0 | 0.15～0.35<br>0.25 | — | — | 余<br>38.78 | 890～905 |
| 2 | BCu58Zn(Sn)(Si)(Mn) | 56～60<br>58 | 0.2～0.5<br>0.35 | 0.15～0.2<br>0.175 | 0.05～0.25<br>0.15 | — | 余<br>41.328 | 870～900 |
| 3 | BCu60Zn(Si)(Mn) | 58.5～61.5<br>60 | ≤0.2<br>0.2 | 0.15～0.4<br>0.275 | 0.05～0.25<br>0.15 | — | 余<br>39.375 | 870～900 |
| 4 | 钧益 BCu60ZnSn(Si) | 59.28 | 1.0 | 0.22 | — | — | 39.5 | |
| 5 | 钧益 BCu60Zn(Sn)(Si)(Mn) | 59.38 | 0.5 | 0.22 | 0.2 | — | 39.7 | |
| 6 | 都林 BCu60ZnSn(Si)(Ni) | 59.5 | 1.0 | 0.2 | — | 0.2 | 39.1 | |

注：1、2、3 号为 GB/T 6418—2008 配方，下面为公称数值。

根据 Cu-Zn-Sn 系三元合金相图，把表 3-7 中各配方按 Zn 当量计算法折算成 CuZnSn 三元合金的配方，列于表 3-8，并把六个配方的标象点画于图 3-12，发现所有标象点都落在 α+ β 两相区，其中 6 号、1 号、4 号配方的标象点非常接近 α+β+γ 三相区的边界线。根据三元合金相图两相区四边形直线法则，计算出各配方 α 相和 β 相的相对量，列于表 3-8。除 2 号配方的 α 相相对量小于 β 相外，其余配方在平衡条件下，α 相的相对量都大于 β 相，按此估计合金本身应该不会出现脆性。

**表 3-8 折算成 CuZnSn 三元合金配方**

| 序号 | 型号或牌号 | 化学成分（*w*）（%） | | | 相的相对量 | |
|---|---|---|---|---|---|---|
| | | Cu | Zn | Sn | α（%） | β（%） |
| 1 | BCu60ZnSn(Si) | 58.68 | 40.34 | 0.98 | 57.4 | 42.6 |
| 2 | BCu58Zn(Sn)（Si）（Mn） | 57.14 | 42.51 | 0.35 | 45.2 | 54.8 |
| 3 | BCu60Zn(Si)（Mn） | 58.6 | 41.2 | 0.2 | 71.4 | 28.6 |
| 4 | 钧益 BCu60ZnSn(Si) | 58.13 | 40.89 | 0.98 | 52.8（39） | 47.2（61） |
| 5 | 钧益 BCu60Zn(Sn)（Si）（Mn） | 58.28 | 41.23 | 0.49 | 61.3(41.2) | 38.7(58.8) |
| 6 | 都林 BCu60ZnSn(Si)（Ni） | 58.72 | 40.29 | 0.99 | 57.3 | 42.7 |

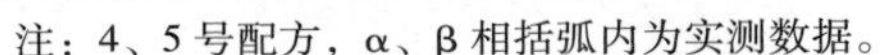
注：4、5 号配方，α、β 相括弧内为实测数据。

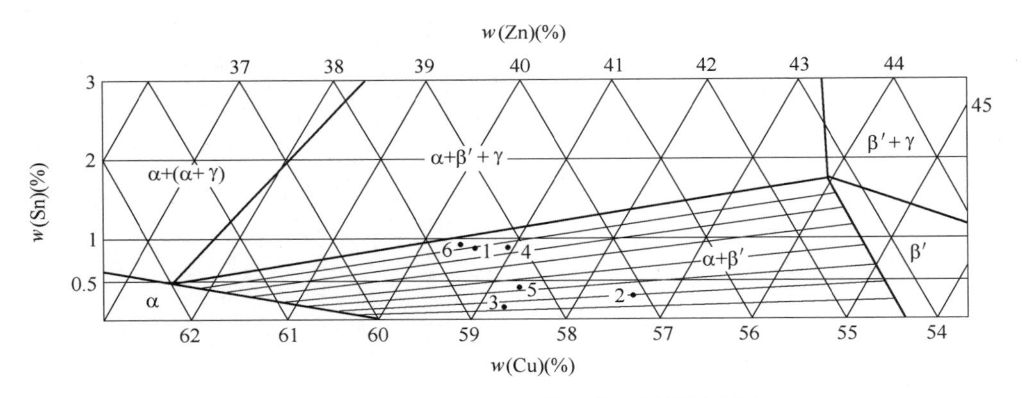


图 3-12 Cu-Zn-Sn 系 20℃等温截面局部放大图

4 号、5 号配方的金属型铸锭的金相照片示于图 3-13，铸态组织实测结果，β 相相对量都大于 α 相，见表 3-8，可能由于铸态冷却速度较快，非平衡态组织扩大了 β 相区，使 β 相相对量增加；从图 3-13 的金相组织和 α 相和 β 相相对含量看，5 号配方比 4 号配方优越。

实际生产表明，5 号配方铸锭经挤压拉丝，丝料的韧性非常好，该丝料曾请

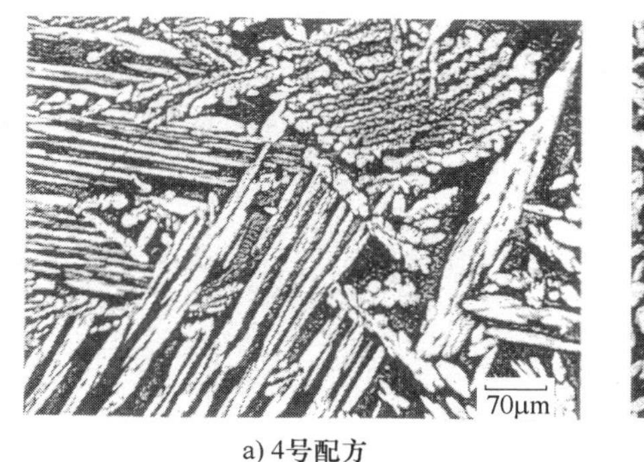


a) 4号配方

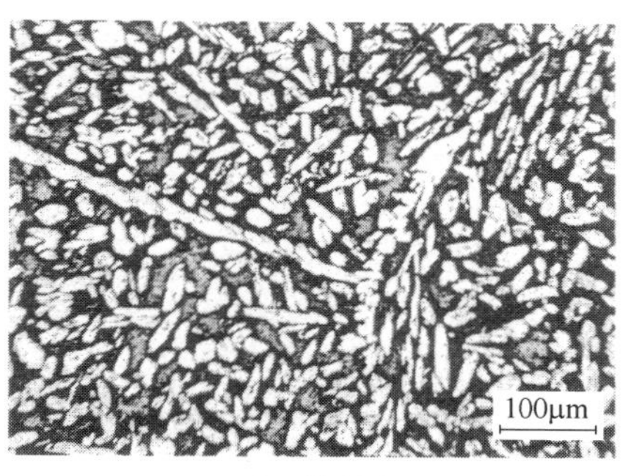


b) 5号配方

图 3-13 黄铜钎料金属型铸锭铸态金相图

客户检验，他们按正常工艺施焊，钢材储气筒与纯铜管套接（即搭接）接头，经泄漏和爆破试验，所有指标都合格，但不接受供货，真正原因是配方中的 Sn 含量为 $w$(Sn)= 0.5%，而不是 $w$(Sn)= 0.8%~1.2%，客户只相信 $w$(Sn)= 1.0% 的国标含量。

黄铜钎料加 Mn 后，钎料丝的颜色为黄铜色偏青色；添加 Ni 后，钎料丝黄色偏白，类似低银钎料的色泽，非常漂亮。

（1）盘丝脆性断裂形式及原因分析　生产中黄铜钎料盘丝丝径一般为 $\phi$1.2~$\phi$2.0mm，每盘质量约为 12~15kg，拉丝过程中丝料断口有四种情况：①断面有圆形小气孔，②断面出现缩尾，③有夹渣，④没有任何目察缺陷；盘丝出厂后在客户使用有三种情况：①当外包装塑料膜去掉时，盘丝会一层层大量脆性崩断，断口上通常没有任何目察缺陷，②使用过程中断裂，断口一般有夹渣或气孔，③盘丝用到最后快到盘芯时，丝料断裂，断口无目察缺陷，也可能会出现气孔或夹渣，这些情况的断裂原因分析如下：

1）材料因素：可能出现 $\gamma(Cu_5Zn_8)$ 脆性相，当 $\gamma$ 相占合金份额 1%时，就有脆性表现；$\beta \rightarrow \beta'$ 的有序化转变，尤其是 $\beta'$ 相份额较多时会有影响；氢脆性；加工硬化；$\alpha$ 相时效硬化。这些因素重叠作用，到达某一程度时出现脆性断裂，在断口上一般看不到宏观缺陷。

2）工艺因素：熔炼是保证钎料质量极其重要的一个环节，黄铜钎料液相点温度约 900℃，根据文献［16］数据，经核算，合适的熔炼温度为 1100~1150℃，沸腾温度 1060~1085℃，浇注温度约 1000~ 1050℃。熔炼温度随操作工艺而变化，如果把中间合金先垫炉底，再加电解铜熔化，那么差不多 1200℃ 才能逐渐全部熔化，温度非常高，吸气严重，全部熔化后应及时快速降温，通常是降低电功率，同时尽快加入锌块，液体金属温度会迅速下降，待锌块加完后再加 Sn，搅拌，此时必须尽快升温达到沸腾温度，沸腾约 2min，温度控制在 1100℃

左右，出炉、静置；达1050～1060℃左右时浇注。熔炼温度太高、液体金属高温停留时间太长，沸腾不完善，静置不够，浇注温度太高，钎料金属容易出现氢脆断、气孔；浇注温度太低，容易形成夹渣。钎料的氢脆断、夹渣、气孔等缺陷，一般是熔炼工序造成的隐患。熔炼、沸腾、浇注各阶段温度相差不多，并且温度又高，操作时不容易控制，所以要获得优质黄铜钎料锭坯难度很大。

挤压是钎料成形的关键工序，挤压最重要的工艺参数为锭坯加热温度、挤压速度和变形程度。加热温度可查阅金属和合金的塑性图、相图和再结晶图作为依据加以考虑[15]。其实模温也很重要，由于模具材料性能的制约，通常只能设定在450～500℃之间。对于α+β两相黄铜钎料，锭坯的最佳加热温度为600～650℃，使合金处于α+β两相状态，如图3-14a、b所示，如果加热至（α+β）$\rightleftharpoons$β的相变线附近或超过相变线进入β单相区，具体温度约680～700℃，此时晶粒迅速长大（见图3-14c），将使钎料合金的硬度、塑性都降低。如果加热温度太低，那么钎料从模孔流出来后处于合金实际再结晶温度（约500℃）以下，丝料硬度较大、塑性也较低。考虑到挤压热效应，加热温度可取下限偏高，约为620℃为宜。

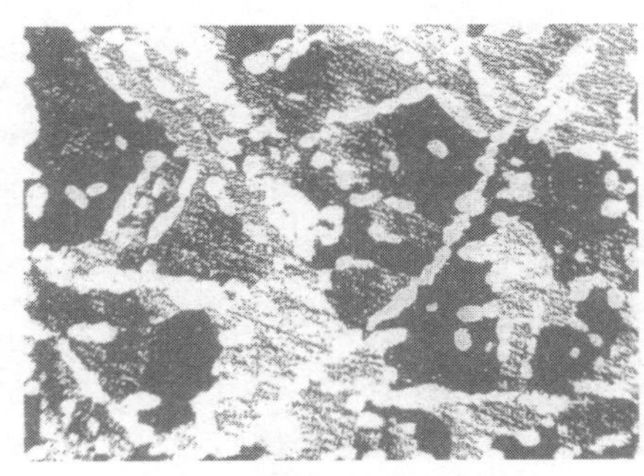

a) 600℃保温30min，水淬

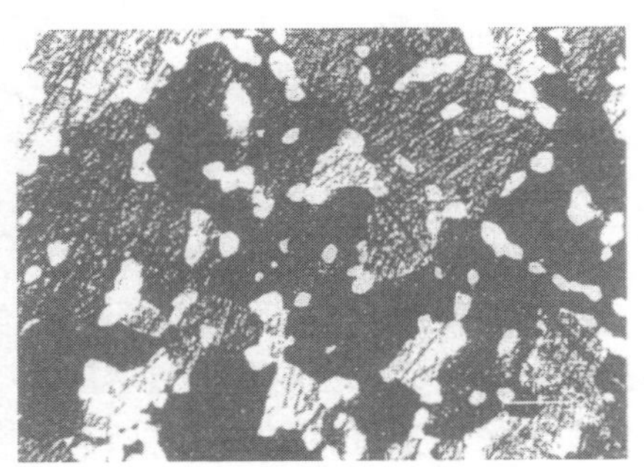

b) 650℃保温30min，水淬

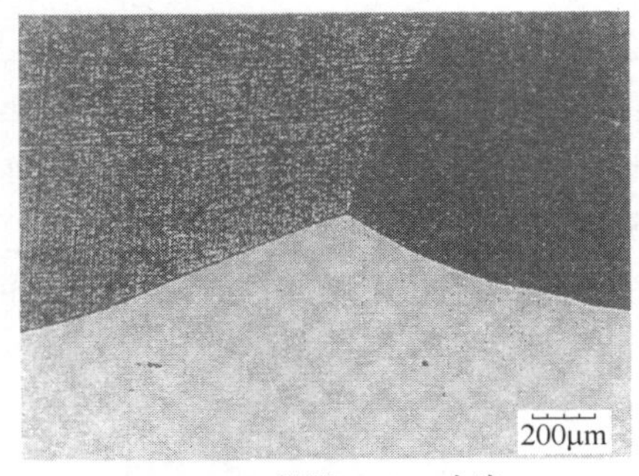



c) 700℃保温30min，水淬

图3-14 BCu60ZnSn(Si) 钎料不同温度的组织

变形程度由挤压比控制，钎料的挤压都是多孔模锭接锭连续挤压，要求所有模孔均匀布置在同心圆上[15]。

$$挤压比\ \lambda = \frac{S}{S'} = \frac{D^2}{n\,d^2}$$

式中　$S$——挤压筒横截面积（$mm^2$）；

$S'$——制品截面积（$mm^2$）；

$D$——挤压筒内径（mm）；

$d$——制品直径（mm）；

$n$——多孔模孔数，

确定同心圆的公式如下：

$$D_{同心} = \frac{D}{a - 0.1(n-2)}$$

式中　$a$——经验系数，一般为2.5~2.8，一般取2.6。同心圆太大，即模孔过分靠近模子边缘，则导致模具强度降低，死区金属过早流动，丝料易出现起皮和分层；若同心圆太小，即模孔太靠近模具中心，丝料易出现较长的中心缩尾，也可能引起丝料表面纵向裂纹[15]。经验表明：同心圆直径等于或稍小于挤压筒内径的1/2为宜。

变形程度是影响丝材性能的一个参数，变形程度计算公式如下：

$$变形程度\ \varepsilon = \frac{S - S'}{S} \times 100\% = \left(1 - \frac{1}{\lambda}\right) \times 100\%$$

式中　$S$——制品变形之前截面积（$mm^2$）；

$S'$——制品变形之后截面积（$mm^2$）。

变形程度与挤压比的数量关系列于表3-9中，当挤压比大于10以后，变形程度增量不多，钎料挤压比通常都超过30，所以钎料丝料的变形程度都很大，即使有一定脆性的锭坯，经挤压后，丝材都有相当好的韧性。

**表3-9　变形程度与挤压比的数量关系**

| 挤压比 $\lambda$ | 10 | 20 | 30 | 40 | 50 | 100 | 200 |
|---|---|---|---|---|---|---|---|
| 变形程度 $\varepsilon$(%) | 90 | 95 | 96.7 | 97.5 | 98 | 99 | 99.5 |

挤压速度是指挤压杆（轴）向下移动的速度，出丝速度指丝料流出模孔的速度，挤压速度、出丝速度和挤压比的关系如下：$v_{出丝} = v_{挤} \cdot \lambda$，实际生产中实测结果，黄铜钎料的出丝速度为50~60m/min，出丝速度高则生产率高。黄铜钎料挤压过程中，α相和β相都沿金属流动方向变形，使α相和β相都沿丝料长度方向细长分布，随温度下降，β相中将析出细小α相，而α相则没有相变。

拉丝是把挤压丝料通过拉丝模，使丝径达到客户所需的尺寸，并达到国标规定的公差范围。挤压丝料为α+β两相组织，图3-15为表3-7的4号、5号配方锭坯在α+β两相区挤压的丝料金相图。从图3-15可明显看到α相（白色）和β相都沿丝料长度方向分布，5号配方的α相和β相的分布比4号配方均匀得多，从它们的原始组织（见图3-13）就能得到解释，经拉丝后α相和β相更加细长和致密。

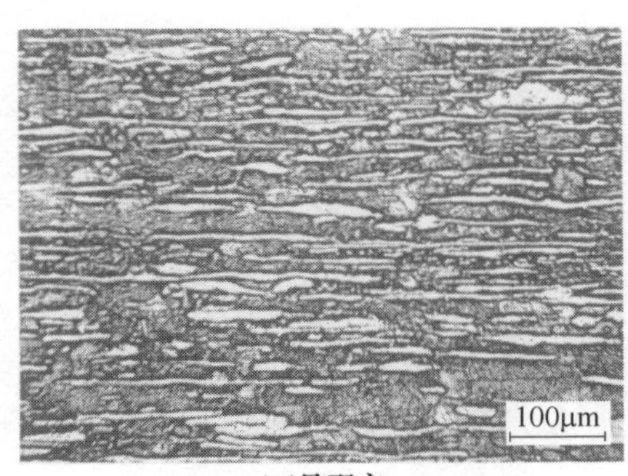


a) 4号配方
BCu60ZnSn(Si)

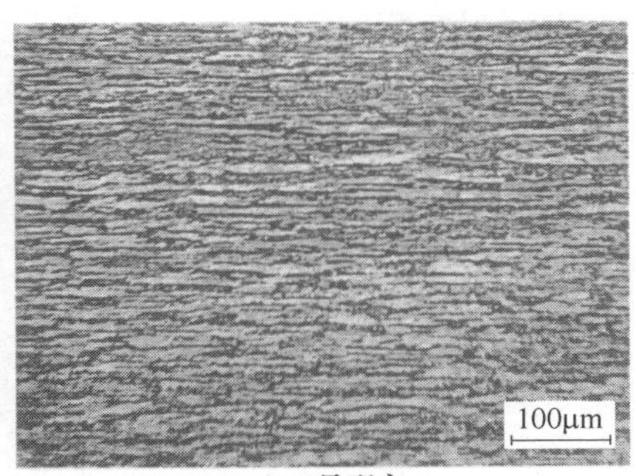


b) 5号配方
BCu60Zn(Sn)(Si)(Mn)

图3-15　两相区锭坯挤压的丝料金相图

铜锌合金室温时β相的硬度比α相高得多，见图3-16，常温时铸态α黄铜的断后伸长率高达58%，而β黄铜只有4%~10%，见图3-3，丝料在拉丝过程中，α相与β相因硬度和断后伸长率不同，α相比β相容易变形，α相与β相之间形成附加相间应力，β相侧存在拉应力，α相侧存在压应力，当拉应力达到某一定值时，在β相侧可能形成晶间微裂纹。由图3-16可知，当温度达到200℃左右时，两相的硬度（强度）非常接近，将最大限度地降低或清除拉丝时可能产生的相间应力，也可减少或消除晶间微裂纹。

3）其他因素：酸洗时酸液未完全洗净，空气中有腐蚀性气体，将促使晶间微裂纹扩大；拉丝后的加工硬化，绕盘丝时的变形硬化，α相的时效硬化，所有这些，当应力叠加时超过材料的承受能力时，都可能造成黄铜钎料的脆性断裂。

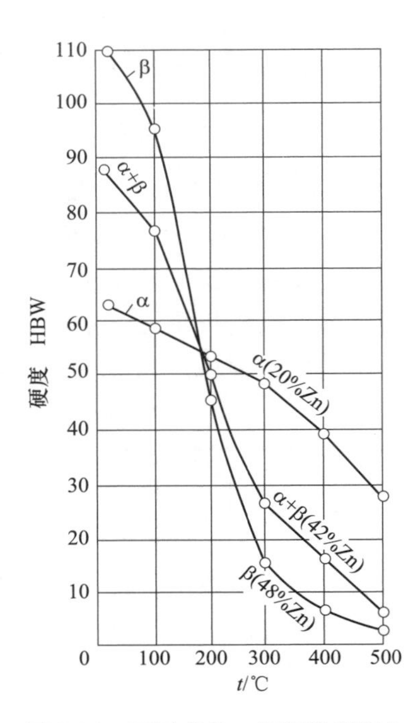


图3-16　不同成分、组织的黄铜在加热时的软化情况[7]

（2）防止黄铜钎料脆性断裂的措施　根据上述脆性断裂原因的分析，可采取如下措施：配方中 Sn 含量可取标准配方的下限，*w*（Sn）= 0.8%，或选取 *w*(Sn)= 0.5%，含Mn 量取 *w*(Mn)= 0.1%～0.15%，配方中可以加 Ni 或以 Ni 代 Mn。熔炼时防止温度太高，尤其应避免高温长时间停留；也可采取 Cu、Zn 等配料同时入炉升温的熔炼工艺，可以有效降低熔炼温度。严格控制沸腾温度和沸腾时间，合适的浇注温度极为重要，静置是必要的手段，但在实际生产中黄铜液静置时间非常难控制，必须注意。挤压时锭坯应控制 α+β 两相组织，可选取 600～650℃之间合适的温度；出丝温度最好不低于再结晶温度，大约为 500℃以上；拉丝时，可能的话，可加热到 180℃左右，以减少相间应力；酸洗时把酸液残留彻底冲洗干净。

## 3.2　铜磷钎料配方设计

铜磷二元合金钎料中的磷主要有两个作用，降低钎料的熔化温度和使钎料具有自钎性能，由图 3-17 可知，磷能降低铜的熔点，当 P 从零增至 *w*(P)= 8.4%时，铜的熔点从 1084.5℃降至 714℃，平均每增加 *w*(P)= 1%，约可降低铜的熔化温 44℃，但由于液相线 AE 在不同含 P 量区段的斜率不同，所以不同区段的降温效果不一样，由 Cu-P 二元合金相图测得不同含 P 量时液相点温度列于表 3-10。

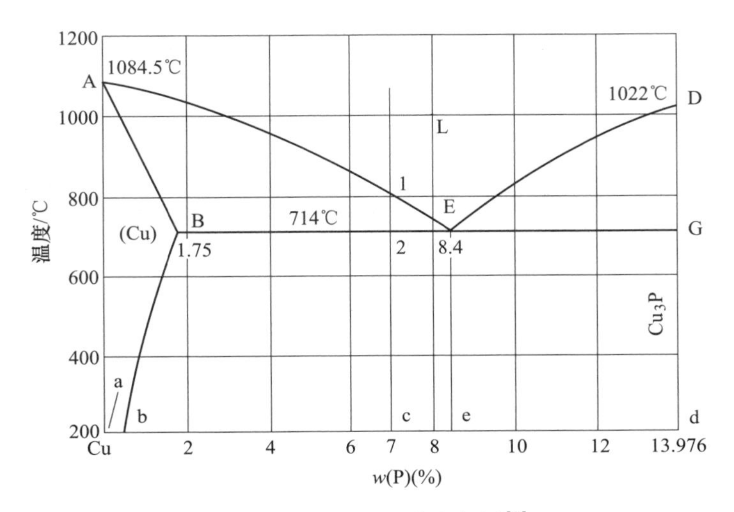


图 3-17　Cu-P 二元合金相图[3]

**表 3-10 Cu-P 二元合金含 P 量与液相点温度关系**

| $w$(P)（%） | 0 | 4 | 5 | 6 | 7 | 8 | 8.4 |
|---|---|---|---|---|---|---|---|
| 液相点温度/℃ | 1084.5 | 950 | 901 | 847 | 794 | 736 | 714 |

由表 3-10 数据可知，当含 P 量为 $w$(P)= 5%~8%这一区段时，$w$(P)每增加 1%时，液相点约降低 55℃，设计钎料时，液相点温度可参考表 3-10 的数据。

用得最多的 Cu-P 二元合金钎料为 BCu93P，根据 GB/T 6418—2008 铜基钎料标准有两个配方，见表 3-11。实际生产中，这一型号的含 P 量范围小于标准配方的波动范围。

**表 3-11 BCu93P 配方**

| 型号 | 化学成分（$w$）（%） | | 熔化温度范围/℃ | |
|---|---|---|---|---|
| | Cu | P | 固相点 | 液相点 |
| BCu93PA | 余量 | 7.0~7.5 | 710 | 793 |
| BCu93PB | 余量 | 6.6~7.4 | 710 | 820 |

当钎料的含 P 量相差 $w$(P)= 0.1%时，钎料的液相点温度约相差 5℃，对于手工操作钎焊，技术好的工人能够感受得到钎料熔化温度的差别，操作时控制火焰大小或调节加热时间，仍能获得满意的钎焊质量；但在隧道式加热炉中自动钎焊的情况就不一样，天固厂给某客户供应 BCu93P 钎料，由于隧道式加热炉焊接区加热温度波动范围只有 2℃温度区间，这就要求钎料含 P 量的波动范围不超过 $w$(P)= 0.05%，实际生产中能控制 $w$(P)= ±0.1%已经很高要求了，为此供需双方经常因质量问题而交涉，主要是因钎料含 P 量的波动，必须调整焊接区温度，给客户带来很大的麻烦，最后根据客户确定的温度要求，供方确定钎料含 P 量为 $w$(P)= 6.85%~6.90%，按天固厂的熔炼技术水平，每批次熔炼都达到这一要求确实很难做到，最后根据每批次化学成分分析结果，把含 P 量符合上述要求的钎料，特供给该客户，圆满解决双方的矛盾。这一配方属于 BCu93PB，但企业控制含 P 量波动范围都比国标标准小。

当用 Cu-P 钎料钎焊纯铜时，P 与氧化亚铜进行如下反应：$2P+5Cu_2O \rightleftharpoons P_2O_5+10Cu$，把铜表面的氧化铜还原成铜，促使钎料润湿工件，完成钎焊过程，这就是钎料的自钎性。除纯铜以外的铜合金，由于工件表面有其他合金元素的氧化物，磷不能还原这些氧化物（元素氧化物生成热，见附录 D），所以无自钎性，此时必须使用钎剂（助焊剂）进行钎焊。

由图 3-17 可知，P 在 Cu 中的溶解度不大，714℃时最大溶解浓度为 $w$(P)= 1.75%，常温时为 $w$(P)= 0.2%[7]，即图 3-17 中的 b 点，超过最大溶解浓度时，合金中出现 $Cu_3P$ 化合物。合金含 P 量为 $w$(P)= 8.4%时，称为共晶合金，其组织由 Cu+$Cu_3P$(或 α+$Cu_3P$) 组成，$Cu_3P$ 为脆性化合物，使合金变脆。含 P 量 $w(P) < 8.4\%$ 的合金，称为亚共晶合金，其组织由先共晶 α+(α+$Cu_3P$) 共晶体组成，BCu93P 是亚共晶合金，金相组织示于图 3-18，随 P 的增加，合金中先共晶 α 相相对量减少，共晶体相对量增加，其中 $Cu_3P$ 相对量也增加，因此，亚共晶合金随含 P 量增加，其脆性程度也增加。超过 $w(P) = 8.4\%$ 的合金，称为过共晶合金，其组织由先共晶 $Cu_3P$+(α+ $Cu_3P$) 共晶体组成，合金中有大量的 $Cu_3P$ 脆性化合物而无实用价值。根据图 3-17、利用杠杆定律，对亚共晶合金不同含 P 量常温时，合金中 α 相、共晶体和 $Cu_3P$ 相的相对量计算结果列于表 3-12。

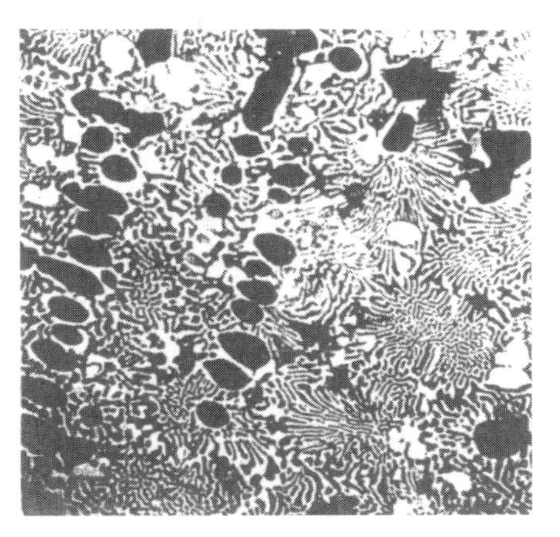

图 3-18 BCu93P 钎料合金铸态金相图 400×

**表 3-12 Cu-P 合金不同含 P 量时各相的相对量**

| $w(P)$ (%) | 先共晶 α 相相对量 (%) | (α+$Cu_3P$) 共晶体相对量 (%) | α 相总量 (%) | $Cu_3P$ 相对量 (%) |
|---|---|---|---|---|
| 5 | 41.5 | 58.5 | 65.2 | 34.8 |
| 6 | 29.3 | 70.7 | 57.9 | 42.1 |
| 6.5 | 23.2 | 76.8 | 54.3 | 45.7 |
| 6.8 | 19.5 | 80.5 | 52.1 | 47.9 |
| 7.0 | 17.1 | 82.9 | 50.6 | 49.4 |
| 7.1 | 15.9 | 84.1 | 49.9 | 50.1 |
| 7.5 | 11.0 | 89.0 | 47.0 | 53.0 |
| 8.0 | 4.88 | 95.12 | 43.4 | 56.6 |

从表 3-12 可以看到，当合金含 P 量 $w(P) \geqslant 6.5\%$时，由于共晶体相对量超过 76%，熔点较高的先共晶 α 相数量较少，钎焊时一旦加热温度超过合金的共晶温度时，液体量占了很大份额，钎料立刻显示很好的流布性，所以国标建议的最低钎焊温度处在液相点与固相点之间的温度；当含 P 量 $w(P) = 7\%$时，α 相总量 >$Cu_3P$脆性相的量，当 $w(P) = 7.5\%$时，$Cu_3P$ 脆性相的量超过 α 相总量很多，考虑钎料的脆性程度，合金的含 P 量最好 $w(P) \leqslant 7\%$，所以实际生产中 BCu93P 钎料，原则上都以 $w(P) = 7\%$为考虑的基数。

关于 Cu-P 二元合金钎料发展情况，20 世纪 70 年代以前，这种钎料在电机、电器制造行业非常受欢迎，由于脆性大，一般以铸条状应用，规格为 4mm×5mm×350mm[17]，实际生产中铸成 $\phi$4~$\phi$6mm，有的铸成 2mm×2mm×350mm。20 世纪 80 年代由于制冷行业的迅猛发展，热交换器中的纯铜管与纯铜管钎焊工作量非常大，要求钎料制成环状，装配后进行自动化钎焊，由于铜磷钎料钎焊纯铜有独到的优越性，因此要求把脆性的铜磷钎料韧性化，成了当时重要且先进的研究课题，它的成功与否，将直接影响制冷设备能否进行自动化生产。科学家和工程师们从材料和冶金途径考虑、采取添加变质剂的方法，使晶粒细化提高韧性；从材料加工方法考虑，通过挤压，使合金中的 α 相和 $Cu_3P$ 相都沿着变形方向呈纤维状分布，使合金呈韧性状态。经过不断的努力和实践，完成了铜磷钎料韧性化的研究工作，达到制成环状钎料的目的。

生产实践中，由于挤压技术不断提高，有些工厂不添加变质剂，单纯通过挤压方法，也能达到钎料韧性化的要求，因此为节省成本和简化工艺，不再添加变质剂。有的工厂仍保留向铜磷钎料添加细化晶粒的变质剂，最常用的是加 La、Ce 为主的混合稀土，实践表明，添加 $w$(Re)= 0.03%，就能使钎料铸锭晶粒细小致密，除了使钎料有韧性之外，还能改善钎料加工性。在使用时，钎料要重新熔化，而稀土变质剂有长效变质效果，因此能使钎缝晶粒细化致密，获得力学性能优良的钎焊接头。笔者在进行 CuPSnNi 非晶态钎料研制时，如果不加稀土变质，轧制态纯铜板条对接接头的抗拉强度始终达不到 180MPa，添加稀土后，接头强度全部超过 180MPa，最高达到 240MPa，可见，为了保证钎焊接头质量，添加稀土变质处理还是可取的方案。

除稀土变质外，铜磷钎料中也可加 Zr 作为变质剂，实践表明，加 $w$(Zr)= 0.01%的效果相当于加 $w$(Re)= 0.03%，但加 Zr 后钎料的流布不如加稀土好。

有时为了防止钎料在工件接缝两侧漫流，可添加 $w$(Si)= 0.04%~0.1%，同时能使钎缝外观饱满。

## 3.3 铜磷银钎料配方设计

铜磷钎料合金中添加银可进一步降低铜磷合金的熔化温度和改善其韧性[18]，根据 GB/T 6418—2008 铜基钎料标准，若干铜磷银钎料配方列于表 3-13。

表 3-13 铜磷银钎料标准配方

| 序号 | 型号 | 老牌号 | 化学成分（$w$）（%） | | | 熔化温度/℃ |
|---|---|---|---|---|---|---|
| | | | Ag | P | Cu | |
| 1 | BCu93P-B | HL201 | — | 6.6~7.4（7） | 余（93） | 710~793 |
| 2 | BCu91PAg | HL209 | 1.8~2.2（2） | 6.8~7.2（7） | 余（91） | 643~788 |

（续）

| 序号 | 型号 | 老牌号 | 化学成分（w）（%） | | | 熔化温度/℃ |
|---|---|---|---|---|---|---|
| | | | Ag | P | Cu | |
| 3 | BCu92PAg | | 1.5~2.5（2） | 5.9~6.7（6.3） | 余（91.7） | 645~825 |
| 4 | BCu89PAg | HL205 | 4.8~5.2（5） | 5.8~6.2（6） | 余（89） | 645~815 |
| 5 | BCu80AgP | HL204 | 14.5~15.5（15） | 4.8~5.2（5） | 余（80） | 645~800 |

注：括弧内为成分的标称值。

徐琦等研究指出[19]：在1号钎料中加入 $w(\mathrm{Ag})=2\%$，即为2号钎料，可以降低熔化温度，但断后伸长率反而降低，即并不提高韧性，见表3-14；由表3-14可知，在常温时，当含P量都为 $w(\mathrm{P})=7\%$时，BCu91PAg钎料的断后伸长率还不如BCu93P-B。文献［20］在1号钎料中加 $w(\mathrm{Ag})=2\%$的作用研究指出，当含P量不变的情况下，加入Ag元素，对钎焊接头的塑性影响不大。从表3-14还得到一个重要的信息，当钎料加热到200℃或以上时，钎料的断后伸长率大幅提高，强度有较大下降，这表明从材料角度考虑，在一定的温度下完全可以进行热加工，使钎料变形。

**表3-14　铜磷类钎料温度与抗拉强度、断后伸长率关系**[19]

| 序号 | 型号 | 断后伸长率 $A$(%) | | | 抗拉强度 $R_m$/MPa | | | | |
|---|---|---|---|---|---|---|---|---|---|
| | | 25℃ | 100℃ | 200℃ | 25℃ | 100℃ | 200℃ | 300℃ | 400℃ |
| 1 | BCu93P-B | 7 | 15 | 66 | 500（420） | 460 | 360 | 180 | 90 |
| 2 | BCu91PAg | 3 | 3 | 55 | 480 | 460 | 400 | 220 | 120 |
| 3 | BCu80AgP | 30 | 32 | 46 | 510（450） | 480 | 400 | 220 | 130 |

注：括弧内数据录自[17]。

图3-19为 $\mathrm{Cu\text{-}Cu_3P\text{-}Ag}$ 三元合金相图液相面图，图3-20为该合金系韧性与化学成分关系图，相图的一个顶角组元为 $\mathrm{Cu_3P}$ 表示，所以合金中脆性相 $\mathrm{Cu_3P}$ 的含量，直接可从 $\mathrm{Cu\text{-}Cu_3P}$ 坐标上读出，但实际配方计算中不采用 $\mathrm{Cu_3P}$ 含量，而用P的含量，为便于计算，把 $\mathrm{Cu_3P}$ 中含P量换算关系列于表3-15。

**表3-15　$\mathrm{Cu_3P}$ 中含P量换算表（质量分数,%）**

| P | 1 | 4.8 | 5.0 | 5.8 | 6.0 | 6.5 | 6.8 | 7.0 | 7.2 | 8.4 | 13.9766 |
|---|---|---|---|---|---|---|---|---|---|---|---|
| $\mathrm{Cu_3P}$ | 7.1548 | 34.34 | 35.77 | 41.50 | 42.93 | 46.51 | 48.65 | 50.08 | 51.51 | 60.10 | 100 |

把表3-13中的2号、4号和5号钎料配方的标称成分值的标象点画于图3-19和图3-20，它们的标象点分别为A、B和D。标象点A在图3-19上的成分为 $\mathrm{Ag2Cu_3P}$ 50.08 Cu47.92；同时把标象点A画于图3-20，可以发现A点落在脆断

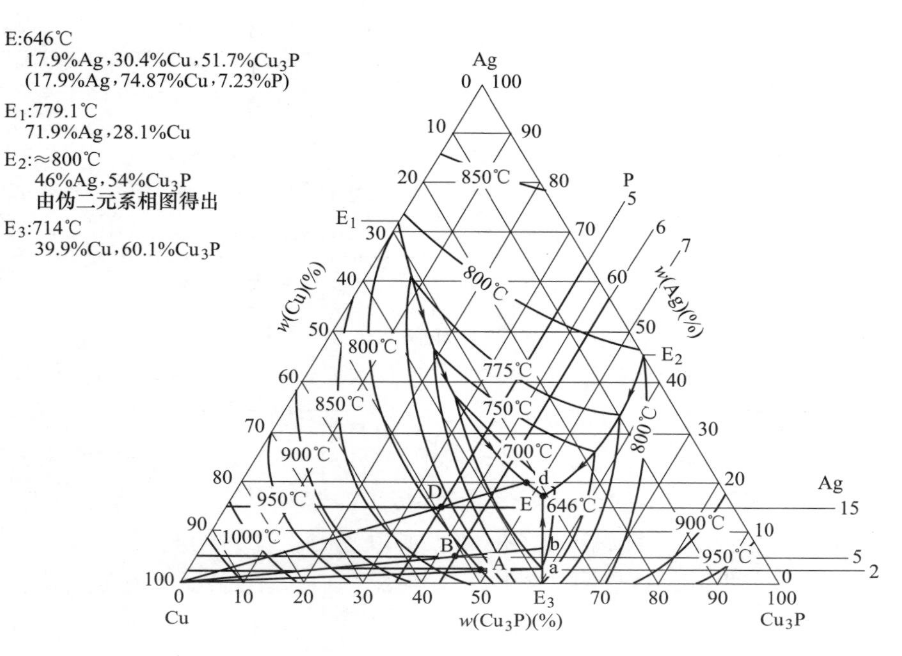


图 3-19 Cu-$Cu_3P$-Ag 三元系的液相面[18]

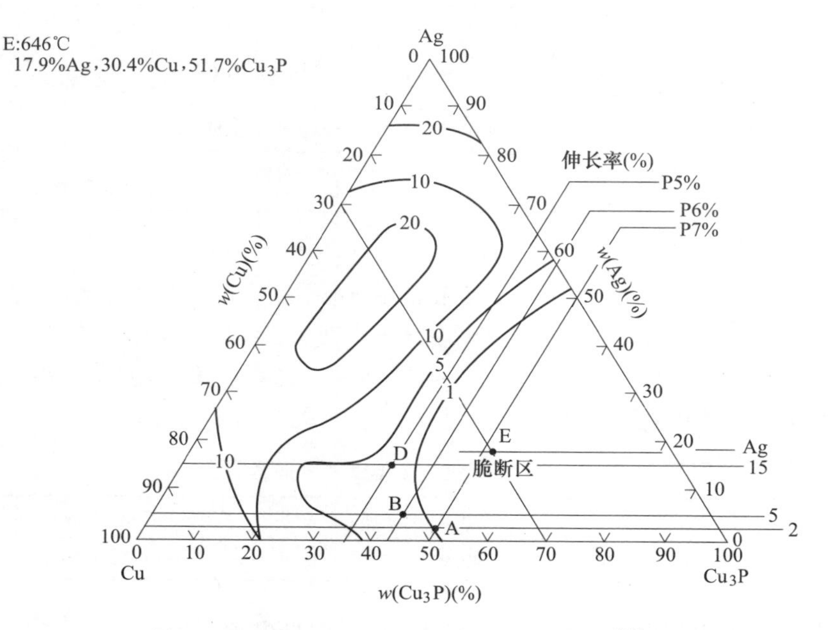


图 3-20 Cu-$Cu_3P$-Ag 合金韧性与成分的关系[18]

区范围内；1号合金BCu93P-B因不含Ag，虽然$Cu_3P$含量与2号合金相同，都是$w(Cu_3P)=50.08\%$，但它的标象点落在Cu-$Cu_3P$坐标轴上，落在脆断区边界线的左边，不在脆断区内，很显然1号合金的韧性应该高于2号合金，表3-14中徐琦研究的数据正好说明这一情况。

现以2号钎料BCu91PAg为例，根据图3-19计算合金的相组成物的相对量；连接Cu、A，延长交$E_3E$线于a点，量出各线段的长度，列于表3-16。

**表3-16　CuAa线上各线段长度（图3-19放大后测得）**

| 线段 | Cua | CuA | Aa | $E_3E$ | Ea | $E_3a$ |
|---|---|---|---|---|---|---|
| 长度/mm | 62 | 52 | 10 | 15 | 13 | 2 |

$$先共晶\ \alpha_{Cu}=\frac{Aa}{Cua}\times100\%=\frac{10}{62}\times100\%=16.1\%$$

$$液相量=\frac{CuA}{Cua}\times100\%=\frac{52}{62}\times100\%=83.9\%$$

$$Cu\text{-}Cu_3P\ 二元共晶量=\frac{Ea}{E_3E}\times\frac{CuA}{Cua}\times100\%=\frac{13}{15}\times83.9\%=72.7\%$$

$$Cu\text{-}Cu_3P\text{-}Ag\ 三元共晶量=\frac{E_3a}{E_3E}\times\frac{CuA}{Cua}\times100\%=\frac{2}{15}\times83.9\%=11.2\%$$

相同的方法计算4号和5号钎料合金的相组成物相对量，列于表3-17。

**表3-17　根据Cu-$Cu_3P$-Ag三元相图计算相组成物相对量**

| 序号 | $w$(%) | | | | 相组成物相对量（%） | | | | 液相点温度/℃ |
|---|---|---|---|---|---|---|---|---|---|
| | Ag | P | $Cu_3P$ | Cu+Ag总量 | 先共晶$\alpha_{Cu}$ | 二元共晶Cu+$Cu_3P$ | 三元共晶Cu+$Cu_3P$+Ag | 共晶体总量 | |
| 2 | 2 | 7 | 50.1 | 49.9 | 16.1 | 72.7 | 11.2 | 83.9 | 780 |
| 4 | 5 | 6 | 42.9 | 57.1 | 24.2 | 48.0 | 27.8 | 75.8 | 820 |
| 5 | 15 | 5 | 35.8 | 64.2 | 23.8 | $\alpha_{Cu}+\alpha_{Ag}$二元共晶6.3 | 69.9 | 76.2 | 787 |

由表3-17可知，Cu-P-Ag合金中，随$Cu_3P$脆性相增加和$\alpha_{Cu}+\alpha_{Ag}$韧性相减少，合金的韧性降低，液相点温度越低，钎料合金的流布性越好。另外，BCu91PAg钎料合金的三元共晶数量很少，它的熔点只有646℃，在合金凝固时，属于最后凝固的低熔点共晶物，由热裂纹形成原理可知，当低熔点物质含量少于13%~15%时，合金很容易产生热裂纹。生产实践中也发现BCu91PAg钎料挤压时难度很大，很容易发生脆断，尤其当锭温≥580℃或出丝速度稍快时，丝料经

常发生断裂。

为便于配方设计查考，把几个常用的标准配方不同含 Ag、P 量时，合金中各组成相的相对量，根据图 3-19 计算结果列于表 3-18。

在图 3-19 中 $CuEE_3$ 相区的组织为先共晶 $\alpha_{Cu}$+（Cu+$Cu_3P$）二元共晶+（Cu+$Cu_3P$+Ag）三元共晶的混合体，处于这一相区的合金，当先共晶 $\alpha_{Cu}$ 相减少，共晶体总量增加时，合金的熔化温度降低，结晶温度区间缩小，钎料的流布性将提高。当合金中的 $Cu_3P$ 相增加时，也就是含 P 量增加时，合金的脆性增大。经验表明：合金中的 $Cu_3P$ 相相对量<50%时，通过挤压加工的丝材，其组织中的 $Cu_3P$ 相、$\alpha_{Cu}$ 相、$\alpha_{Ag}$ 相都沿丝材纵向呈纤维状排列，钎料的纵向韧性相当好，弯曲、制环都很满意，当 $Cu_3P$ 相超过 52%时，挤压丝材拉丝有一定困难。

当给定 Ag 含量后，可从表 3-18 中选定某一 P 含量，使合金中 $Cu_3P$ 相<50%，共晶体总量≥80%，这样就可确定兼顾熔化温度和韧性的钎料配方。

**表 3-18 Ag、P 量不同时 Cu-P-Ag 合金中各组成物相对量**

| w(%) | | | | 相组成物相对量（%） | | | |
|---|---|---|---|---|---|---|---|
| Ag | P | $Cu_3P$ | Cu+Ag 总量 | 先共晶 $\alpha_{Cu}$ | 二元共晶 Cu+$Cu_3P$ | 三元共晶 Cu+$Cu_3P$+Ag | 共晶体总量 |
| 2 | 6.0 | 42.9 | 57.1 | 27.1 | 60.0 | 12.9 | 72.9 |
| | 6.5 | 46.5 | 53.5 | 22.5 | 66.1 | 11.4 | 77.5 |
| | 6.8 | 48.7 | 51.3 | 18.0 | 69.9 | 12.1 | 82 |
| | 7.0 | 50.1 | 49.9 | 16.3 | 71.4 | 12.3 | 83.7 |
| 5 | 6.0 | 42.9 | 57.1 | 24.2 | 46.8 | 29 | 75.8 |
| | 6.5 | 46.5 | 53.5 | 19.5 | 52.1 | 28.4 | 80.5 |
| | 6.8 | 48.7 | 51.3 | 14.8 | 55.1 | 30.1 | 85.2 |
| | 7.0 | 50.1 | 49.9 | 12.5 | 57.9 | 29.6 | 87.5 |
| 15 | 5.2 | 37.2 | 62.8 | 21.9 | 二元共晶 Cu+Ag 4.2 | 73.9 | 78.1 |
| | 6.0 | 42.9 | 57.1 | 16.0 | 0 | 84.0 | 84.0 |
| | 6.5 | 46.5 | 53.5 | 10.0 | 7.9 | 82.1 | 90 |
| | 6.8 | 48.7 | 51.3 | 6.1 | 11.0 | 82.9 | 93.9 |

从图 3-19 和表 3-18 可以看到：当含 P 量相同时，合金中的脆性化合物 $Cu_3P$ 相的相对量是相同的，并且 $\alpha_{Cu}+\alpha_{Ag}$ 的总量也是相同的；含 Ag 量的增加，只影响 $\alpha_{Cu}$ 相与 $\alpha_{Ag}$ 相的相对量，并不影响 $\alpha_{Cu}+\alpha_{Ag}$ 的总量，因此，合金的脆韧程度主要

决定于磷的含量，Ag 的增加对合金的韧性影响不大，不过随着 Ag 含量的增加，合金中共晶体总量增加，因此，合金的熔化温度随 Ag 的增加而下降，使合金流布有明显提高。下面举些设计实例进行讨论。

**例 2**：给定 $w$(Ag) = 2.0%，设计 CuPAg 钎料配方。根据韧性和熔化温度兼顾原则，从表 3-18 中选定质量分数为 Ag2.0 P6.8 Cu 余的配方，该配方先共晶 $\alpha_{Cu}$相相对量为 18%，共晶体总量达 82%，从图 3-20 可知，标象点落在脆断区分界线偏左，合金的液相点温度约为 787℃，共晶体总量中主要为（Cu+ $Cu_3P$）二元共晶体，这部分合金的熔化温度范围约为 646~705℃，总体熔化温度低，流布性好，$Cu_3P$ 脆性相实际含量低于 50%；该合金的不足之处是 Cu+$Cu_3P$+Ag 三元共晶组织相对量为 12%，熔点只有 646℃，在合金凝固过程中属于低熔点相，其含量处于铸件热裂纹敏感含量范围，在进行挤压时、挤压温度稍为偏高，或出丝速度稍快时，挤压丝料常常会出现脆性，生产实践也表明 BCu91PAg 钎料是 Cu-P 系列中比较难挤压的型号。

**例 3**：给定 $w$(Ag) = 5.0%，设计 CuPAg 钎料配方。从表 3-18 中选取质量分数为 Ag5.0P6.8Cu 余配方，该配方共晶体总量达 85%，液相点温度约为 772℃，共晶体熔化温度范围约为 646~692℃，合金总体熔化温度低，该合金的标象点落在图 3-20 的脆断区，表明铸态合金有一定脆性，但钎料制造实践表明，当 $Cu_3P$ 脆性相相对量<50%时，经挤压加工的丝料，纵向韧性相当好，BCu88PAg 型号钎料的挤压丝料不出现脆性。

**例 4**：国标 BCu80AgP 的配方为质量分数 Ag（14.5%~15.5%）P（4.8%~5.2%）Cu 余，现给定 $w$(Ag) = 15%，以不同含 P 量计算各相相对量，见表 3-18，按国标中最高 P 量配比，$Cu_3P$ 相相对量只有 37%，在图 3-20 中标象点落在脆断区之外，表示铸态合金有一定断后伸长率，液相点温度约 780℃，虽然三元共晶体相对量高达 74%，熔点只有 646℃，在钎焊温度低于 780℃ 的条件下，液态钎料中有相当多的先共晶 $\alpha_{Cu}$相的固态质点，严重影响液态钎料的流布性，实际使用中，客户普遍反映对该钎料流动性不满意，通常要求把含 P 量增至质量分数 5.4%，借此改善钎料的流布性。再看 $w$(P) = 6.0%的配方，见表 3-18，合金由先共晶 $\alpha_{Cu}$和 Cu+$Cu_3P$+Ag 三元共晶体两部分组成，共晶体相对量达 84%，熔点为 646℃，液相点温度约为 719℃，$Cu_3P$ 脆性相<50%，虽然标象点落在图 3-20 的脆断区，但经挤压、拉丝后，丝料的纵向韧性很好，该配方为韧性、熔化温度、流布性兼顾的较好配方。

除上述标准配方实例外，市场上还有一些非标配方的产品，依据图 3-19 对不同 Ag、P 含量的合金中各相组成物的相对量计算列于表 3-19，现讨论如下：

表 3-19 非标 Ag、P 不同含量时，合金中各相组成物的相对量

| w(%) | | | | 相组成物相对量（%） | | | | 熔化温度/℃ |
|---|---|---|---|---|---|---|---|---|
| Ag | P | $Cu_3P$ | Cu+Ag总量 | 先共晶 $\alpha_{Cu}$ | 二元共晶 $Cu+Cu_3P$ | 三元共晶 $Cu+Cu_3P+Ag$ | 共晶体总量 | |
| 3 | 6.0 | 42.9 | 57.1 | 26.4 | 54.1 | 19.5 | 73.6 | 850~646 |
| | 6.5 | 46.5 | 53.5 | 20.9 | 60.5 | 18.6 | 79.1 | 805~646 |
| | 6.8 | 48.7 | 51.3 | 17.1 | 63.4 | 19.5 | 82.9 | 789~646 |
| | 7.0 | 50.1 | 49.9 | 15.5 | 67.1 | 17.4 | 84.5 | 780~646 |
| 10 | 6.0 | 42.9 | 57.1 | 20.2 | 24.6 | 55.2 | 79.8 | 775~646 |
| | 6.5 | 46.5 | 53.5 | 14.7 | 28.9 | 56.4 | 85.3 | 750~646 |
| | 6.8 | 48.7 | 51.3 | 10.9 | 32.8 | 56.3 | 89.1 | 715~646 |
| | 7.0 | 50.1 | 49.9 | 8.9 | 34.8 | 56.3 | 91.1 | 700~646 |
| 13.5 | 6.0 | 42.9 | 57.1 | 16.8 | 8.6 | 74.6 | 83.2 | 750~646 |
| | 6.3 | 45.1 | 54.9 | 13.1 | 10.7 | 76.2 | 86.9 | 720~646 |
| | 6.5 | 46.5 | 53.5 | 11.5 | 13.0 | 75.5 | 88.5 | 700~646 |
| | 6.8 | 48.7 | 51.3 | 7.7 | 17.6 | 74.7 | 92.3 | 682~646 |

**例 5**：w(Ag)= 3.0%的 CuPAg 钎料，该配方实际上是某些小微钎料企业，为增加利润，假冒 w(Ag)= 5%的牌号供货，当然最终会被用户揭穿而按 w(Ag)= 3%的成本计价。表 3-19 中选质量分数为 Ag3.0P6.8Cu 余的配方，该配方 $Cu_3P$ 相<50%，共晶体总量达 83%，由图 3-19 可知，液相点温度为 789℃，共晶体熔化温度范围为 646~700℃，实际上在 730℃左右就能进行施焊，工艺性接近 BCu88PAg 钎料，虽然施焊温度稍高，但成本比 BCu88PAg 节省 20%~30%；它的标象点落在图 3-20 的脆断区，但经挤压加工后，丝料的韧性与 BCu88PAg 钎料相近，因此当钎料厂标明以 w(Ag)= 3%供货时，该产品能得到用户认可。

**例 6**：w(Ag)= 10%的 CuPAg 钎料，20 世纪 90 年代，有客户到我任职的钎料厂，讲述他们用 BCu80AgP 钎料钎焊电流互感器和变压器纯铜扁条的搭接接头时，钎料流动性不够好，搭接面钎透率较低，要求提供流动性好，价格稍低的 CuAgP 钎料，我们建议用 BCu88PAg 钎料，该钎料含银量为 w(Ag)= 5%，价格较低，客户认为含银量太低，可能会影响产品性能。根据客户意见，我们选择含银量 w(Ag)= 10%，变动含 P 量：w(P)= 6.0%、w(P)= 6.5%、w(P)= 7.0%，进行相关性能项目的测试，最后确定配方为：质量分数 Ag10P6.5Cu 余，得到用户认可。

21 世纪在华乐公司和钧益公司都有客户要求提供此非标产品；在表 3-19 中

选质量分数为Ag10P6.5Cu余配方，该配方先共晶$\alpha_{Cu}$相相对量为15%，共晶体总量为85%，$Cu_3P$脆性相为47%，液相点温度750℃，共晶体熔化温度范围为670～646℃，三元共晶体量约占共晶体总量的三分之二，所以710℃左右就能施焊，是工艺性和加工性都很优秀的产品，许多场合可替代BCu80AgP型号的钎料，可较大幅度降低成本。

上海都林公司企业牌号BCu84Ag10P6就属表3-19 $w(Ag)=10\%$栏的第一个配方，通过加工工艺优化，可拉成丝径为$\phi$0.3mm的丝料，在专用制环机上，制成内径为$\phi$2.3～$\phi$6.0mm焊环，在燃气热电偶行业得到广泛应用。

**例7**：2005年有客户的业务员来焊料厂要求供应丝径为$\phi$1.0mm的银钎料。向他要丝材样品，说是用完了；过去所用钎料型号，不清楚；钎料的性能指标，不知道。为此我们去客户工厂的车间向工人师傅了解情况，师傅说该银钎料流动性很好，不必配用钎剂施焊，我们发现施焊产品是纯铜件，由此推断若是银钎料，可能是含锂（Li）的银钎料，该钎料有自钎性；另一种可能就是CuPAg类钎料，由于用户坚持说是银钎料，那么只可能是BCu80AgP钎料，因该钎料只要加添微量的某种元素，或进行某种处理，其外观非常接近真正的银钎料，于是我们把型号为BCu80AgP、丝径为$\phi$1.0mm的钎料让客户试用，客户用后反馈流动性没有原来的好，我们对配方进行调整，最后以Ag13.5P6.3Cu余配方的钎料获得客户认可。由于该配方为非标配方，我们要求客户对他们产品的性能进行检测，结果合格，决定批量供货。由表3-19可知，该配方$Cu_3P$脆性相相对量45%（质量分数，下同），先共晶$\alpha_{Cu}$相相对量13%，共晶体总量为87%，主体为三元共晶，合金的熔化温度为720～646℃，共晶体熔化温度范围为654～646℃，熔炼后挤压丝料可拉成$\phi$1.0mm钎料成品，该钎料的工艺性和加工性都很优秀。2012年钧益公司根据客户要求提供该产品，虽然产品性能优良，可替代BCu80AgP型号产品，由于属非标产品，客户选用时都比较慎重。

综上所述，Cu-P或Cu-P-Ag类钎料设计时，主要考虑韧性和熔化温度兼顾的原则，其中$Cu_3P$脆性相应少于50%；钎料的韧性主要取决于P的含量，添加Ag对钎料韧性影响不大[19,20]。由于Cu、P、Ag组元配比不同，可能使钎料合金的标象点落在图3-20的脆断区，表明铸态合金的脆性，虽然经挤压后可获得纵向韧性优异的丝材，但钎焊时因钎料重熔又成铸态组织，可能影响接头质量，为此添加混合稀土变质，可保证钎焊接头的质量和稳定性。

## 3.4　铜磷锡钎料配方设计

铜磷钎料中添加Sn可以进一步降低钎料的熔化温度，尤其是液相点温度可明显下降，强度提高，塑性无不良影响，经济性比 CuPAg 钎料优越得多，因此从 20 世纪 70 年代开始，广泛地受到国内外钎料制造企业和研究人员的关注，研制出各种化学元素配合比的 CuPSn 钎料，有的在此基础上又添加其他元素，品种繁多，现把常用的标准配方和企业生产的配方整理一部分列于表 3-20。

**表 3-20 常用 CuPSn 钎料配方一览表**

| 序号 | 牌号或型号 | 化学成分：(w)(%) | | | | | 熔化温度/℃ | 配方来源 |
|---|---|---|---|---|---|---|---|---|
| | | P | Sn | Ni | 其他 | Cu | | |
| A | BCu90PSn | 6.0 | 4.3 | | Re0.05 | 余量 | 655~687 | 文献[21],怀柔,天固 |
| B | BCu90PSn | 6.2 | 3.8 | | Re0.05 | | 643~684 | 华乐 |
| C | BCu89PSn | 6.8 | 4.2 | | Re0.05 | | 657~694 | 华乐 |
| D | BCu91PSn | 7.0 | 2.0 | | | | 660~710 | 中山华中 |
| E | BxCuPSn | 6.0 | 4.0 | | | | 630~720 | 华银[22] |
| F | BCu86PSn | 6.75 | 7.0 | | | | 650~700 | Degussa86[22] |
| G | BCu89PSn | 5.5~7.5 | 5.0~6.0 | | | | 650~680 | 料 208[17] |
| H | BCu89PSn | 6.5 | 5.0 | | Si0.04 | | 650~670 | 马银[22] |
| I | QWY-10 | 6.6~7.0 | 4~5 | | | | 645~680 | 罗店[22] |
| J | BCu86SnP | 6.4~7.2 | 6.5~7.5 | | | | 650~700 | GB/T 6418—2008 |
| K | BCu87PSn (Si) | 6.0~7.0 | 6.0~7.0 | | Si0.01~0.4 | | 635~675 | GB/T 6418—2008 |
| M | BCu86PSnNi | 4.8~5.8 | 7.0~8.0 | 0.4~1.2 | | | 620~670 | GB/T 6418—2008 |
| N | BCu81PSnNi | 3~10 | 3~10 | 2~10 | | | 620~660 | 料 206[17] |
| O | BCu77PSnNi | 6.5~7.5 | 9~11 | 5~7 | | | 585~647 | 罗店[22] |
| W | QGCu-2005 | 6.5~7.0 | 9~10 | 4.8~5.8 | | | 553~630 | 非晶态[22] |
| Z | BCu92PSb | 5.6~6.4 | | | Sb1.8~2.2 | | 690~825 | GB/T 6418—2008 |

从表 3-20 可以看到无论是标准配方还是工厂的生产配方，P 的含量一般选定在 $w(P)=6\%\sim7\%$ 范围，Sn 的含量大致在 $w(Sn)=3\%\sim7\%$ 范围，主要目的是使钎料的熔化温度低于相应的 Cu-P 二元系钎料的熔化温度，部分钎料配方中添加 Ni，形成 CuPSnNi 四元系钎料合金，实践表明，加 Ni 可更进一步降低钎料熔化温度，缩小结晶温度区间，但明显增加脆性，除添加很少量 Ni 外，大部分加 Ni 的钎料都用来制造非晶态薄带制品。

庄鸿寿教授等人早在 20 世纪 80 年代，对铜磷锡三元系合金钎料做了全面的研究[21]，用固定元素设计法，配方式为 P6Sn*x*Cu94-*x* 进行配方设计，固定 $w(P)=6\%$，变动 Sn 含量时，得出 Sn 对 Cu-P-Sn 钎料合金的液相线温度、润湿性、断后伸长率和抗拉强度的变化规律，研究结果如图 3-21~图 3-24 所示。

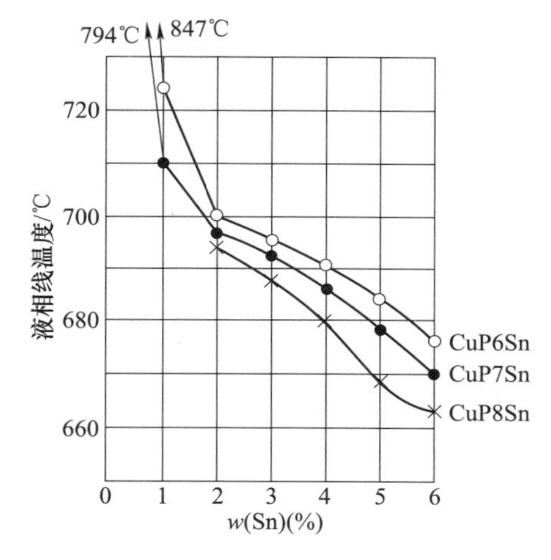


图 3-21　CuPSn 钎料液相线温度[21]

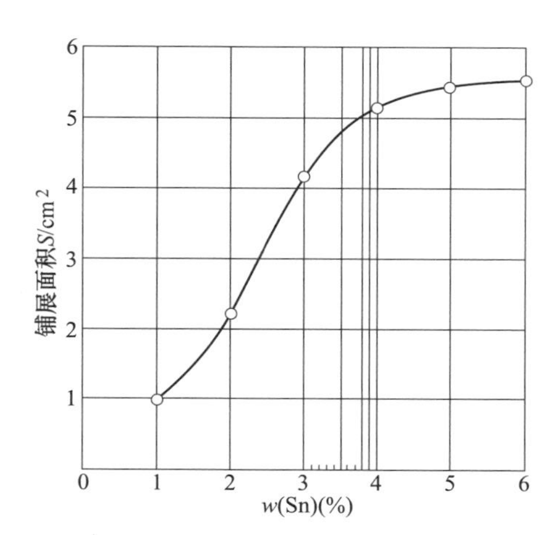


图 3-22　Sn 含量对 CuP6Sn 钎料铺展面积的影响[21]

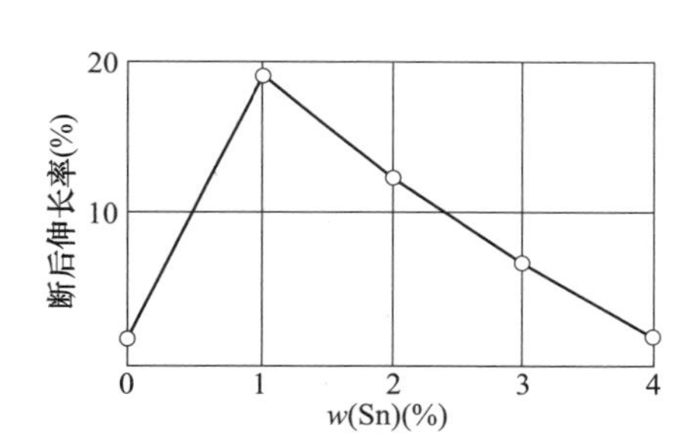


图 3-23　CuP6Sn 钎料含 Sn 量与断后伸长率关系[21]

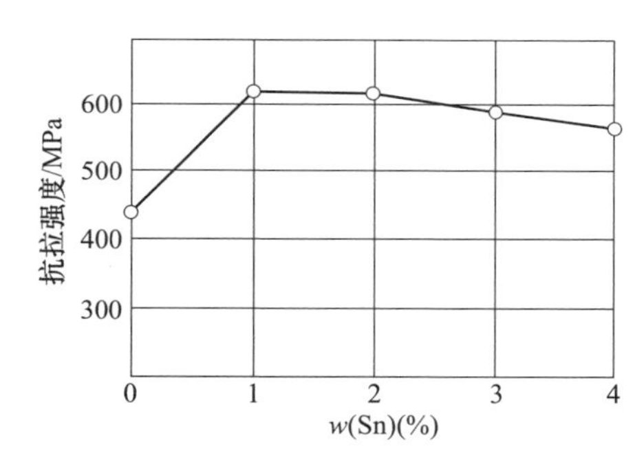


图 3-24　含 Sn 量对 CuP6Sn 钎料强度的影响[21]

根据图 3-21 和 Cu-P 二元合金相图（图 3-17）整理出 Sn 对 Cu-P 钎料合金液相点温度的影响，具体数据列于表 3-21。由表 3-21 可见，Sn 对 Cu-P 钎料合金降低液相点温度效果最显著的含 Sn 量为 $w(\mathrm{Sn}) \leqslant 2\%$。例如 CuP6 钎料合金含 Sn 量从 0 增加到 $w(\mathrm{Sn}) = 2\%$时，液相点温度从 847℃下降到698℃，降幅为 149℃；

**表 3-21　Sn 对 Cu-P 钎料合金液相点温度的影响**[21,3]　（单位：℃）

| w(Sn)（%） | | 0 | 1 | 2 | 3 | 4 | 5 | 6 |
|---|---|---|---|---|---|---|---|---|
| w(P)（%） | 6 | 847 | 723 | 698 | 695 | 689 | 683 | 677 |
| | 7 | 794 | 709 | 697 | 692 | 686 | 679 | 672 |
| | 8 | 736 | | 694 | 687 | 680 | 669 | 663 |

含 Sn 量从 $w(Sn)=2\%$增加到 $w(Sn)=6\%$时，降幅只有 21℃；CuP7 和 CuP8 钎料合金的趋向与此相似，只是降温效果没有 CuP6 钎料合金那样显著；因此为了降低 CuP 钎料合金的液相点温度，可取 $w(Sn)\leqslant 2\%$。从表 3-21 还可看到合金随含 P 量的增加，Sn 的降温效果明显下降，也就是说 CuP 合金中含 Sn 后，P 的降温作用明显减弱，请比较表 3-10。

图 3-22 为含 Sn 量与 CuP6 钎料合金润湿性的关系，当含 Sn 量为 $w(Sn)=1\%\sim4\%$时，钎料的润湿性显著改善，当 $w(Sn)>4\%$时，润湿性的改善效果非常有限，因此从提高润湿性角度考虑，可选择含 Sn 量为 $w(Sn)=3\%\sim4\%$。

图 3-23 为含 Sn 量与铸态 CuP6 钎料合金断后伸长率的关系，把图中的具体数据整理列于表 3-22。合金的断后伸长率与合金中相组成物有密切关系，一般说固溶体相对断后伸长率有利，脆性相则降低断后伸长率，脆性相的多少、大小、分布状态都有明显影响；表 3-12 所示，CuP6 合金中，$Cu_3P$ 脆性相相对量约为 42.1%，$\alpha_{Cu}$相总量约为 57.9%，其中 29.3 %为先共晶 $\alpha_{Cu}$相，另有 28.6%的 $\alpha_{Cu}$相分布在（$Cu+Cu_3P$）共晶体中，因 $\alpha_{Cu}$相相对量很高，铸态合金的断后伸长率达到 2%，当 Sn 含量增至 $w(Sn)=4\%$时，合金的断后伸长率与 CuP6 钎料合金相当；上述讨论阐明了 CuPSn 钎料合金成分配合的大致范围为 CuP（6～7）Sn（3～4）时，钎料合金的液相点温度、润湿性、断后伸长率都比较理想，文献[21] 经最后优化处理得出配方为质量分数 P6Sn4.3Cu 余。笔者在钧益、华乐都用这个配方进行生产，实践表明该配方作为丝料，工艺性方面还可进一步改善，作为制环料时，韧性也需进一步改善。

**表 3-22 CuP6 钎料合金含 Sn 量与断后伸长率 *A* 的关系**[21]

| $w(Sn)$ (%) | 0 | 1 | 2 | 3 | 4 |
|---|---|---|---|---|---|
| 断后伸长率 $A$(%) | 2 | 18.5 | 12 | 6.5 | 2 |

现利用 CuPSn 三元系合金相图来检验已有配方和设计理想的配方；图 3-25 为 CuPSn 三元系合金相图液相面 Cu 角投影图，图 3-25a 中 O 点为四相平衡的包、共晶反应点，反应式为 $L+\alpha \rightleftharpoons \beta+Cu_3P$，反应温度 637℃[7,11]，β 相高温稳定，是以电子化合物 $Cu_5Sn$ 为基的固溶体，高温下有良好的塑性和一定的强度[11]，在降温过程中，经过两次共析分解形成（α+δ）共析体，δ 相是以 $Cu_{31}Sn_8$ 为基的固溶体，常温下硬而脆。E 点为 L、$\alpha_{Cu}$、$Cu_3P$ 三相平衡共晶反应点，反应温度 714 ℃，EO 线为三相平衡共晶反应线，反应式：$L \rightleftharpoons \alpha_{Cu}+Cu_3P$，反应温度从 E 点的 714℃降至 O 点的 637℃，标象点在 EO 线上的合金，在某一温度范围内完成共晶反应，其组织为 $\alpha_{Cu}+Cu_3P$ 共晶体；在 EO 线左边的合金，组织为先共晶 $\alpha_{Cu}$+($\alpha_{Cu}+Cu_3P$) 共晶体，标象点离 EO 线越近，合金的液相点温度越低，共晶体相对量越多，合金的工艺性越好。在非平衡铸造条件下，当液体金属冷却

到O点时，有可能进行四相平衡的包、共晶反应，生成 $\beta+Cu_3P$ 两个固相，β相在冷却过程中析出δ脆性相，将影响钎料合金的加工性。

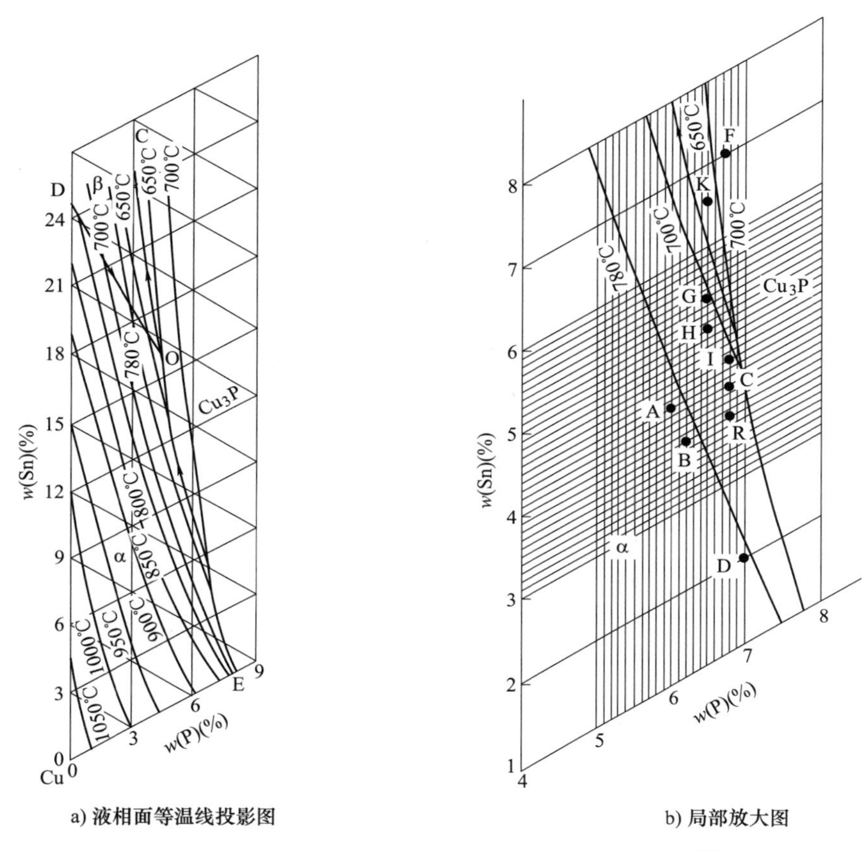


a) 液相面等温线投影图　　　b) 局部放大图

图 3-25　CuPSn 三元系合金相图液相面 Cu 角投影图[7]

表3-20中的若干合金在图3-25b中找出标象点，并以相同序号字母标志；C、I、H、G点合金都在EO线左边，接近700℃等温线，实测的熔化温度约为670~690℃（见表3-20），组织主体为 $\alpha_{Cu}$+（$\alpha_{Cu}+Cu_3P$）共晶体，并且共晶体相对量较多，工艺性好；K点合金在EO线稍偏右，其组织基本上为 $\alpha_{Cu}+Cu_3P$ 共晶体，有可能出现少量β相，该合金熔化温度低，共晶体相对量多，工艺性很好；F点合金标象点处于EO线右边较远位置，组织为 $Cu_3P$+（$\alpha_{Cu}+Cu_3P$）共晶体，虽然合金的液相点温度不高（见表3-20），但合金脆性较大；A、B、D合金标象点处于780℃等温线附近，合金液相点温度偏高，实测温度约为700℃左右，这些合金组织为先共晶 $\alpha_{Cu}$+（$\alpha_{Cu}+Cu_3P$）共晶体，因先共晶 $\alpha_{Cu}$ 相相对量较高，塑性好。

显然CuPSn钎料合金成分设计时，尽量使标象点从EO线左边向EO线靠近，并偏向 O 点，保证合金的液相点温度低、共晶体相对量多，从而获得理想的工艺性能。

CuPSn 钎料合金除了有理想的工艺性外，必须有良好的加工性，为此先了解 Cu-Sn 二元合金的组织与塑性的关系，平衡状态下 799℃时，Sn 在 Cu 中最大溶解浓度为 $w(\mathrm{Sn})=13.5\%$，在 580 ~ 520℃时，可达 $w(\mathrm{Sn})=15.8\%$，但在铸造非平衡条件下，一般不超过 $w(\mathrm{Sn})=6\%$[11]，此时可得到单相 α 组织，塑性较好，可进行压力加工；当 $w(\mathrm{Sn})$ 超过 6%时，其常温组织为 α+(α+δ) 共析体，δ 相是电子化合物 $Cu_{31}Sn_8$ 为基的固溶体，复杂立方晶格，常温下硬而脆。δ 相在合金中可能有两种存在形式，当含 Sn 量较低时，Sn 相以质点形式析出在 α 相枝晶内部，强化了 α 相，对合金塑性影响不大；当含 Sn 量稍高时，Sn 在 α 相枝晶间偏析，Sn 的浓度增大时，将以（α+δ）共析体形式存在于 α 相晶间，此时合金的伸长率急剧下降[11]。当合金中同时存在 Sn 和 P 时，尤其在钎料铸锭条件下，Sn 在 Cu 中的饱和浓度将随含 P 量的增加而下降，出现 δ 相的可能性更大，可以预见，含 Sn 的 Cu-P 钎料合金脆性更大，加工性很差。

图 3-26 为 CuPSn 三元系合金相图 20℃等温截面，图 3-26a 中 XY 线为相区分界线，上部为 α+$Cu_3P$+δ 三相区，δ 相和 $Cu_3P$ 相都是脆硬相，但 $Cu_3P$ 相超过 200℃时便于压力加工，而 δ 相的出现，则使合金呈脆性；下部为 α+$Cu_3P$ 两相区，合金的加工性可参考 Cu-P 二元合金中 α 相和 $Cu_3P$ 相的相对量关系来预测。

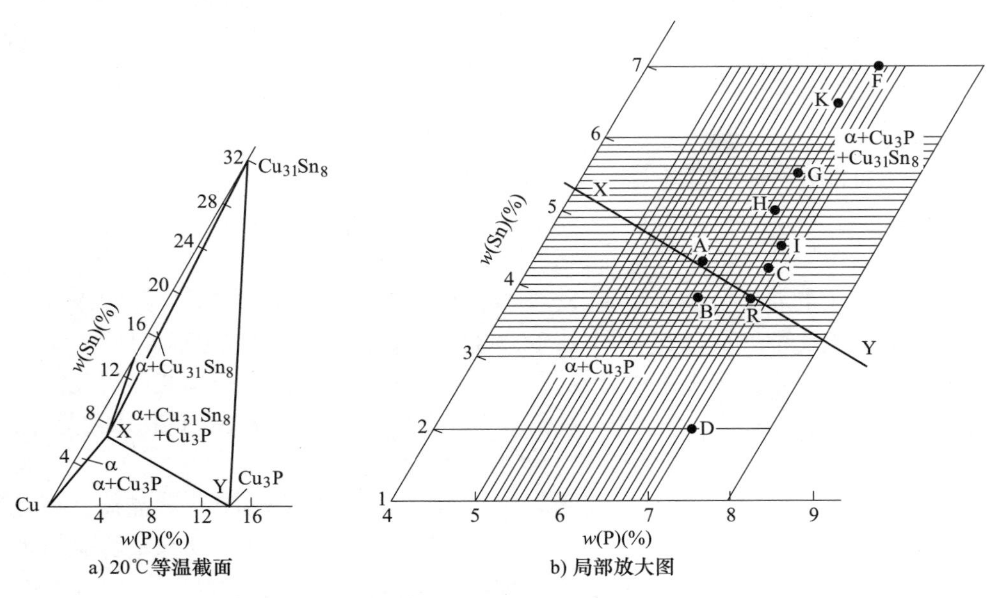

a) 20℃等温截面 b) 局部放大图

图 3-26 CuPSn 三元系合金相图（Cu 角）[7]

现把表3-20中若干合金在图3-26b中找出标象点的位置，并以相同的序号字母标志，并对其中若干钎料合金的相组成物的相对量进行计算，并列于表3-23。合金A标象点位于XY线上方的三相区，但很靠近XY线，δ相的含量很少，一般会偏析在α相枝晶内部；合金B在XY线下方的两相区，不出现δ相，并且α相的相对量很多，塑性较好；生产实践表明，这两种合金的加工性都很好，可以拉丝、制环，成品率较高。笔者在工厂实践时，B合金拉成$\phi$1.2mm丝材，在冲压式制环机上连续制环25~30min不出现断丝现象，该设备每分钟制环128个。合金C中δ相相对量超过1%，挤压丝材弯曲时，脆、韧性不稳定。合金H远离XY线上方，δ相的相对量高达4.5%，虽然配方中添加$w(Si)=0.04\%$，能提高合金的断后伸长率，但脆、韧性很不稳定，该钎料钎焊工艺性好，市场上有一定竞争力，但从图3-22观察，没有必要加那么多Sn。D合金不出现δ相，由于$Cu_3P$相相对量较高，又因Sn含量很低，钎料的工艺性很不理想。

**表3-23　按CuPSn相图20℃等温截面计算相组成物**

| 序号 | 牌号 | 相的相对量（%） | | | 注 |
|---|---|---|---|---|---|
| | | $\alpha_{Cu}$ | $Cu_3P$ | δ（$Cu_{31}Sn_8$） | |
| A | CuP6.0Sn4.3 | 63.2 | 35.9 | 0.9 | 文献［21］优化配方 |
| | CuP6.0Sn4.0 | 63.2 | 36.8 | 0 | 文献［22］华银 |
| B | CuP6.2Sn3.8 | 62.2 | 37.8 | 0 | 华乐 |
| | CuP6.5Sn3.8 | 59.8 | 40.2 | 0 | 都林 |
| H | CuP6.5Sn5.0(Si) | 55 | 40.5 | 4.5 | 文献［22］马银 |
| K | CuP6.5Sn6.5(Si) | 46 | 42.2 | 11.8 | 国标 |
| R | CuP6.8Sn3.8 | 56.6 | 43.4 | 0 | 都林 |
| C | CuP6.8Sn4.2 | 54.7 | 43.5 | 1.8 | 华乐 |
| I | CuP6.8Sn4.5 | 53.8 | 42.8 | 3.4 | 文献［22］罗店 |
| D | CuP7.0Sn2.0 | 54.1 | 45.9 | 0 | |

配方为P6.8Sn3.9(Re)（Si）Cu余的钎料合金，在图3-25a中的标象点位置处于EO线左侧，属于亚共晶合金，其金相显微组织为先共晶$\alpha_{Cu}$+($\alpha_{Cu}$+$Cu_3P$)共晶体，示于图3-27a；图3-27b取共晶体视场，组织为（$\alpha_{Cu}$+$Cu_3P$）共晶体、黑色的$\alpha_{Cu}$和白花状组织，该组织应该是包共晶反应时直接从液体中析出的$Cu_3P$相，配方为P7.15Sn3.9(Re)Cu余的钎料合金，在图3-25a中标象点的位置处于EO线右侧，其组织示于图3-28，组织为（$\alpha_{Cu}$+$Cu_3P$）共晶体和白色条状$Cu_3P$晶体。

由金相组织可知，CuPSn钎料合金添加Si后，可使$Cu_3P$晶体形态发生变化，以前不加Si的配方，未发现白花状晶形。

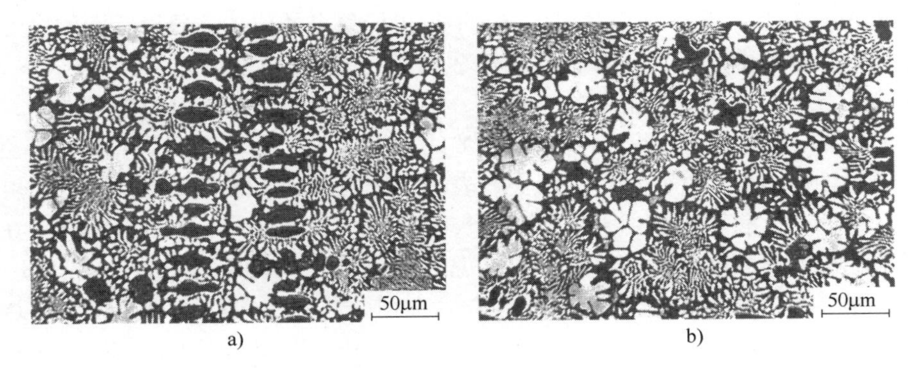


图 3-27 P6.8Sn3.9(Re)(Si)Cu 余钎料合金显微组织图

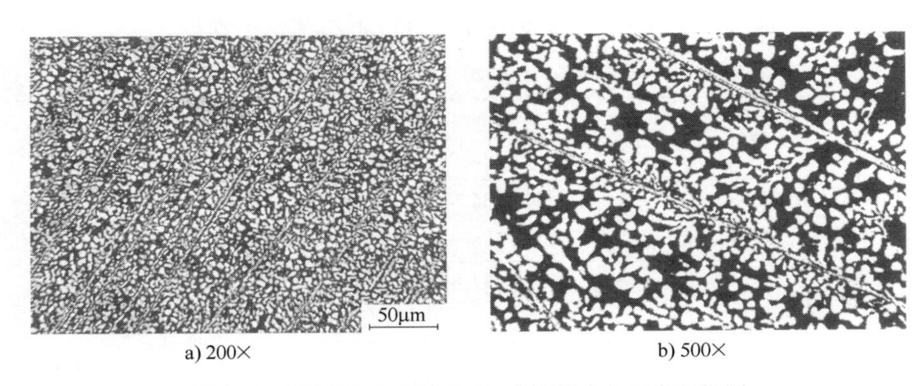


图 3-28 P7.15Sn3.9(Re) Cu 余钎料合金显微组织图

为了进一步探清合金元素在 CuPSn 合金中分布状况，把图 3-27 金相样品进行微区成分分析，分析点位置示于图 3-29，分析结果列于表 3-24，1、2、3 三点位于白花状晶体内部，成分显示为 $Cu_3P$ 相，4、5 两点为共晶体之间黑色组织，成分显示为 Cu 溶解了 P、Sn 和 Si 元素，很明显，合金中的 Sn 对 $\alpha_{Cu}$ 相起到固溶强化的作用。

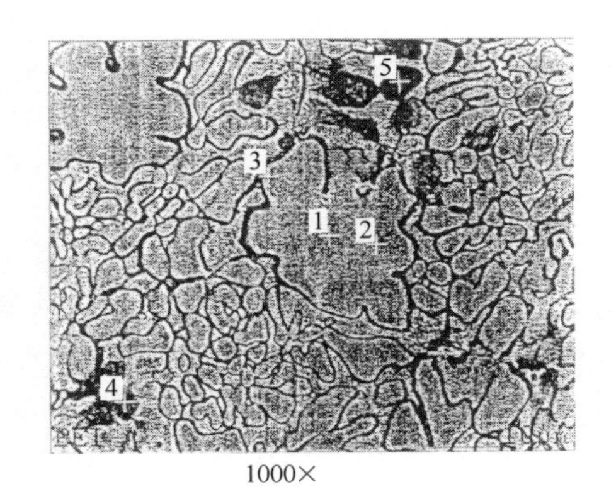


图 3-29 P6.8Sn3.9(Re)(Si) Cu 余合金微区成分分析图

图 3-30 为图 3-27 样品的差热分析曲线，测得合金的熔化温度范围为 657~673℃，基本上为共晶体组织。

**表 3-24　CuPSn 合金微区成分分析**

| 分析点编号 | 化学元素 (w) (%) | | | |
|---|---|---|---|---|
| | Cu | P | Sn | Si |
| 1 | 85.92 | 14.08 | — | — |
| 2 | 86.13 | 13.87 | — | — |
| 3 | 85.47 | 14.53 | — | — |
| 4 | 85.33 | 6.88 | 7.55 | 0.24 |
| 5 | 85.18 | 1.90 | 12.46 | 0.45 |

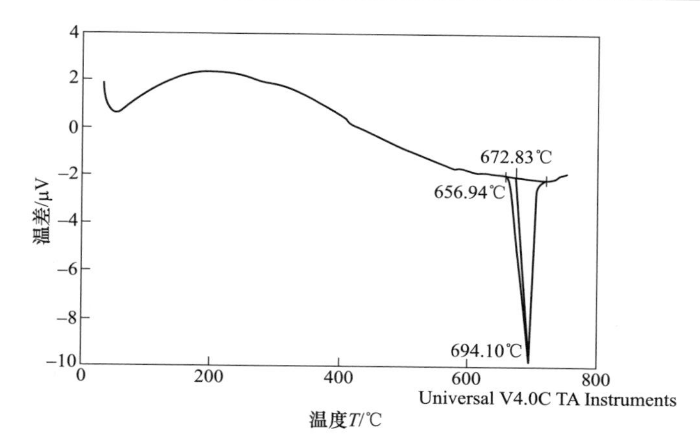


图 3-30　P6.8Sn3.9(Re)（Si）Cu 余合金 DTA 分析曲线图

从本节的分析讨论中，笔者认为要求制环时，推荐用表 3-23 中 B 号配方，要求制条时，可用表 3-23 中 R 号配方，两者兼顾可采用 P6.5Sn3.8 Cu 余配方，进行生产时建议添加 $w(\mathrm{Re})=0.03\%$ 和 $w(\mathrm{Si})=0.05\%$，以改善合金的组织、性能和钎缝的饱满程度。

CuPSn 钎料另一缺点是钎缝颜色很黑，尤其是钎焊黄铜不美观，经验表明，添加 Zn，$w(\mathrm{Zn})=0.6\%\sim1.0\%$时，可使钎料变色而不影响钎料性能。

制造 CuPSn 钎料最棘手的问题是挤压难度非常大，这是材料性质决定的，常温下它的组织与 BCu93P 钎料一样，都是 $\alpha_{Cu}+(\alpha_{Cu}+Cu_3P)$ 亚共晶组织，但 CuPSn 合金中 $\alpha_{Cu}$相由于固溶了 Sn 而被强比，由图 3-24 可知，加 Sn 后合金的抗拉强度提高了 25%~40%，因而不易挤压，若提高挤压温度，由于合金的固相点温度只有 657℃（见图 3-30），有许多配方固相点温度更低，按常规原则，锭温至少低于固相点温度 100℃，那么锭温不高于 557℃，生产实践中锭温大约为 540~550℃，变形抗力大，所以 CuPSn 钎料挤压工艺性很差。

CuPSn 钎料合金另一突出问题是丝材表面易出气孔，主要是熔炼工艺不恰当和挤压温度太高所致。CuPSn 钎料的熔炼工艺，原则上遵循铸造锡青铜的熔炼规程，只是钎料合金在浇包中静置时间比较严格，当金属液面出现花纹平静而不晃动时，可以浇铸；若用热电偶测温，大约 800℃左右，最高不超过 830℃。浇铸后铸锭上端面有缩孔，表明铸锭优质，内部无气孔，有时上端面或缩孔底部出现白色小珠，这是铸锭冷却收缩时，把最后凝固金属中的 Sn 挤出来，是正常现象；若铸锭上端面是平的或向上鼓起，表明内有不同程度的气体。其次是挤压温度太高或挤压速度稍快，丝材表面会起泡或脆断。

## 3.5 银钎料

根据我国 GB/T 10046—2018 国家标准，银钎料按合金元素种类不同分类有：银铜、银铜锌、银铜锌镉、银铜锌锡、银铜锌铟、银铜锌镍、银铜镍、银铜锂、银铜锡、银锰 10 大类，共 58 个型号，基本上完全可以满足使用单位的选择，但是使用单位考虑降低成本、市场的竞争力，以及某些特殊场合对钎料提出新的要求，因此钎料生产企业经常遇到改动标准配方的成分组合，或自行设计新的非标配方。

银钎料配方中用得最多的元素是 Ag、Cu、Zn、Cd、Sn、In、Ni 等，其中最基本的为 Ag、Cu、Zn 三个元素组成三元合金。在钎料配方设计时，一种思维方式为以 Ag-Cu 合金作为基本合金，加入 Zn、Cd、Sn 等其他元素来改变其性能；另一种思维方式是以 Cu-Zn 合金作为基本合金，加入 Ag、Cd、Sn 等元素，来改变合金的性能，这种思维方式最大优点就是 Cu-Zn 合金发展历史悠久，积累了非常丰富的研究资料和生产实践知识，例如合金的熔化温度、强度、断后伸长率等各种性能，铸造性、压力加工性等，都有现成的资料可查阅参考，然后根据客户对钎料性能、经济性等因素要求，可以确定加入 Ag、Sn、Cd 等元素的种类和加入量，来改变合金的性能，看是否符合用户的要求，用这种思维方式设计银钎料时，能缩短研究周期，比较接近或符合客户的实际使用要求。

图 3-4 是铸态黄铜含 Zn 量与熔化温度、断后伸长率及组织的关系，α 黄铜塑性好，可冷热加工，其室温断后伸长率随含 Zn 量增加而增大，当 $w(\mathrm{Zn}) = 30\% \sim 32\%$时，大致出现 β 相之前，断后伸长率达到最大值，约为 58%左右，β(β′)相室温时比 α 相硬，有一定脆性；从图 3-4 还可看到随含 Zn 量的增加，铜锌合金的液相线温度迅速下降，当含 Zn 量从零增至 $w(\mathrm{Zn}) = 38\%$时，液相线温度从 1084℃降至 903℃，下降了 181℃，从 $w(\mathrm{Zn}) = 38\%$增至 45%时，温相线温度只下降了 19℃，而此时黄铜的断后伸长率从 54%降至 10%（见表 3-3）。用作钎料的黄铜合金，绝大多数含 Zn 量范围在 $w(\mathrm{Zn}) = 38\% \sim 45\%$之间，如果配方设计时，想依靠变动含 Zn 量来降低合金液相点温度的话，那么可调节变动温度的范围也只有 19℃，可是合金的断后伸长率将从 54%降至 10%，显然、Zn 的变动对降低液相点温度作用较小，而对钎料合金塑性的损失巨大，设计时必须考虑两者得失。至于黄铜的不同组织对加工性的影响，详见图 3-16 的说明。

## 3.5.1　银铜锌钎料配方设计

### 1. 银铜锌钎料组织的确定

GB/T 6418—2018 银钎料标准中，AgCuZn 系钎料有 14 个型号，其中应用最多的为 BAg45CuZn 和 BAg25CuZn 两个型号，液相点温度分别为 745℃和 790℃，都低于 800℃，在工厂中使用时很受工人青睐，只是成本较高，BAg20CuZn 钎料的液相点温度为 810℃，为了降低成本，又要在使用中被工人所接受，常要求钎料制造企业提供液相点温度低于 800℃，含银量 $w(Ag)\leqslant 20\%$的钎料。在国家标准中有两个低银钎料配方，BAg5CuZn(Si) 和 BAg12CuZn(Si)，它们的液相点温度分别为 870℃和 830℃，都高于 800℃，因此设计液相点温度低于 800℃的低银钎料难度相当大。

现利用 AgCuZn 三元合金系相图作为钎料配方设计的依据，这在实用上是最便捷、试验周期最短的设计方法，也能满足客户急需的要求。

图 3-31 为 Ag-Cu-Zn 三元合金系液相面投影图，现利用该相图设计 Ag10CuZn

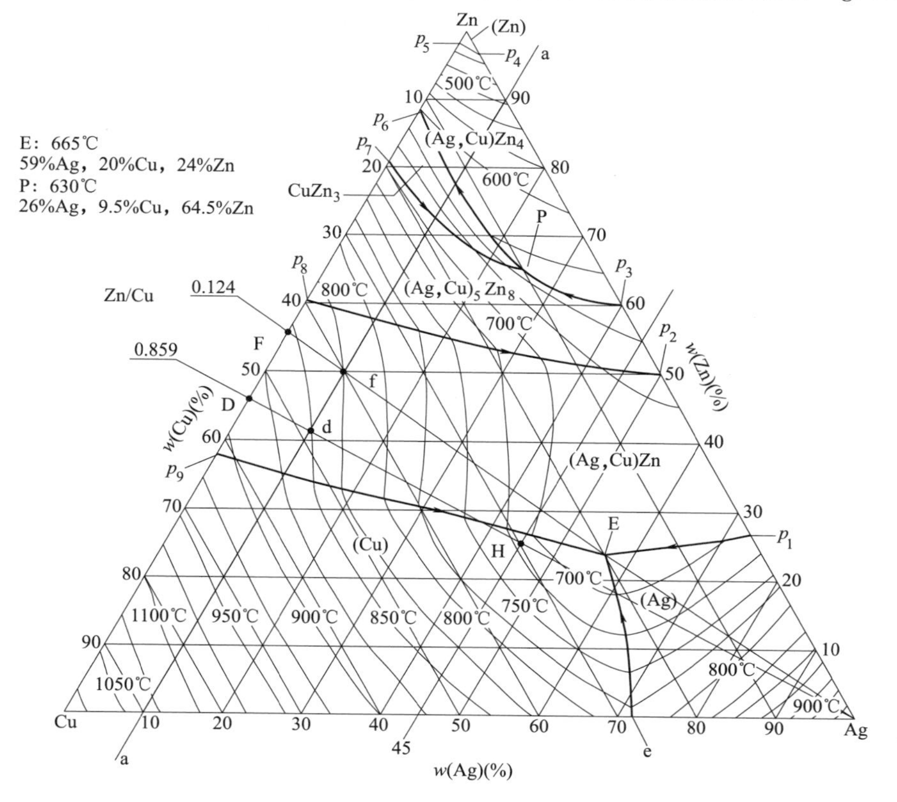


图 3-31　Ag-Cu-Zn 三元合金系液相面投影图[6]

钎料配方；在图 3-31 的 Cu-Ag 边坐标上取 $w$(Ag) = 10%的 a 点，过 a 点作 Cu-Zn 边的平行线 aa，在 aa 线上任何点的合金含 Ag 量都为 10%，aa 线与850℃和825 ℃等温线分别相交于 d 点和 f 点，连接 Agd 线交 Cu-Zn 边于 D 点，读出 D 点成分为 $w$(Zn) = 46. 2%，$w$(Cu) = 53. 8%；Zn/Cu 比值为 0. 859，在 DAg 线上任何点的合金，其 Zn/Cu 比值都为 0. 859。则设计合金的成分为：

$$Zn = 90\% \times 0.859 \div 1.859 = 41.6\%$$

$$Cu = 90\% - 41.6\% = 48.4\%$$

设计钎料的配方：质量分数：Ag10Cu48. 4Zn41. 6 高温时合金处于 β 相区，组织为 β 相，液相点温度 850℃。

常温时的组织利用 Ag-Cu-Zn 三元合金系 350℃等温截面来确定，见图 3-32，在 Cu-Zn 坐标边上找出 $w$(Zn) = 46. 2%、$w$(Cu) = 53. 8%的 D 点，连接 DAg 线与 aa 线交于 d 点，合金标象点处于 α+β 两相区，可以认为该合金常温时具有 α+β 两相组织，通过三元合金相图中四边形法则计算[6]，α 相相对量约为 25%，β 相相对量约为 75%。

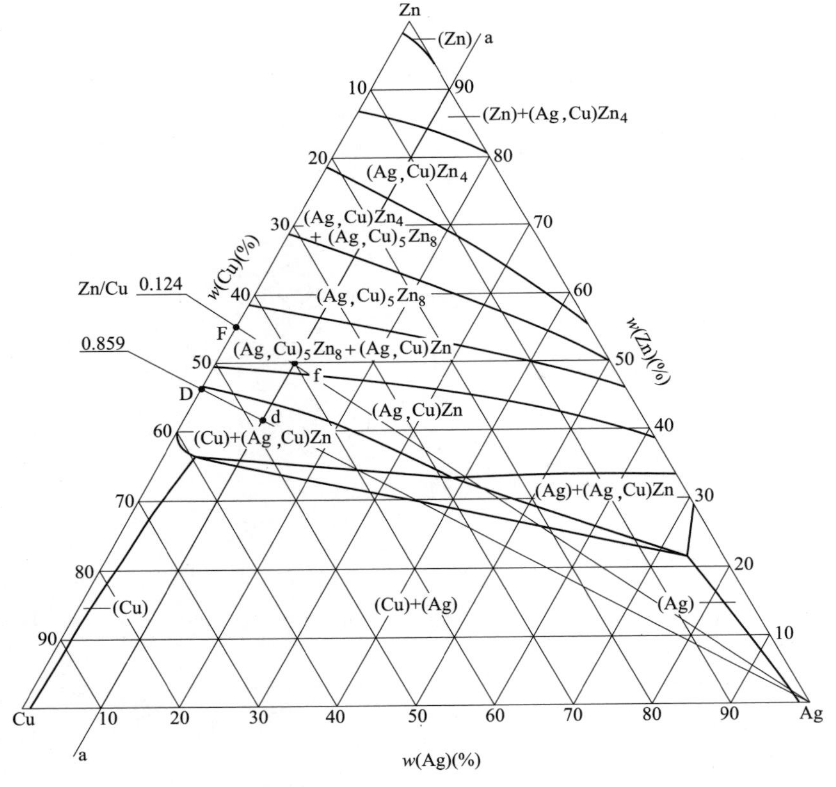


图 3-32 Ag-Cu-Zn 三元合金系 350℃等温截面[6]

用同样方法可以确定图3-31中aa线与825℃等温线交点f的合金，Zn/Cu比值为1.24，高温时合金也处于β相区；在图3-32中，f点合金处于β+γ(Cu，Ag)$_5$Zn$_8$两相区，合金有脆性，虽然合金的液相点温度为825℃，但不宜作为钎料。

当Cu-Zn合金中添加Ag时，能提高合金的塑性，当Zn/Cu为某一确定值时，添加Ag之后，合金中α相相对量会增加，现对图3-32中（Cu)+(Ag，Cu）Zn即α+β两相区，用四边法则[6]，计算不同含Zn量、不同含Ag量时，α相和β相相对量关系，列于表3-25，由表3-25可见，当Cu-Zn合金含Zn量较高时，Ag对合金塑性的有利影响更显著。

**表3-25 Ag对Cu-Zn合金组织的影响**

| Zn/Cu | 比值 | Ag0CuZn | | Ag5CuZn | | Ag10CuZn | | Ag15CuZn | |
|---|---|---|---|---|---|---|---|---|---|
| | | α(%) | β(%) | α(%) | β(%) | α(%) | β(%) | α(%) | β(%) |
| 41/59 | 0.695 | 64.3 | 35.7 | 68.2 | 31.8 | 68.2 | 31.8 | 67 | 33 |
| 42/58 | 0.724 | 52.4 | 47.6 | 61 | 39 | 60 | 40 | 59.8 | 40.2 |
| 43/57 | 0.754 | 40.5 | 59.5 | 51.4 | 48.6 | 53.6 | 46.4 | 55.3 | 44.7 |
| 45/55 | 0.818 | 13.3 | 86.7 | 32.4 | 67.6 | 39.8 | 60.2 | 40.8 | 59.2 |

**2. 银铜锌钎料液相点温度的确定**

在工厂中利用合金相图设计钎料合金的配方时，除了要知悉合金的组织及相结构外，更须知道所设计合金大致液相点温度，当知道某一Zn/Cu比值时，在表3-3可查得Cu-Zn合金的液相点温度；如果再能知道每添加$w$(Ag)=1%时，使Cu-Zn合金的液相点温度能降低多少度，那么所设计的AgCuZn钎料合金的液相点温度就很容易知道了。现根据Cu-Zn二元合金相图和Ag-Cu-Zn三元合金液相面图，整理出Cu-Zn合金液相点温度与含Ag量关系的数据，列于表3-26，根据表3-26数据作图，示于图3-33。

**表3-26 含Ag量对Cu-Zn合金液相点温度的影响** （单位:℃）

| Zn/Cu | 比值 | 含Ag量（$w$）（%） | | | | | $w$(Ag)=1% 平均下降温度/℃ | |
|---|---|---|---|---|---|---|---|---|
| | | 0 | 10 | 20 | 30 | 40 | | |
| 40/60 | 0.67 | 897 | 863 | 825 | 786 | 755 | 3.56 | 3.56 |
| 42.5/57.5 | 0.739 | 891 | 858 | 819 | 780 | 748 | 3.54 | |
| 45/55 | 0.818 | 884 | 850 | 812 | 772 | 737 | 3.59 | |

由图3-33可见，Cu-Zn合金的液相点温度随含Ag量增加直线下降，Zn/Cu比值越高，即含Zn量越高，温度越低，但温度下降斜率基本相同，可以得出平均每增加$w$(Ag)=1%，温度下降3.56℃，见表3-26；根据表3-3和表3-26数据，

建立了计算 AgCuZn 钎料液相点温度的老虞经验公式：

液相点温度$=A-3.56B$（℃）

式中 $A$——表 3-3 中 Zn/Cu 比值所对应的液相点温度（℃），

$B$——配方中银含量值 $w$(Ag)(%)，

以上述配方 Ag10Cu48.4Zn41.6 为例，Zn/Cu=0.859，在表 3-3 中查得对应的液相点温度 882℃，含 Ag 量值取 10%，则钎料液相点温度 = 882 − 3.56 × 10 = 846.4℃，与配方设计 850℃ 相差 3.6℃，误差率 0.42%。

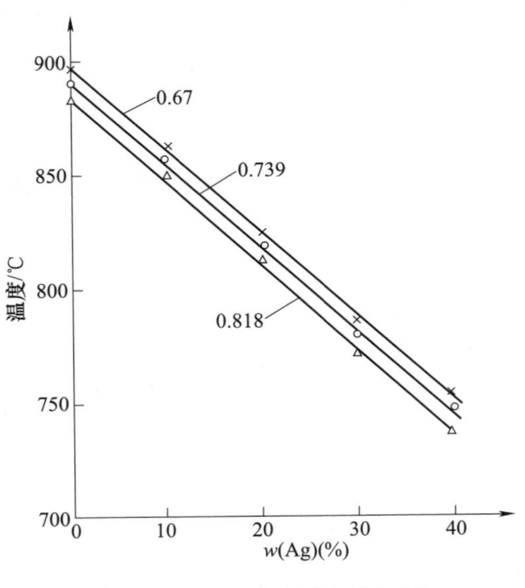


图 3-33 Cu-Zn 合金液相点温度与含 Ag 量关系

现把若干国家标准配方给出的液相点温度与老虞经验公式计算值列于表 3-27，检查其误差率。由表 3-27 可知，经验公式计算值与国标配方给出的液相点温度相差不大，作为工厂生产配方设计时初始参照温度，它的准确度已足够了；应该指出，经验公式适用范围为 $w$(Ag)≤45%的 AgCuZn 钎料配方，不适用 $w$(Ag)≥50%的配方。

**表 3-27 液相点温度经验公式计算值**

| Zn/Cu | 比值 | 钎料型号 | 化学成分（$w$）（%） | | | 液相点温度/℃ | | 误差率（%） |
|---|---|---|---|---|---|---|---|---|
| | | | Ag | Cu | Zn | 标准值 | 经验公式计算值 | |
| 40/55 | 0.727 | BAg5CuZn | 5 | 55 | 40 | 870 | 874 | 0.46 |
| 40/48 | 0.833 | BAg12CuZn | 12 | 48 | 40 | 830 | 840 | 1.19 |
| 36/44 | 0.818 | BAg20CuZn | 20 | 44 | 36 | 810 | 812 | 0.25 |
| 35/40 | 0.875 | BAg25CuZn | 25 | 40 | 35 | 790 | 791 | 0.13 |
| 32/38 | 0.842 | BAg30CuZn | 30 | 38 | 32 | 765 | 775 | 1.29 |
| 33/32 | 1.03 | BAg35CuZn | 35 | 32 | 33 | 775 | 745 | 3.87 |
| 25/30 | 0.833 | BAg45CuZn | 45 | 30 | 25 | 745 | 723 | 2.95 |
| 25/30 | 0.833 | ПСр45（ГОСТ19738-85）[22] | 45 | 30 | 25 | 725 | 723 | 0.28 |

从表 3-27 还可看到 BAg35CuZn 和 BAg45CuZn 钎料，经验公式计算值与标准配方给出的液相点温度值差别较大，现以 BAg45Cu30Zn25 配方进行讨论。国标给出的液相点温度为 745℃，按经验公式计算：Zn/Cu =0.833，由表 3-3 查得对应的液相点温度为 883℃，计算得出钎料合金液相点温度为 723℃，与 745℃ 相

比，相差 22 ℃，误差率 2.95%，误差很大；查阅苏联标准 ГОСТ19738—85[22]，型号 ПСр45，标称配方为 Ag45Cu30Zn25，液相点温度 725℃；从图 3-31 看 BAg45CuZn 合金标象点 H 落在 725~700℃两条等温线之间，不超过 725℃。

为验证哪一数据更可信，做如下测定：选取广东省中山市华中金属焊料有限公司样品，牌号 BAg45CuZn，经光谱分析：$w$(Sn) = 0.0040%，$w$(Cd) = 0.0003%，Ag、Cu、Zn 大量，表明可忽略 Sn 和 Cd 对温度的影响；经化学分析：$w$(Ag)= 44.21%，$w$(Cu)= 29.90%，$w$(Zn)= 25.87%、成分分析误差在允许范围内；样品差热分析由上海都林特种合金材料有限公司的德国耐驰分析仪测试，升温速度 10℃/min，测得的固相点温度为 663.7℃，与理论值 665℃ 很接近，液相点温度按常规为最大吸热峰的峰值，在图 3-34 上峰值为 678℃，远远低于理论值。

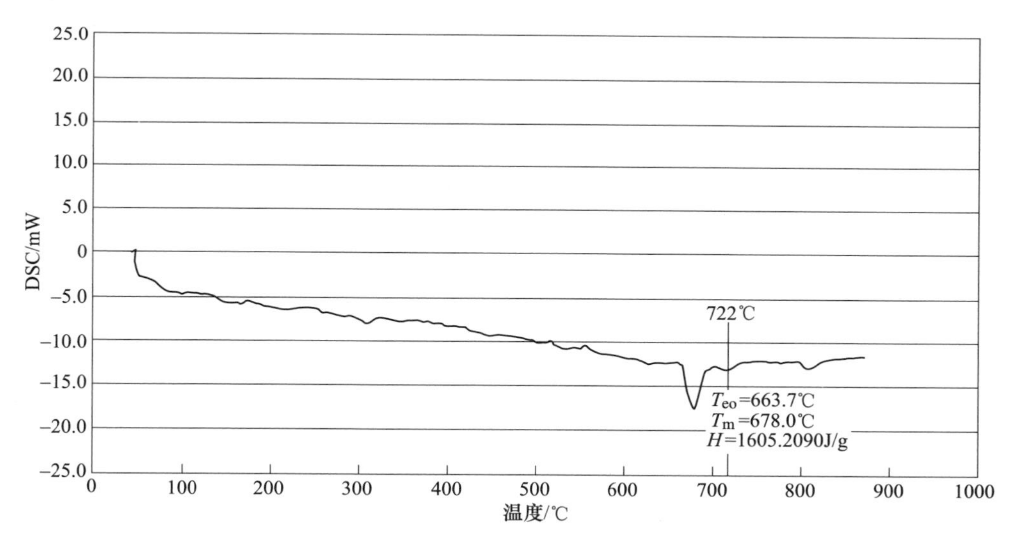


图 3-34 BAg45CuZn 钎料 DSC 曲线图

仔细观察图 3-34 的 DSC 曲线，在大的吸热峰后面有两个小的吸热峰，前面一个小吸热峰可以认为合金在 $p_9$E 三相平衡单变量线之前最先结晶出来的少量 $\alpha_{Cu}$相晶体（见图 3-31），加热熔化时最后熔化的吸热峰，按温度轴比例计算，该吸热峰温度为 722℃，应该为该合金的液相点温度；DSC 曲线上后面一个更小的吸热峰，温度超过 800℃，很可能是生产条件下某种杂质熔化的吸热峰；应该指出：722℃吸热峰的出现，是由于样品凝固特征的体现，其次是在 DSC 曲线上，在 745℃左右范围内没有出现吸热峰。最后用老虞经验公式试算一下：液相点温度 = 881 − 3.56×44.21 = 723.6(℃)，与理论值和实测值都很接近。

根据 AgCuZn 三元合金液相面图资料数值，老虞经验公式计算值，以及同一型号样品的实测数据相比较，再对照标准配方给出的液相点温度数据，笔者认为国标给出的 BAg45CuZn 和 BAg35CuZn 型号配方液相点温度值有商榷的余地。

### 3.5.2 银铜锌镉钎料配方设计

为了进一步降低 Ag10CuZn 钎料液相点温度，在钎料中添加 Cd，形成 AgCuZnCd 四元系合金，除已探讨过的 Cu-Zn 关系外，现须了解 Ag-Zn、Ag-Cd、Cu-Cd 及 Zn-Cd 它们各自之间的关系。由 Ag-Zn 二元合金相图可知[6]，Zn 能降低银的熔点，当 Zn 由零增至 $w(Zn)=26.7\%$时，其熔点由 961.9℃降至 710℃，Zn 在 Ag 固溶体中的饱和浓度列于表 3-28，Ag-Zn 系富 Ag 区相结构特征列于表 3-29。

表 3-28 Zn 在 Ag 固溶体中的饱和浓度[6]

| 温度/℃ | 710 | 258 | 200 | 100 |
|---|---|---|---|---|
| $w(Zn)$（%） | 22.3 | 29.0 | 25.6 | 20.6[25] |

表 3-29 Ag-Zn 系富 Ag 区相结构特征[6]

| 相 | 化学式 | $w(Zn)$（%） | 晶格类型 | 注 |
|---|---|---|---|---|
| α | (Ag) | 0~29 | 面心立方 | |
| β | AgZn | | 体心立方 | 高于 258℃ |
| ζ | AgZn | | 有序六方 | 258~274℃由 β 相转变 |
| β′ | AgZn | | 六方 | 20℃以下，由 ζ 相时效 |
| γ | $Ag_5Zn_8$ | 46.1~50.5 | 复杂体心立方 | |

ζ、β′、γ 相都为脆性相，在合金中的相对量应限制在 10%以下，否则合金呈现较大脆性。

由 Ag-Cd 二元合金相图可知[6]，Cd 能有效降低 Ag 的熔点；Cd 在 Ag 固溶体中饱和浓度很大，随温度下降饱和浓度反而有所增加，见表 3-30。Ag 与 Cd 可形成很多中间相，相结构特征列于表 3-31，与 Ag-Zn 合金相似，β′相和 γ 相都是脆性相，从表 3-31 可以看到在 Ag-Cd 合金中，当 $w(Cd)\geq 50\%$时，将出现不允许的 $Ag_5Cd_8$ 和密排六方晶体结构的 ζ-AgCd 脆性相。

表 3-30 Cd 在 Ag 固溶体中的饱和浓度[6]

| 温度/℃ | 736 | 500 | 300 | 240 | |
|---|---|---|---|---|---|
| $w(Cd)$（%）[25] | 38.4 | 42.5 | 43.6 | 43.5 | 按 $x(Cd)$（%）换算 |
| $w(Cd)$（%）[6] | 38.4 | 42.6 | 43.2 | 42.5* | *按相图比例估算 |

表 3-31 Ag-Cd 系二元合金相图中的相结构特征[6]

| 相 | ω(Cd)(%) | 晶格类型 | 晶格常数/nm | 化学式 | 电子浓度 |
|---|---|---|---|---|---|
| α(Ag) | | 面心立方 | 0.4086 | | |
| β(高温) | ≈42~57 | 体心立方(W)型 | 0.3207~0.3332 | AgCd | 3/2 |
| β′(低温) | | 有序体心立方(CsCl 型) | 0.33315~0.33326[25] | AgCd | 3/2 |
| β-ζ(高温) | 51~57 | 密排六方 | $a$=0.29945[25]<br>$c$=0.4824 | AgCd | 3/2 |
| β″(很低温)<br>-190~-50℃ | | 体心斜方 | — | AgCd | 3/2 |
| γ(低温) | 59~63 | 有序体心立方(γ-黄铜型) | 0.9955 | γ-$Ag_5Cd_8$ | 21/13 |
| γ-ζ(高温) | 51~57 | 密排六方 | — | AgCd | 3/2 |
| ε | 67~82 | 密排六方(Mg 型) | $a$=0.30461[25]<br>$c$=0.48197 | $AgCd_3$ | 7/4 |
| (Cd) | | 密排六方 | $a$=0.29787<br>$c$=0.5617 | — | — |

在 Cu-Cd 二元合金相图中[6]，可以看到 Cd 能大幅度降低 Cu 的熔点，但 Cd 在 Cu 固溶体中的饱和浓度不大，549 ℃时，只有 $w$(Cd)= 3.72%，常温时几乎为零。可以预计，高温时若 Cu 溶解了 Cd，那么到常温时，将因时效强化而引起脆性；Cu 与 Cd 能生成多种脆性中间相，如：$CdCu_2$ 六方晶格；$Cd_3Cu_4$ 面心立方；$Cu_5Cd_8$ 体心立方等。

Cd 与 Zn 互相间固溶度很小，但不形成脆性中间相。266℃、$w$(Zn)= 17.4%时，形成共晶合金[6]，所以对钎料的脆性影响不大，如果它们在晶界上偏聚形成低熔点共晶时，对钎料挤压工艺参数有不利影响。

当 Ag、Cu、Zn、Cd 四个组元熔合成液溶体时，它们的成分是均匀的，但凝固时首先结晶出来的是熔点最高的 Cu 与其他组元固溶的 Cu 合金，不过 Cu 对 Ag、Zn、Cd 三个组元的溶解或者说组合的可能性是不同的，它优先溶解 Zn 组元，以 Cu-Zn 合金的枝晶状态结晶出来[4]，对于 Zn 来说，它可溶于 Cu 也可溶于 Ag，其中一个重要的条件是尺寸因素，表 3-32 列出 Cu、Ag、Zn、Cd 晶体的原子直径[6]，当原子直径之差的百分数<10%时，表明元素的尺寸因素有利于形成固溶体[23]。

表 3-32 Cu、Ag、Zn、Cd 晶体的原子直径及差异百分数[6]

| 元素 | 原子直径/nm | 原子直径差百分数(%) |
|---|---|---|
| Cu | 0.256 | Cu-Ag，12.5；Ag-Cd，3.5；<br>Cu-Zn，3.9；<br>Cu-Cd，16.4；<br>Ag-Zn，7.6 |
| Ag | 0.288 | |
| Zn | 0.266 | |
| Cd | 0.298 | |

从 Cu-Zn 二元合金相图和 Ag-Zn 二元合金相图可以看到 Zn 在 Cu 中和 Zn 在 Ag 中的固溶浓度都很大，分别为 $w$(Zn)= 38.95%和 $w$(Zn)= 29%，从表 3-32 可以看到它们的原子直径差百分数 Cu-Zn 为 3.9%、Ag-Zn 为 7.6%；再从元素周期表所处位置看，Cu-Zn 处在同一周期，而 Ag-Zn 处在不同周期，因此 Zn 更有利固溶于 Cu 中。同理，Cd 更有利固溶于 Ag 中。曾对 Ag25Cd20Cu30Zn25 的钎料合金做微区成分分析，结果示于表 3-33[4]，先凝固的枝晶区以 CuZn 合金为主，后凝固的基体区以 AgCd 合金为主。

为了保证钎料的加工性，必须使先结晶的 CuZn 合金避免出现 $Cu_5Zn_8$ 脆性相，同时也要防止出现 ζ-AgCd 六方晶格的脆性相[3]。只要选取合适的 Zn/Cu 比值和 Cd/Ag 比值，可以使钎料合金的加工性和液相点温度有一比较理想的配合。

**表 3-33　AgCuZnCd 钎料合金微区成分分析[4]**

| 微区域 | 枝晶区 | | | | 基体区 | | | |
|---|---|---|---|---|---|---|---|---|
| 元素 | Ag | Cd | Cu | Zn | Ag | Cd | Cu | Zn |
| $w$(%) | 2.26 | 2.89 | 62.58 | 32.27 | 53.89 | 42.10 | 2.06 | 1.95 |

图 3-35 为 Ag10CuZnCd 四元合金系液相面投影图，可以作为设计 $w$(Ag)= 10%含 Cd 钎料配方的参考依据，在该图上任何标象点的合金含 Ag 量都为 $w$(Ag)= 10%；由 Ag-Cd 二元合金相图得知 $w$(Cd)<50%，即 Cd/Ag<1.0 时，合金不出现脆性相，工厂里有经验的技术人员都知道配方中的含 Cd 量应少于含 Ag 量。现设计 Ag10CuZnCd 配方，在图 3-35 的 Cu-Cd 坐标边上取 a 点为 $w$(Cd)= 10%，过 a 点作 aa∥CuZn 坐标边，则在 aa 线上任何点的合金都是 $w$(Ag)= $w$(Cd)= 10%，试取 aa 线与 800℃等温线交点 f，连接 Cdf 线并延长交 Zn-Cu 坐标边于 F 点，交点 F 的成分为：$w$(Zn)= 39.8%、$w$(Cu)= 50.2%，Zn/Cu = 0.793；标象点 f 的成分为 $w$(Ag)= 10%、$w$(Cd)= 10%、$w$(Cu+Zn)= 80%，则 $w$(Zn)= 80%×0.793÷1.793 = 35.4%，$w$(Cu)= 80% − 35.4% = 44.6%。f 点合金的配方：Ag10Cd10Cu44.6Zn35.4，液相点温度为 800℃。

同样在 ZnCu 坐标边上取 D 点，使 Zn/Cu = 0.695，连接 DCd 线，交 aa 线于 d 点，d 点合金 $w$(Zn)= 80%×0.695÷1.695 = 32.8%，$w$(Cu)= 80% − 32.8% = 47.2%，d 点合金的配方为 Ag10Cd10Cu47.2Zn32.8；按图 3-35 上 800～850℃等温线距离比例计算，液相点温度为 812.5℃。

为了确定添加 Cd 对 AgCuZn 合金液相点温度的影响，根据 AgCuZn、Ag10CuZnCd、Ag20CuZnCd 及 Ag40CuZnCd 合金液相面投影图，整理出一系列数据列于表 3-34；再根据表 3-34 的数据，找出含 Cd 量与 AgCuZn 合金液相点温度的关系，示于图 3-36，同时根据每添加 $w$(Cd)= 1%对不同含银量的 AgCuZn 合金

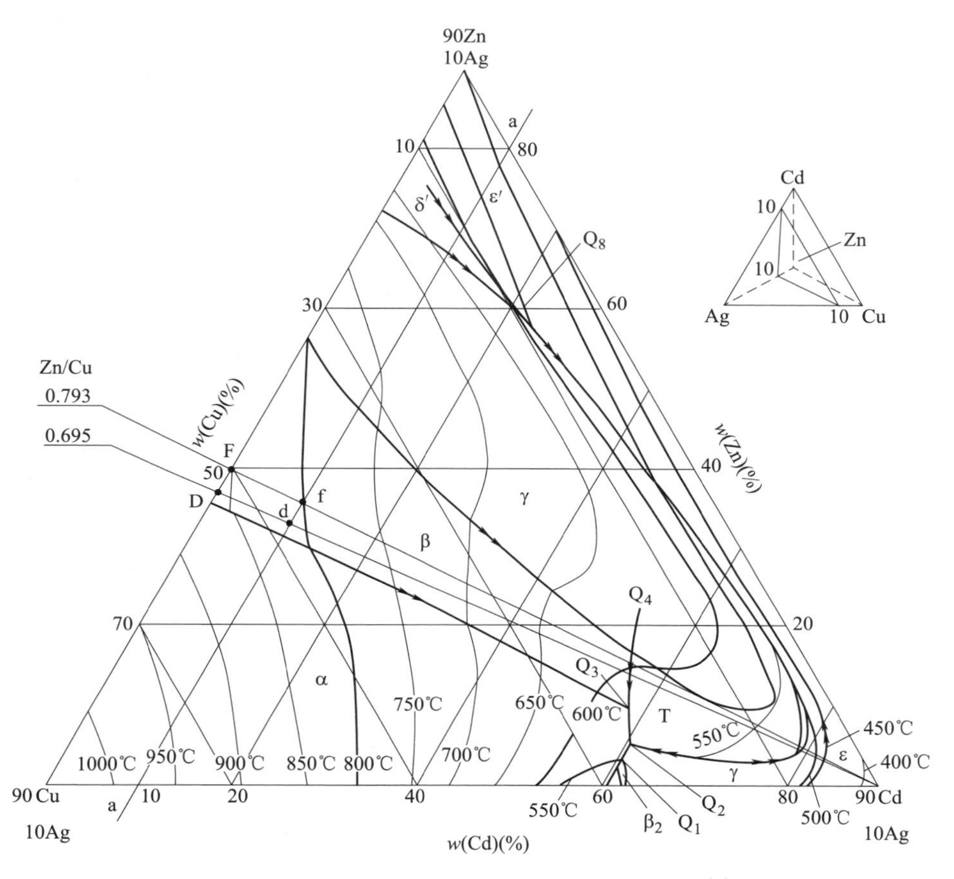


图 3-35　Ag10CuZnCd 四元合金系液相面投影图[6]

可下降液相点温度的数值关系，作出图 3-37。

**表 3-34　不同含 Ag 量时 Cd 对 AgCuZn 合金液相点温度的影响**

| 编号 | Zn/Cu | 比值 | ($w$)(%)Ag | 液相点温度/℃ ($w$)(%) | | | | 平均 $w$(Cd) = 1% 下降温度/℃ | |
|---|---|---|---|---|---|---|---|---|---|
| | | | | Cd=0 | Cd=10 | Cd=20 | Cd=30 | | |
| 1 | 40/60 | 0.67 | 10 | 863 | 819 | 771 | 721 | 4.7 | 4.6 |
| 2 | 45/55 | 0.818 | | 850 | 805 | 757 | 714 | 4.5 | |
| 3 | 40/60 | 0.67 | 20 | 825 | 784 | 745 | 700 | 4.1 | 4.1 |
| 4 | 45/55 | 0.818 | | 812 | 769 | 729 | 688 | 4.1 | |
| 5 | 40/60 | 0.67 | 40 | 755 | 729 | 691 | 658 | 3.2 | 3.2 |
| 6 | 45/55 | 0.818 | | 737 | 705 | 673 | 640 | 3.2 | |

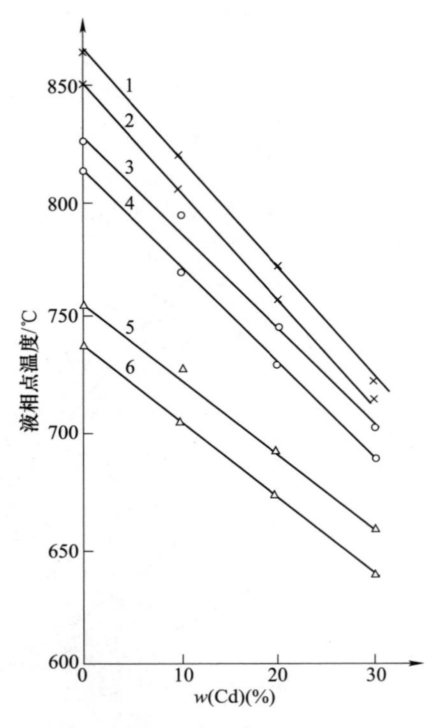


图 3-36 AgCuZn 合金液相点温度与含 Cd 量关系

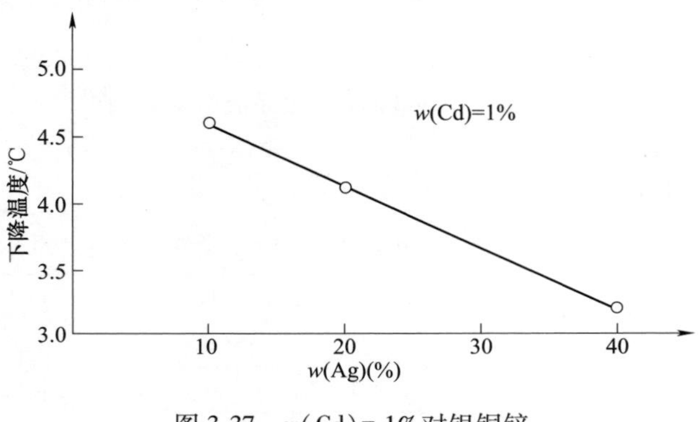


图 3-37 $w$(Cd)= 1%对银铜锌合金液相点温度的影响

由图 3-36 可以看到三组直线，每组中直线的斜率基本相同，表明合金含 Zn 量的变化，基本上不影响 Cd 对 AgCuZn 合金的降温效果，三组直线互相间的比较，显示 Ag 增加时，直线斜率（绝对值，下同）减小，例如直线 5 的斜率比直线 1 的小，这表示合金含 Ag 量增加，Cd 降低合金液相点温度的效果减弱。当设计合金含 Ag 量 $w(Ag) \leqslant 40\%$时，可在图 3-37 上找到该合金添加 $w(Cd) = 1\%$可降低温度的数值。

现试算图 3-35 中 d 点合金液相点温度，配方为 Ag10Cd10Cu47.2Zn32.8，Zn/Cu= 0.695，由表 3-3 查得对应的液相点温度为 895℃，则 d 点合金液相点温度=895−10×3.56−10×4.6=813.4℃；从图 3-35，标象点 d 落在 800~850℃等温线之间的位置，按比例估算，液相点温度为 812.5℃，两者几乎相等。

从标象点在相图上所处的位置和老虞经验公式计算的结果可知，Ag10CuZnCd 钎料的液相点温度很难达到 800℃以下。

为了使 Ag10CuZnCd 钎料合金的液相点温度低于 800℃，在配方设计时可采取如下三个方案：①增加含 Cd 量，但最大添加量只有 $w(Cd) = 11\%$；②增加含 Zn 量，意义不大；③添加 Sn，根据 Sn 在 Ag 固溶体中饱和浓度所限，Sn 的添加量 $w(Sn) \leqslant 1\%$。各个方案的设计配方列于表 3-35。必须指出，在低银钎料中，$w(Cu+Zn) \geqslant 80\%$，因此，合金的主体是 Cu-Zn 合金，它们塑性（可用断后伸长率衡量）将对钎料的加工性起到极其重要的作用，在表 3-35 中列出的 Cu-Zn 相可能的断后伸长率数据，可供设计参考。

**表 3-35 $w(Ag) = 10\%$低银钎料配方设计**

| 序号 | 图 3-35 标象点 | Zn/Cu 比值 | 化学成分（$w$）（%） | | | | | 液相点温度/℃ | | Cu-Zn 相断后伸长率（%）由表 3-3 查得 |
|---|---|---|---|---|---|---|---|---|---|---|
| | | | Ag | Cd | Cu | Zn | Sn | 相图测得 | 公式计算 | |
| 1 | f | 0.793 | 10 | 10 | 44.6 | 35.4 | — | 800 | 803.4 | 11.5 |
| 2 | d | 0.695 | 10 | 10 | 47.2 | 32.8 | — | 812.5 | 813.4 | 34 |
| 3 | | 0.793 | 10 | 11 | 44 | 35 | — | | 798.8 | 11.5 |
| 4 | | 0.695 | 10 | 11 | 46.6 | 32.4 | — | | 808.8 | 34 |
| 5 | | 0.818 | 10 | 10 | 44 | 36 | — | 估计 799 | 802.4 | 10 |
| 6 | | 0.793 | 10 | 10 | 44 | 35 | 1 | 实测 783.09 | 783.4 | 11.5 |
| 7 | | 0.695 | 10 | 10 | 46.6 | 32.4 | 1 | 实测 793.2 | 793.4 | 34 |
| 8 | | 0.695 | 10 | 11 | 46.3 | 32.2 | 0.5 | | 798.8 | 34 |
| 9 | | 0.695 | 10 | 11 | 46 | 32 | 1 | | 788.8 | 34 |

Cu-Zn 合金中加 Ag，有利于合金的断后伸长率，但在 AgCuZn 合金中加 Cd、Sn；尤其是 Cd 和 Sn 同时添加，对 AgCuZn 合金的塑性是不利的，因此对于合金的液相点温度和塑性之间找到一个平衡点，设计配方时必须考虑。作者在钧益和华乐的实践表明，表 3-35 中 6、7、8、9 号四个配方可供生产选用。其中 6 号配方挤压丝料有点脆性，不利后续加工。6 号和 7 号钎料用差热分析测定其熔化温度，DTA 曲线如图 3-38 和图 3-39 所示。由日本理学热分析仪测定。

AgCuZnCd 钎料在银钎料中，从工艺性、加工性、经济性等多方面考虑，是性能最佳的一个合金系，AgCuZnCd 合金相图资料也极其丰富[26,6]，给钎料配方

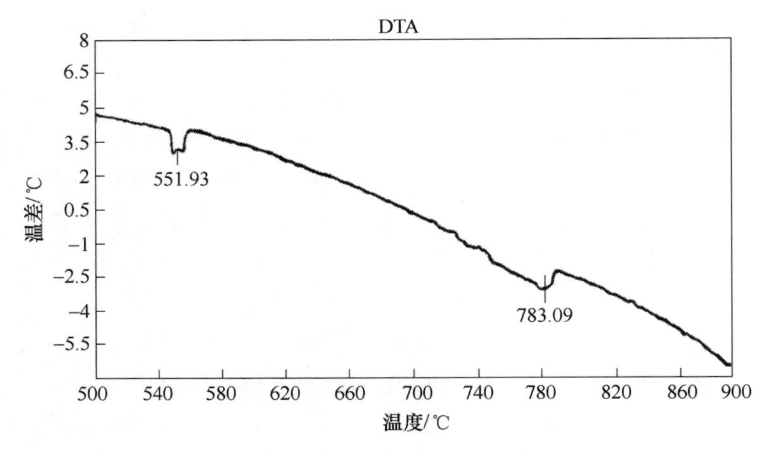


图 3-38　6 号配方 DTA 曲线

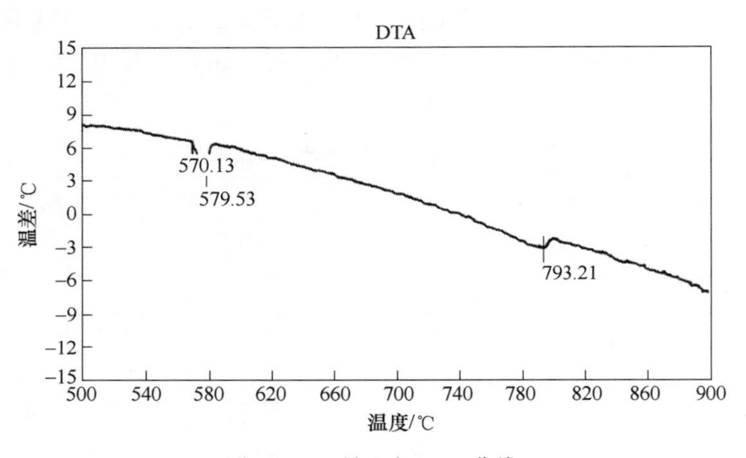


图 3-39　7 号配方 DTA 曲线

设计提供极大的方便，但是 Cd 为有害元素，镉蒸气对人体危害极大，欧盟已规定从 2006 年 7 月 1 日起在电子工业产品中不准含有镉，这就是欧盟的 ROHS 规定[18]，我国也规定在电子工业和食品工业方面禁用含镉的银钎料。

### 3.5.3　银铜锌锡钎料配方设计

AgCuZnCd 钎料是所有银钎料中性能最好的一种钎料，它的熔化温度低，润湿性和铺展性好，力学性能也很好，挤压及后续的拉丝、校直加工性也很好，价格不高[18]，唯一缺点是镉为有害元素，镉的沸点 765℃，极易挥发；镉蒸气呈棕红色，属有毒气体，镉的氧化物 CdO 呈棕色，也有毒。由于环保要求，欧盟于 2006 年 7 月 1 日起正式实施限制有毒元素的 ROHS 环保指令，其中与钎料关系较密切的是限令 w(Cd)<0.01%，w(Pb)<0.001%，限制电子工业产品不准含有 Cd 和 Pb 元素，食品器皿产品中也有同样的限制，国内也已实施这一指令。因此科学工作者和相关企业都必须以其他元素代替银钎料中的 Cd 元素，王世伟的研究工作[24]系统地对比了 Sn、In、B、Sb、Mn 等元素，对 Ag15CuZn 钎料各项性能的影响，最终表明只有 Sn 和 In 有可能取代银钎料中的 Cd 元素。为此先了解 Ag-Sn、Cu-Sn、Zn-Sn、Ag-In、Cu-In、Zn-In 和 Sn-In 各自间的固溶和生成中间相的情况。

图 3-40 为 Ag-Sn 二元合金相图，由该图可知 Sn 在 Ag 中的饱和固溶浓度列于表 3-36。显然，钎料中 Sn 的最大添加量不能超过含 Ag 量的 10%，否则合金中将出现 ζ-$Ag_5Sn$ 密排六方结构的电子化合物。

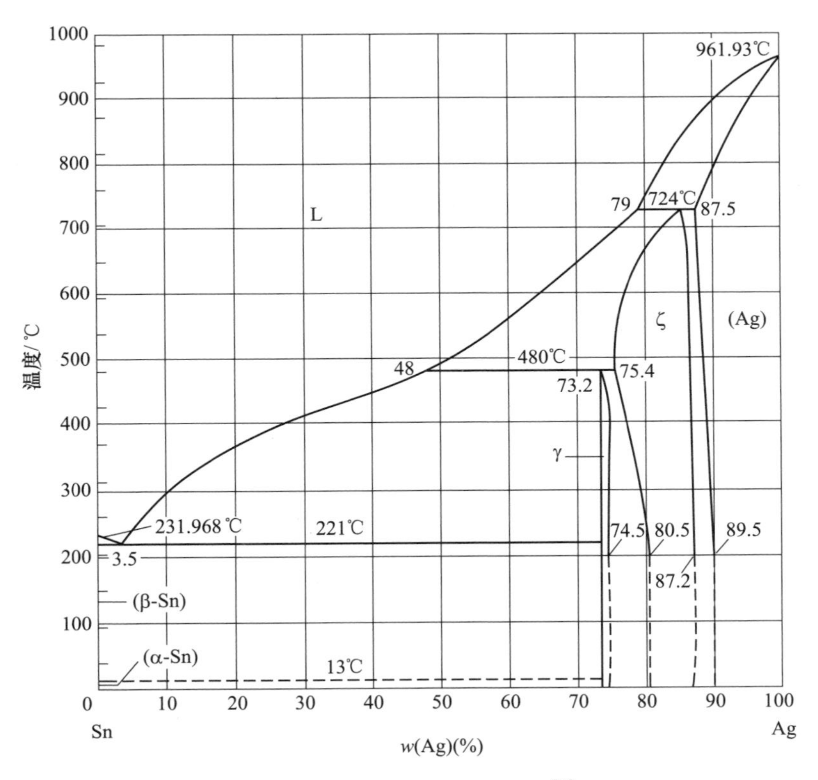


图 3-40　Ag-Sn 二元合金相图[6]

**表 3-36　Sn 在 Ag 中的饱和固溶浓度[25,6]**

| 温度/℃ | 724 | 500 | 400 | 300 | 200 | 0 |
|---|---|---|---|---|---|---|
| w(%) | 12.5 | 11.6 | 11.2 | 10.7 | 10.2 | ≈10.0 |

再注意查看 GB/T 10046—2018 银钎料标准，AgCuZnSn 系列中有 10 个型号的配方，Sn 的最高添加量都少于含 Ag 量的 10%。

Cu-Sn：Sn 在 Cu 固溶体中的饱和浓度列于表 3-37，常温下 Sn 在 Cu 中固溶浓度非常低，尤其当 Cu 中溶解 Zn 后，Sn 的固溶浓度更低（详见第 3 章 3. 1. 1）。生产实际中，高温溶解 Sn 后，到常温时，由于固溶强化，使其硬度、强度提高。富 Cu 区最可能出现的有害中间相为 δ 相，化学式 $Cu_{31}Sn_8$，具有 γ 黄铜结构，当合金中出现 δ 相时，合金脆性大。

**表 3-37 Sn 在 Cu 固溶体中的饱和浓度**[6,25]

| 温度/℃ | 799 | 700 | 586 | 550 | 520 | 400 | 350 | 200 |
|---|---|---|---|---|---|---|---|---|
| w(Sn)（%） | 13. 5 | 15. 1 | 15. 8 | 15. 8 | 15. 8 | 13. 5 | 11. 0 | 1. 3 |

Zn-Sn：Sn 在 Zn 中几乎不溶解，互相间不形成中间相，当 198℃、w(Zn)= 8. 9%时，发生共晶反应，因此对钎料脆性影响不大。

Ag-In：In 在 Ag 中饱和浓度 693℃ 时，w(In)= 21%，300℃ 时为 w(In)= 20. 1%，一直至室温保持饱和固溶浓度不变[27]；超过此浓度，常温时出现 α′相，化学式 $Ag_3In$，简单立方结构。

Cu-In：In 在 Cu 中饱和浓度列于表 3-38，由于 In 在 Cu 固溶体中溶解浓度随温度下降而大幅下降，极易造成固溶强化，并且强化程度很大。常温时也可能出现 δ 相，化学式 $Cu_7In_3$，三斜晶体结构，这些对钎料的塑性和加工性都不利。

**表 3-38 In 在 Cu 中饱和浓度**[25]

| 温度/℃ | 710 | 574 | 262 |
|---|---|---|---|
| x(In)(%) | 10. 06 | 10. 09 | 1. 15 |
| w(In)(%) | 16. 81 | 18. 10 | 2. 06 |

In-Zn：In-Zn 二元合金系中不形成中间相，143. 5℃、w(Zn)= 2. 2%时形成共晶反应，共晶温度时 In 在 Zn 中的固溶饱和浓度 w(In)= 0. 21%，Zn 在 In 中的固溶饱和浓度 w(Zn)= 3. 56%[25]。

In-Sn：In 在 Sn 中的饱和浓度随温度下降反而增加，见表 3-39。Sn 在 In 中的饱和固溶浓度，143℃ 时为 w(Sn)= 10. 3%[6]，或 w(Sn)= 11. 8%[25]，超过 w(Sn)= 10. 3%时，出现 β 相，化学式 $In_3Sn$，体心正方结构，不同温度时，In 在 Sn 中固溶浓度超过表 3-39 所列数值时，将出现 γ 相，化学式 $InSn_4$，六方结构，对合金塑性不利。

**表 3-39　In 在 Sn 中饱和浓度[25]**

| 温度/℃ | 224 | 190 | 120 | 60 |
| --- | --- | --- | --- | --- |
| $x$(In)（%） | 0.8 | 6.5 | 4.9 | 3.8 |
| $w$(In)（%） | 0.77 | 6.3 | 4.7 | 3.7 |

目前生产实践中大多数情况下，只能以 Sn 取代 Cd，但实际上在 AgCuZn 钎料中添加 Sn 之后的熔化温度、施焊工艺性等都难以达到含 Cd 银钎料的水平，添加 Sn 只能有条件地改善 AgCuZn 钎料的性能，从现有国内外钎料标准看，随钎料中含 Ag 量的不同，加 Sn 量大致为 $w$(Sn)= 1%～5%范围内变动，经验表明：相对钎料中的含 Ag 量而言，一般不超过含 Ag 量的 10%，否则将引起不同程度的脆性；因此要设计出 Ag15CuZnSn 低银钎料，液相点温度低于 800℃，又有一定的加工性，存在相当大的难度。

在低银钎料设计时，如果暂不计入 Sn 的加入量，那么 $w$(Cu+Zn)= 80%～90%之间，所以合金的主体是 CuZn 合金。若确定 $w$(Ag)= 15%，选取 Zn/Cu 比值为 0.695 和 0.818，在图 3-41 的 Cu-Ag 坐标上，过 $w$(Ag)= 15%作平行 Cu-Zn

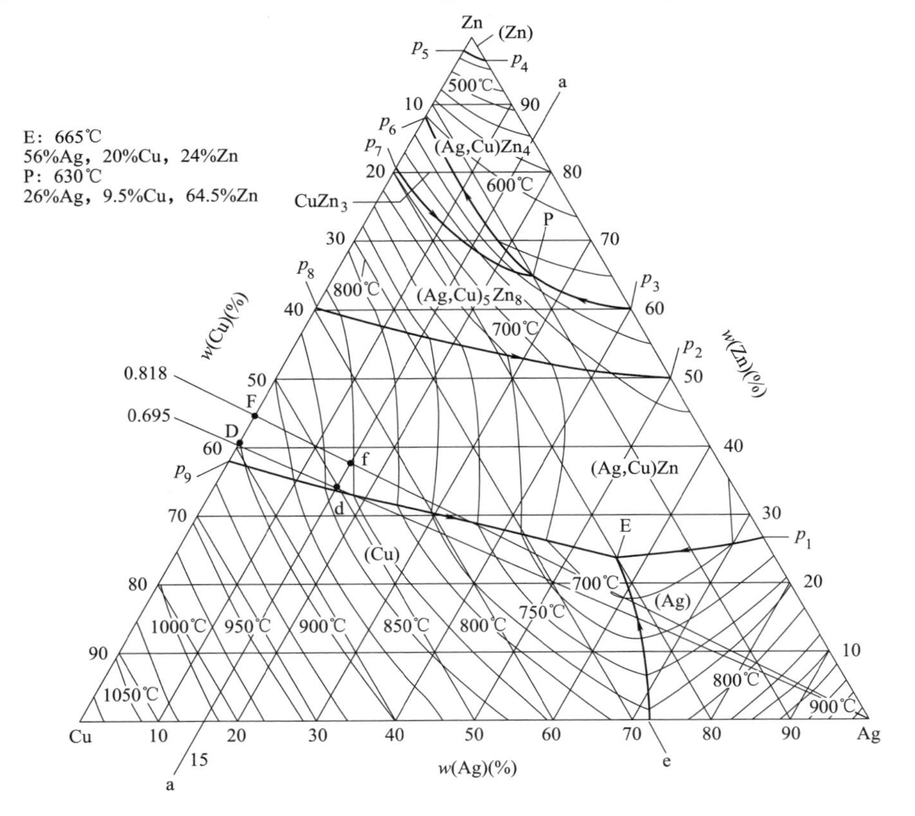


图 3-41　Ag-Cu-Zn 系液相面[6]

边的平行线 a-a，在 Cu-Zn 边上取 D 点和 F 点，使 Zn/Cu 比值分别为 0.695 和 0.818，连接 D-Ag 和 F-Ag 线，交 a-a 线于 d 点和 f 点，设计的合金成分就在 d-f 线段上，合金凝固后全部为 β 相组织，合金的液相点温度约为 840℃ 和 830℃；当冷却到 350℃ 时，在图 3-42 上，显示合金为 α+β 两相组织，α 相是从 β 相中析出，该组织具有相当好的加工性，合金组织见表 3-25。

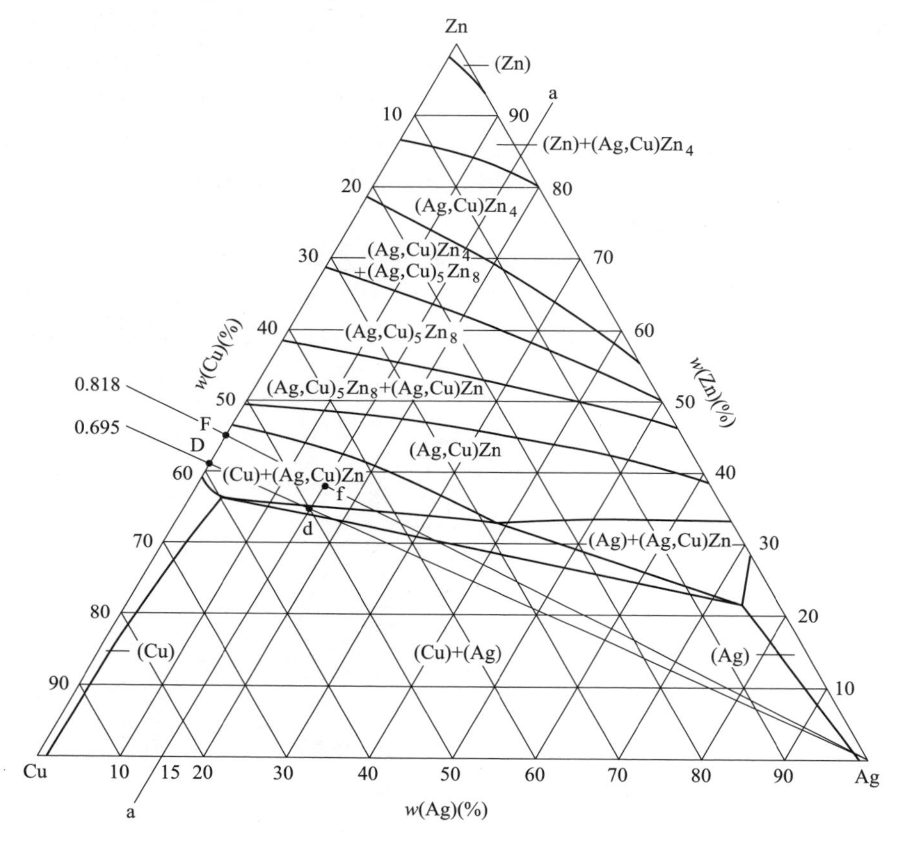


图 3-42 Ag-Cu-Zn 系 350℃等温截面[6]

为了降低合金的液相点温度，在合金中添加 Sn，如果从 CuZnSn 合金考虑，那么最大加入量为 $w(\mathrm{Sn})=1\%$；在 Ag15CuZn 钎料合金中，Sn 的最大加入量为 $w(\mathrm{Sn})=0.85\%$。从 $w(\mathrm{Ag})=15\%$考虑，Sn 的最大加入量为 $w(\mathrm{Sn})=1.5\%$；因此在该钎料中最大加入量为 $w(\mathrm{Sn})=2.35\%$。现确定 $w(\mathrm{Ag})=15\%$，$w(\mathrm{Sn})=2.2\%$，$w(\mathrm{Cu+Zn})=82.8\%$；取 Zn/Cu= 0.724，则配方为 Ag15Sn2.2Cu48Zn34.8，经熔炼后，其铸态非平衡金相组织示于图 3-43。

从图 3-43b 可以看到有两种色泽的晶粒，晶粒 d 析出均匀细小的白色相，晶

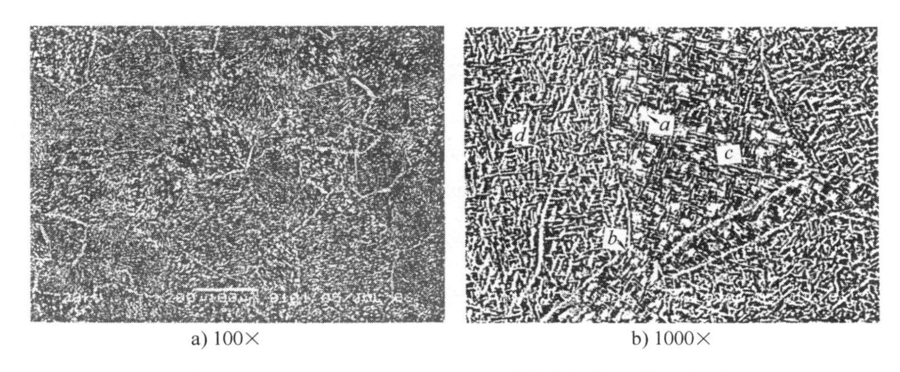


a) 100× b) 1000×

图 3-43 Ag15Sn2.2Cu48Zn34.8 钎料电镜显微组织图

粒 c 除了析出细小白色相外，还析出白色块状相。微区成分分析结果列于表 3-40，两种晶粒应该都是 CuZn 基 β 相，只是 c 晶粒溶解较多的 Ag 组元，最后还析出含 Ag 较多的白色块状相，在晶界交点处明显地含有较高的 Ag 和 Sn 。

**表 3-40 微区成分分析**

| 测试点名称及位置 | 化学成分（$w$）（%） | | | |
|---|---|---|---|---|
| | Cu | Zn | Ag | Sn |
| a，白色块状 | 33.12 | 28.49 | 35.74 | 2.64 |
| b，晶界交点 | 18.13 | 21.41 | 56.29 | 4.17 |
| c，黑底晶内 | 32.80 | 27.81 | 36.42 | 2.98 |
| d，浅色底晶内 | 36.13 | 29.26 | 31.61 | 3.00 |

由图 3-6 示出的 Cu-Zn-Sn 三元系合金 20℃等温截面[7]，可判断加 Sn 对 Cu-Zn 合金组织的影响；当 $w(\mathrm{Sn})=1\%$时，计算出不同含 Zn 量对 Cu-Zn 合金组织的影响列于表 3-41。

**表 3-41 $w(\mathrm{Sn})=1\%$时，Cu、Zn 含量对合金组织的影响**

| $w$(Cu)（%） | $w$(Zn)（%） | Zn/Cu | 合金组织 |
|---|---|---|---|
| >64.5 | <34.5 | <0.535 | α |
| 64.5~61.2 | 34.5~37.8 | 0.535~0.618 | α+γ |
| 61.2~58.5 | 37.8~40.5 | 0.618~0.692 | α+β+γ |
| 58.5~54.5 | 40.5~44.5 | 0.692~0.817 | α+β |

由表 3-41 可知，当 $w(\mathrm{Sn})=1\%$、$w(\mathrm{Zn})\leqslant 40.5\%$，即 Zn/Cu≤0.692 时，合金中出现 γ 相（$Cu_5Zn_8$），反而有脆性，当 Zn/Cu = 0.692 ~ 0.817 范围内，合金为 α+β 两相组织，不出现 γ 脆性相，不过合金含 Zn 量太高时，由于 β 相相对量

太多也将影响合金的脆性，由此可见，当设计低银钎料，又要添加 Sn 时，必须使 Zn/Cu 在 0.692~0.817 之间选一个合适的值，参照表 3-25 数据进行选择，可避免合金出现脆性。

根据上述原理，设计、配制一些低银钎料的配方和用差热分析法测得的熔化温度列于表 3-42，Ag15Sn2.2CuZn 钎料的 DSC 曲线示于图 3-44。

**表 3-42 低银 AgCuZnSn 钎料配方实例**

| 序号 | 牌号 | 化学成分（$w$）（%） | | | | | 实测熔化温度/℃ | |
|---|---|---|---|---|---|---|---|---|
| | | Ag | Cu | Zn | Sn | Si | 固相点 | 液相点 |
| 1 | Ag15CuZnSn | 15 | 47.7 | 35.0 | 2.2 | 0.1 | 764 | 793.99 |
| 2 | Ag10CuZnSn | 10 | 50.2 | 37.6 | 2.0 | 0.2 | 784.8 | 814.47 |
| 3 | Ag5CuZnSn | 5 | 53.1 | 40.2 | 1.5 | 0.2 | 830 | 839.13 |

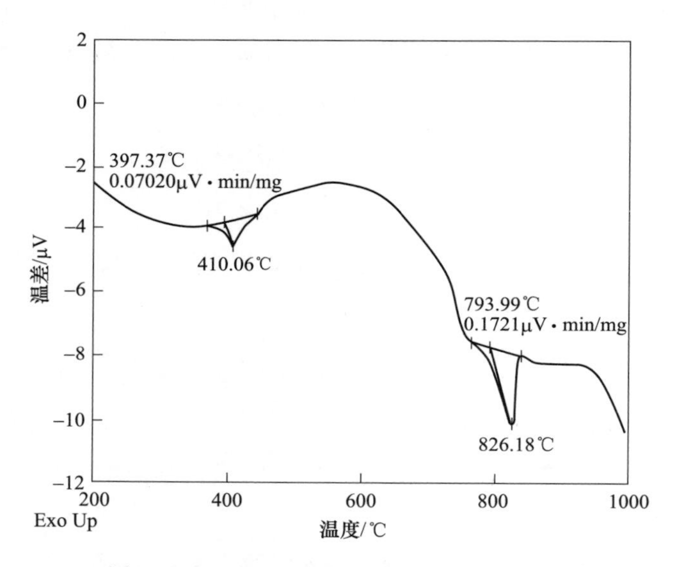


图 3-44 Ag15Sn2.2CuZn 钎料的 DSC 曲线图

完成 AgCuZnSn 低银钎料配方设计后，仍可用老虞经验公式估算钎料的液相点温度，只要知道 $w$(Sn)每增加 1%能降低多少温度这一关键数据就行。根据文献［18］第 96 页图 3-31 估算，$w$(Sn)每增加 1%大约能降 47℃，文献［24］表 3 数据，经整理得出大约能降 43℃，实际运用发现，Sn 的降温效果没那么大，Sn 的降温作用与 Cd 相似，随钎料中含 Ag 量的增加，其降温效果下降；实践经验表明：当钎料中含 $w$(Ag)<20%时，$w$(Sn)每增加 1%，大约能降低液相点温度 20℃，当钎料中 $w$(Ag)≥45%时，$w$(Sn)每增加 1%降温不超过 5℃。表 3-42 中

的1号配方钎料液相点温度估算：Zn/Cu = 0.733，查表3-3得相对应温度为892℃（取891℃）；

钎料液相点温度 = 891 − 15×3.56 − 2.2×20 = 794（℃），与实测温度很接近，见图3-44。

广东中山华乐配制的Ag15Sn2.2CuZn钎料，挤压丝料的直径为$\phi$1.15～$\phi$1.20mm，通过1道次冷拉，丝径达到$\phi$1.0～$\phi$1.01mm，单道次冷拉过模量为0.15mm左右，然后在芯棒上绕成$\phi_{内}$6.5mm焊环，加工过程顺利。

应该指出：在AgCuZn钎料中加Sn量虽然限制在规定的范围之内，制造时能顺利完成挤压、拉丝、校直等加工工序，但在仓库中放置一段时间后会出现脆性，这是$\alpha_{Cu}$或$\alpha_{Ag}$固溶体发生时效硬化引起的结果，有时也会导致钎缝发生脆裂，严重影响产品质量，在3.5.4节2中将讲述此例。

另一种情况，由于Sn对Cu或Ag都有显著强化效果，对加工硬化影响很大。华乐公司曾制造Ag45Sn2.5CuZn高银钎料，挤压后顺利拉丝成$\phi$1.0mm盘丝，由于钎料硬度大，弹性好，结果丝料在自动焊机上供丝时出现问题，后来把含Sn量降至$w$(Sn) = 1%之后，解决了用户在自动焊机上供丝的问题。

### 3.5.4 特殊非标银钎料配方设计

#### 1. 白色银钎料配方设计

高档不锈钢餐具、茶具等制品的钎焊都要求钎缝为白色，并符合环保要求，白色金属很多，如银、锌、锡、铝、铟、镓、镍等都是白色金属，但它们与不锈钢白色相比都有一定差异；在选择钎料时，一般都选银钎料，这就涉及成本问题，因此许多客户对钎料提出$w$(Ag)<50%，这样钎料的$w$(Cu+Zn)>50%，随着Zn/Cu的增加，颜色会逐渐变白，但钎焊不锈钢时，钎缝仍显微黄色，即使选用BAg72Cu、BAg70CuZn等高银钎料，焊成的钎缝仍显银白偏黄，与不锈钢白色仍有差异。2014年初，有客户请广州钧益公司提供钎焊不锈钢的白色钎料，要求白色、环保、工艺性好、接头有一定强度，特别指出含Ag量不受限制，这就意味着该非标钎料不受成本制约，大大扩展了研制途径。

钎料合金设计首先必须确定基体合金系及添加元素的种类，经验表明：应选取Ag-Zn系合金为基体合金，因为Ag、Zn都是白色金属；接头要有一定强度，添加Cu；工艺性好，添加Sn和少量Ni，常用的就是这些元素。其次是这些元素的添加量，也就是它们的组合。文献［28］指出，国外银币为Ag-Cu合金，其中925合金（Ag92.5Cu7.5）称为斯特林银，958合金（Ag95.8Cu4.2）饰品银，称为布里塔尼亚银。随含Cu量的增加，银的白色度将下降；Cu对Ag合金有固溶强化作用，当$w$(Cu)≤2.7%时，可忽略固溶强化和时效强化的影响，笔者考虑Cu的添加量$w$(Cu)≤5%，Sn对Ag的强化作用很强[28]，添加量$w$(Sn)≤5%，对基体金属固溶强化程度大的元素，添加之后必然导致基体金属的强度增加，塑性下降，甚至发生脆性，因此 Cu 和 Sn 的添加量必须控制，Ni 的添加量很少，虽然 Ni 在 Ag 中的饱和浓度非常低，但 Ni 与 Ag 两者相对原子半径之差只有 0.14%，可以不考虑 Ni 对 Ag 合金的强化效应。最后要考虑的是 Ag 和 Zn 加入量。

图 3-45 为 Ag-Zn 二元合金相图，由图可知 200℃时 Zn 在 Ag 中的饱和浓度为 $w(\mathrm{Zn})=25.6\%$，由表 3-28 可知，100℃时 Zn 在 Ag 中的饱和浓度为 $w(\mathrm{Zn})=20.6\%$，为防止基体合金的脆性，Ag 和 Zn 的添加量应符合 Zn/Ag≤ 0.344 或 Zn/Ag= 0.259。现确定配方如下（取 Zn/Ag=0.33）：

| Ag | Zn | Cu | Sn | Ni | 组元 |
|---|---|---|---|---|---|
| 67.6 | 22.3 | 5.0 | 5.0 | 0.1 | $w(\%)$ |

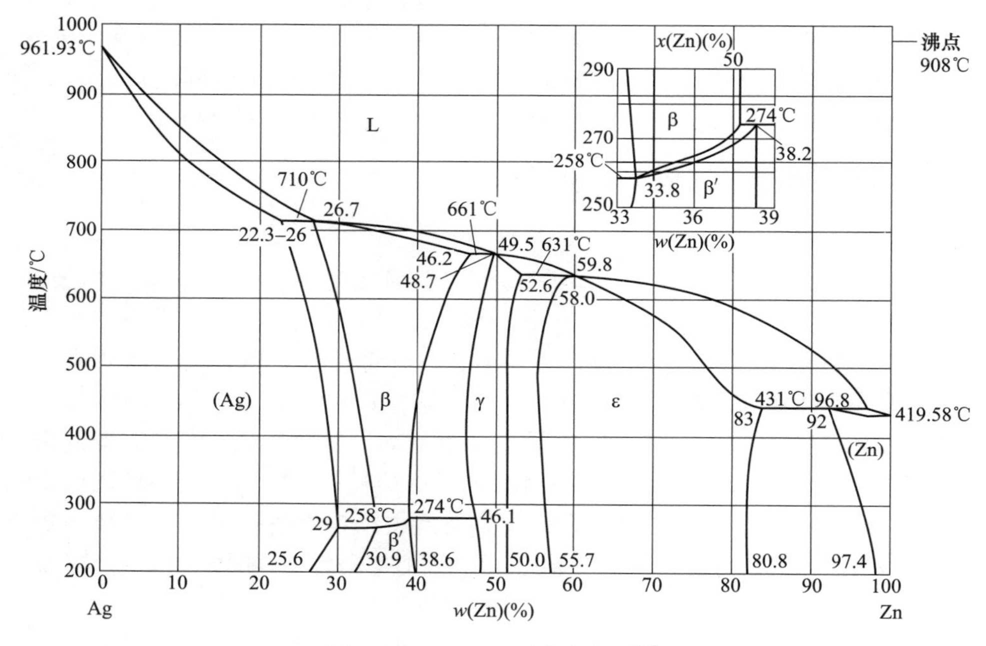


图 3-45 Ag-Zn 二元合金相图[6]

熔炼后挤压丝料不能直接拉丝，必须先在 350℃保温 30min 退火后才能拉丝，表明钎料本身塑性不好，色泽为白色，但钎缝与不锈钢有稍许色差，钎料放置一个月后，出现时效硬化脆性。

至此存在两个问题，固溶强化脆性，时效硬化脆性和色泽必须进一步提高。关于脆性：降低 Cu、Sn 添加量和调整 Zn/Ag 比值；色泽问题须寻找合适的元素；In 本身是白色，但氧化物 $In_2O_3$ 是苍黄色，Ga 是白色，$Ga_2O_3$ 也是白色[29]，并且有点发亮，因此 Ga 是最佳的选择，Ga 的熔点 29.78℃，表面张力711mN · $m^{-1}$，730℃时为 702mN · $m^{-1}$[6]，比 Ag、Cu、Zn 的表面张力都小，在液态钎料时形成负吸附现象，当液态钎料凝固时，将聚集在钎料表面，有利于靠近不锈钢白色。Ga 在 Ag 中的饱和浓度列于表 3-43，随温度下降饱和浓度也大幅下降，因此 Ga 也会引起 Ag 合金的固溶强化和时效硬化。

**表 3-43　Ga 在 Ag 中的饱和浓度[6]**

| 温度/℃ | 611 | 380 | 211 | 0 |
|---|---|---|---|---|
| $w$(%) | 13 | 12.2 | 8.0 | ≈3.3[25] |

根据上述理论分析，通过多次试验与客户互动，得到如下配方：

| Ag | Zn | Cu | Sn | Ga | Ni | |
|---|---|---|---|---|---|---|
| 69~70 | 22~23 | 4.0~4.5 | 2.5~3.5 | 0.5~1.2 | 0.1 | $w$(%) |

按 Ag-Cu-Zn 三元相图查考（图 3-31）液相点温度为 720~700℃，挤压锭温 580℃，模温 470℃，挤压丝料直径 $\phi$1.1~$\phi$1.15mm，可以直接拉丝，单道次过模量 0.1mm 左右，经 350℃ 保温 30min 退火后，可继续拉丝，成品丝径为 $\phi$1.0mm，钎缝色泽与不锈钢白色一致，经抛光后，看不出钎缝印痕，钧益公司已批量生产，得到用户认可。

**2. 低银含 In 钎料配方设计**

国内生产低银不含镉的环保钎料，常用的参考配方为德国德固萨公司的 Degussa1876 牌号，配方为 Ag18Cu47Zn33Sn2，熔化温度 780~810℃[22]，国内厂家实际生产配方一般为：Ag17.2 Cu47.4 Zn33.3 Sn2.0 Si0.1，符合 Degussa1876 牌号的标称成分，也符合国标银钎料含 Ag 量为标称成分±1%的规则。当用户提出再降低钎料液相点温度的要求时，生产厂家调整配方时可能没有调整合适的 Zn/Cu（见表 3-6），如果配方改动很不尽人意，可能使钎料产生脆性或时效硬化脆性。

2011 年广州某制冷设备厂，采用供应商提供的钎料焊制的制冷设备，出厂前经厂检全部合格、无泄漏；可是出厂约三个月后，客户反馈信息有 35%设备，因钎缝出现裂纹而泄漏；据供应商介绍，提供的是 BAg17CuZnSn 牌号钎料，估计是钎缝因时效硬化脆性，引起钎缝裂纹，导致产品泄漏。供应商要求钧益公司提供不含 Sn 的低银环保型钎料，价格和液相点温度与原牌号钎料相当。当时银价约为铟价的 2 倍，商定减 $w$(Ag)= 1%，添加 $w$(In)= 1.5%，最后确定牌号为 BAg16CuZnIn，配方如下：

| 组元： | Ag | Cu | Zn | In | Si |
|---|---|---|---|---|---|
| $w$(%)： | 15.2 | 46.2 | 37.0 | 1.5 | 0.1 |

估计液相点温度约 806℃左右，熔炼后，挤压丝径为 $\phi$2. 10~$\phi$2. 15mm，经一道次拉丝达到 $\phi$2. 0mm 成品尺寸，施焊工艺满足工人操作习惯，焊后产品达到出厂要求，出厂后客户反馈无泄漏，钎料性能和成本达到供应商期望。

2016 年上海都林公司研制牌号为 BAg15CuZnIn 环保型薄带钎料，要求液相点温度不超过 800℃，规格 0. 2mm×8. 0 mm，经多次试验确定如下配方：

| 组元 | Ag | Cu | Zn | In | Si |
|---|---|---|---|---|---|
| $w$(%) | 14. 2 | 47. 7 | 36. 0 | 2. 0 | 0. 1 |

预计液相点温度稍高于 800℃。熔炼后挤压丝径为 $\phi$3. 56~3. 60mm，拉丝成 $\phi$3. 5mm 丝材，经 450℃保温 60min 退火，再经多道次轧制退火、轧制，最后成品为 0. 28mm×8. 0mm 薄带卷，薄带边缘未裂。经 DTA 测定固相点温度 796. 5℃，液相点温度 810. 3℃，基本达到设计要求。在低 Ag 含 In 钎料研制中，得出 $w$(In)每增加 1%，可降低液相点温度 16℃，可供设计参考。

**3. 钎料配方与相图应用特例**

**例 8**：高镉高银钎料配方与相图

早期由客户提供 Ag30CuZnCd 样品，并提示该样品施焊温度很低，操作方便，工艺性好，按样品供货。经剖析发现含镉量 $w$(Cd)>26%，当时国标中 $w$(Ag)= 30%的钎料，没有那么高的含镉量，笔者服务工厂从未接触过这一牌号的钎料，查阅文献［22］，发现美国 Handy Harman（H. H）公司有两个高银高镉的牌号，列于表 3-44；根据客户指示，按样品分析成分和 1 号配方综合考虑，试制并供货，得到客户认可。

**表 3-44　美国 H. H 公司高银高镉配方**[22]

| 序号 | 牌号 | 名义化学成分（$w$）（%） | | | | 熔化温度/℃ | |
|---|---|---|---|---|---|---|---|
| | | Ag | Cu | Zn | Cd | 固相点 | 液相点 |
| 1 | DIA-340 | 30 | 23 | 20 | 27 | 600 | 670 |
| 2 | DIA-440 | 40 | 20 | 14 | 26 | 590 | 610 |

为了更好理解这类配方，查阅了相关相图[30]，发现有 AgCuZn20Cd 和 AgCu20ZnCd 两幅相图，示于图 3-46 和图 3-47，根据配方的名义化学成分，在图 3-46 上标出 1 号配方的标象点 A，该标象点落在 $\beta_x$(CuZn) 相区，并靠近 α 相区的相界线，液相点温度在 650~700℃之间；在图 3-47 上标出 2 号配方的标象点 B，该标象点落在 $\alpha_{Cu}+\beta_x$(CuZn) $+\alpha_{Ag}$相区，并靠近 $E_1Q_4$ 温度下降方向线，液相点温度在 650℃附近。配方设计都遵循常用的 $w$(Cd)<$w$(Ag)的规律，从标象点 A 和 B 在相图上所处的位置，可以推测美国 H. H 公司技术人员在钎料配方设计时，应该是用相图作为依据。笔者没有找到与这两幅相图相对应的 350℃以下等温截面相图，但根据 Ag-Cu-Zn 系相图和 Ag-Cu-Zn-Cd20 系相图使用经验，判断 1

号和2号配方钎料常温时的组织，应该是 $\alpha+\beta$ 两相组织或说 $\alpha_{Cu}+\alpha_{Ag}+\beta_x$(CuZn)+$\beta_y$(AgZn) 四相组织，不会出现 $\gamma$ 脆性相，因此加工性和钎料力学性都会符合加工和使用要求。

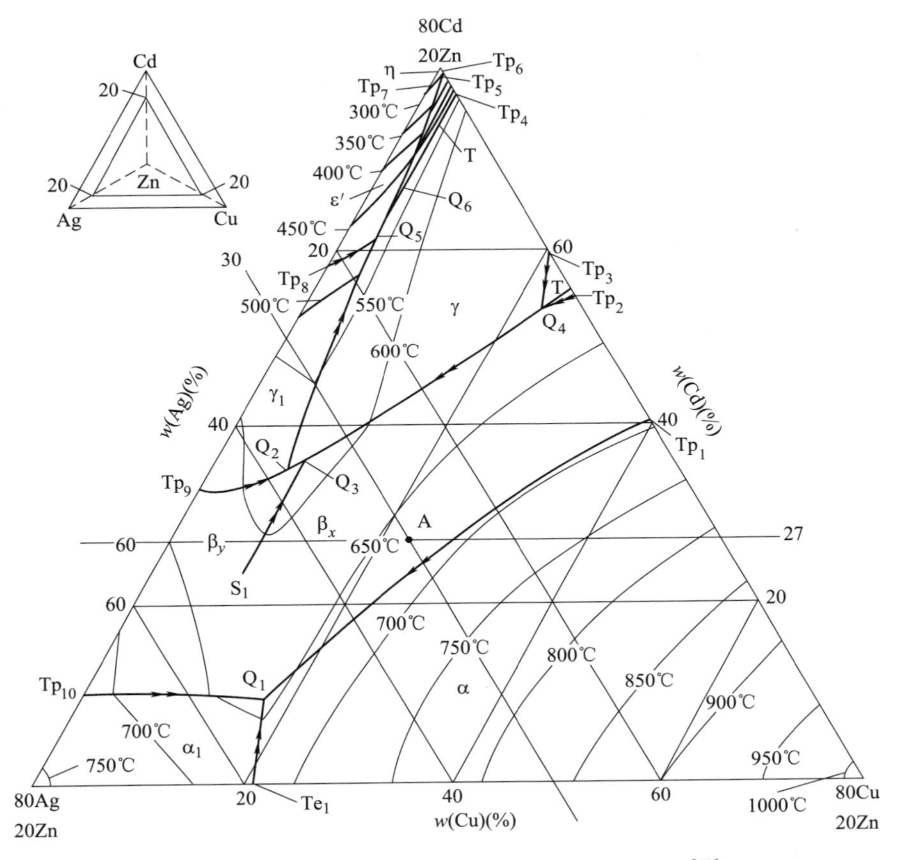


图 3-46 Ag-Cd-Cu-Zn 系 $w$(Zn) = 20%时的液相面[30]

必须指出：这两种钎料在使用时钎缝容易出气孔，因为镉的沸点只有767℃，挥发性强，气体有毒，不符合环保的要求，现在使用价值很低。这里提出本例讨论的目的，是说明利用相图作为钎料配方设计的依据，有独特的优越性。

**例9**：钎料合金加工性与相图

2011年客户向钧益公司提出按国标BAg60CuZnSn配方，供应直径 $\phi$1.0mm钎料，配方列于表3-45，合金A为国标配方，合金B为笔者按相图设计的非标配方。

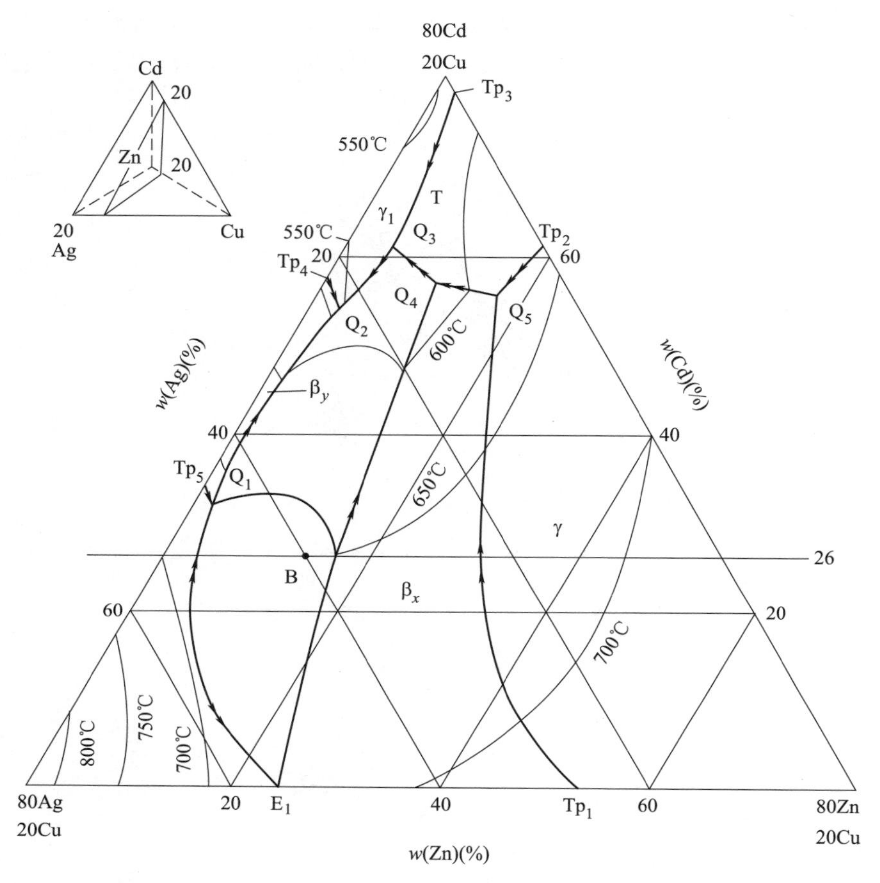


图 3-47　Ag-Cd-Cu-Zn 系 $w$(Cu)= 20%时的液相面[30]

**表 3-45　BAg60CuZnSn 钎料配方**

| 合金 | 型号 | 标称成分（$w$）（%） | | | | 液相点温度/℃ |
|---|---|---|---|---|---|---|
| | | Ag | Cu | Zn | Sn | |
| A | BAg60CuZnSn（国标） | 60 | 23 | 15 | 2 | 685 |
| B | 按相图设计（非标） | 60 | 16 | 22 | 2 | ≈670 |

原材料：2 号白银、电解铜、0 号锌、云锡；35kW 高频炉熔炼、氮气保护、金属型铸锭，2000kN 四柱立式液压机挤压，挤压规范参数：锭温 540~ 550℃、模温 460~470℃、挤压筒内径 $\phi$43mm，定径孔直径 $\phi$1. 2mm，孔数 8。挤压 A 合金时，当液压机压力表显示 24MPa 时，挤压失败。由设备说明书查得，液压机工作缸内径 $\phi$320mm，则压力达到 1930kN，已接近液压机的额定压力，原则上不能再增大压力，采取的措施为：提高锭温至 580℃，增大定径孔直径至 $\phi$2. 0mm，

孔数8，把挤压比由原来的160降至57.8，挤压时，压力表显示24MPa时，挤压再次失败。

查考了Ag-Cu-Zn三元合金系的液相面、600℃、500℃、350℃等温截面的相图，示于图3-48~图3-51，在每个相图上都标出A合金的标象点，可以发现A合金从高温到室温，都为$\alpha_{Cu}+\alpha_{Ag}$固溶体相组织。由图3-16可知，高温时α相合金的强度比β相高很多，变形抗力大，因此增加了挤压的难度。从使用考虑，室温时具有α相组织的强度高、塑性好，比较理想；但从制造角度考虑，高温状态下具有α+β两相组织的合金，有利于挤压加工，因此要使设计合金室温时具有α相组织，高温时具有α+β两相组织，达到使用和加工两方面都兼顾的合金。

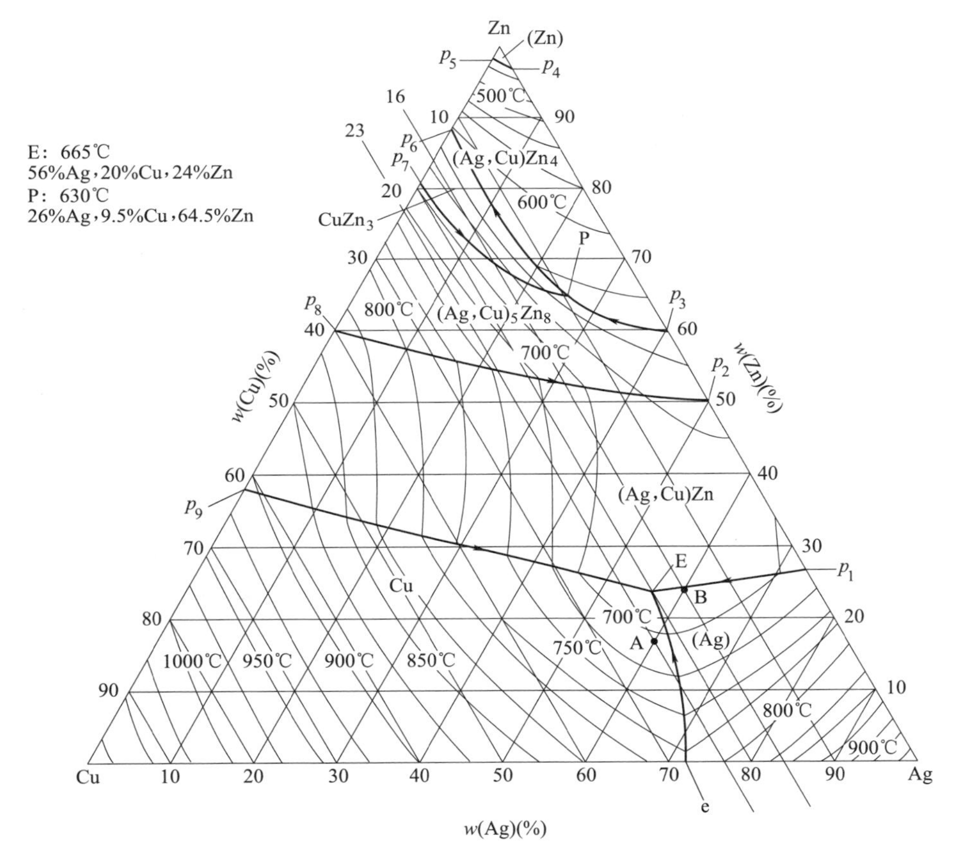


图3-48　Ag-Cu-Zn三元合金系的液相面[6]

在图3-51中Ag-Cu-Zn系350℃等温截面上，使设计合金的标象点落在$\alpha+\alpha_1+\beta$三相区边界线与$w(Ag)=60\%$成分线的交点B，当温度≤350℃时，合金为$\alpha+\alpha_1$固溶体相，过B点作Ag-Zn坐标边的平行线，交Zn-Cu坐标边于K点，得到

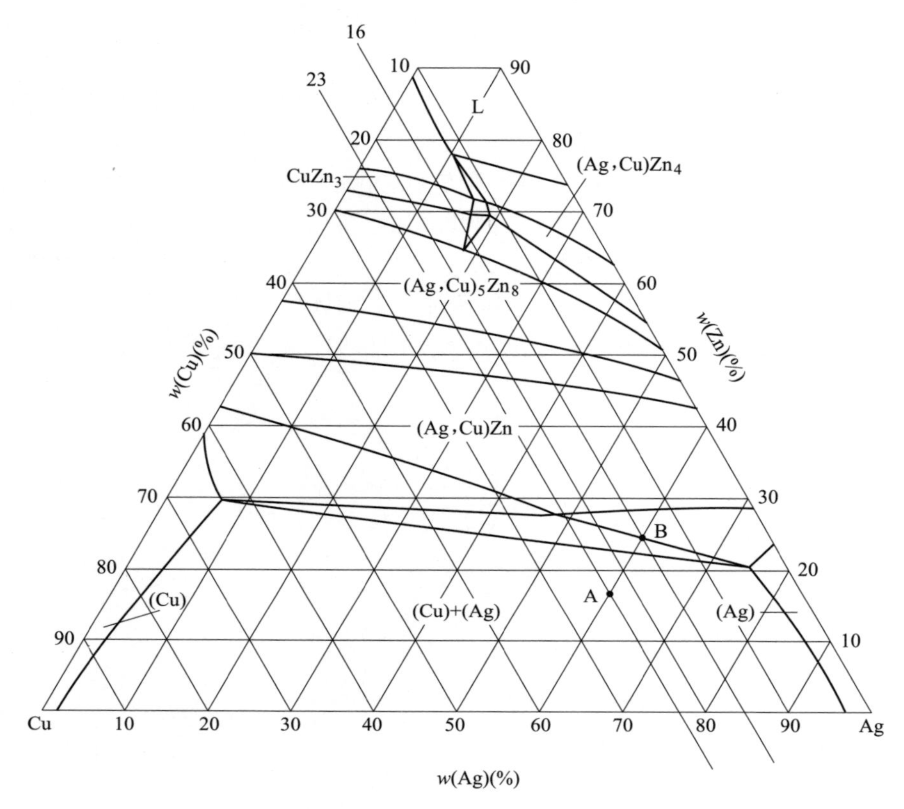


图 3-49　Ag-Cu-Zn 系 600℃等温截面[6]

K 点为 $w$(Cu) = 16%；然后分别在图 3-48～图 3-50 的 Zn-Cu 坐标边上，找到 $w$(Cu) = 16%的点，过此点作 Ag-Zn 坐标边的平行线，与 $w$(Ag) = 60%的成分线相交，分别得到标象点 B。通过计算得到不同温度下 B 合金中 α 相和 β 相的相对量，列于表 3-46。B 合金高温时为 α+β 两相组织，常温时为 α 相组织，B 合金的配方见表 3-45。

**表 3-46　合金 A、B 不同等温截面 α 相和 β 相相对量（%）**

| 截面温度/℃ | 600 | | 550 | | 500 | | 350 | |
|---|---|---|---|---|---|---|---|---|
| 相 | α | β | α | β | α | β | α | β |
| 合金 A | 100 | 0 | 100 | 0 | 100 | 0 | 100 | 0 |
| 合金 B | 44 | 56 | 64 | 36 | 85 | 15 | 100 | 0 |

注：550℃的相对量取自 600℃和 500℃的平均值。

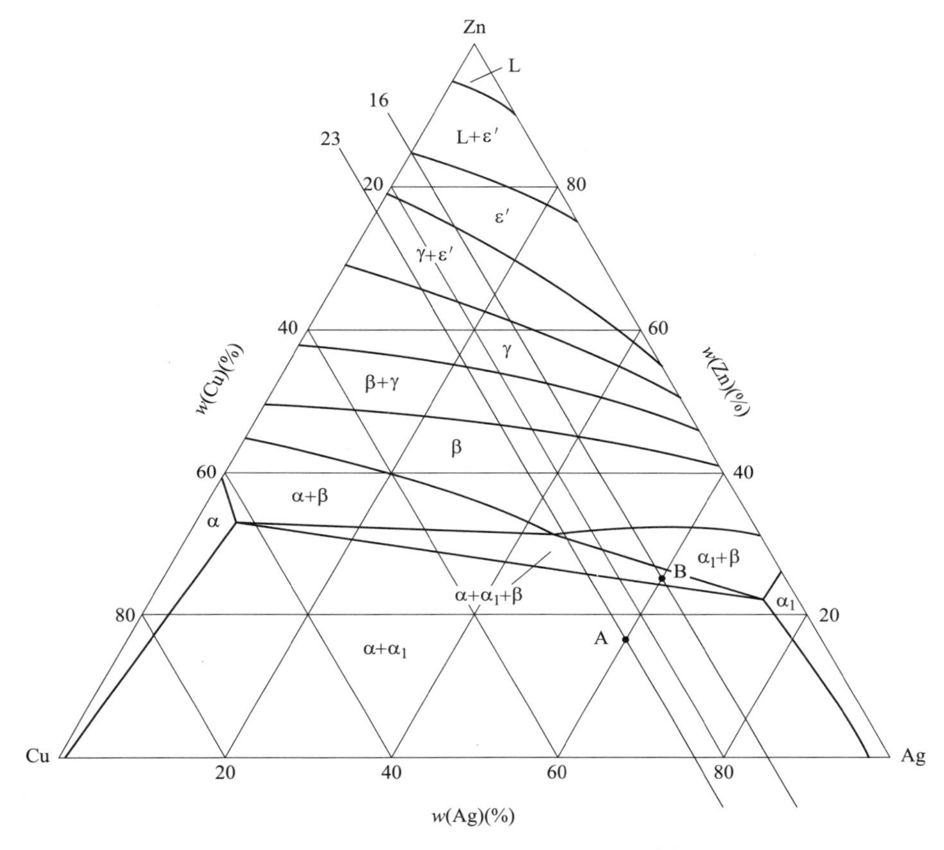


图 3-50 Ag-Cu-Zn 系 500℃等温截面[6]

非标配方 B 合金熔炼后，除锭温改为 560℃外，仍用初始设定的挤压工艺参数进行挤压，当液压机压力表显示 21MPa 时，顺利挤出 $\phi$1.15～$\phi$1.20 mm 的丝料，挤压成功，此时工作压力为 1689kN，为液压机额定压力的 85%，挤压丝料经一道次拉丝，达到 $\phi$1.0mm 成品尺寸。

实际合金中有 $w(Sn)=2\%$，定性参考 Cu-Zn 合金中 Sn 的 Zn 当量（见表 3-4），可预计钎料合金中 β 相的相对量，将高于表 3-46 所列出的数据，常温时合金组织中有可能出现少量 β 相，不会影响合金的性能，按图 3-48 液相面图推测，B 合金的液相点温度低于 A 合金。因此按相图设计的钎料合金，各项性能更为优越。

**例 10**：钎料合金标象点在相图位置的探讨

在 Ag-Cu-Zn 系钎料合金中，当含 Ag 量确定时，不同的 Cu 和 Zn 的含量，对合金的液相点温度和合金的组织状态有决定性的影响。图 3-52 为 Ag-Cu-Zn 系液

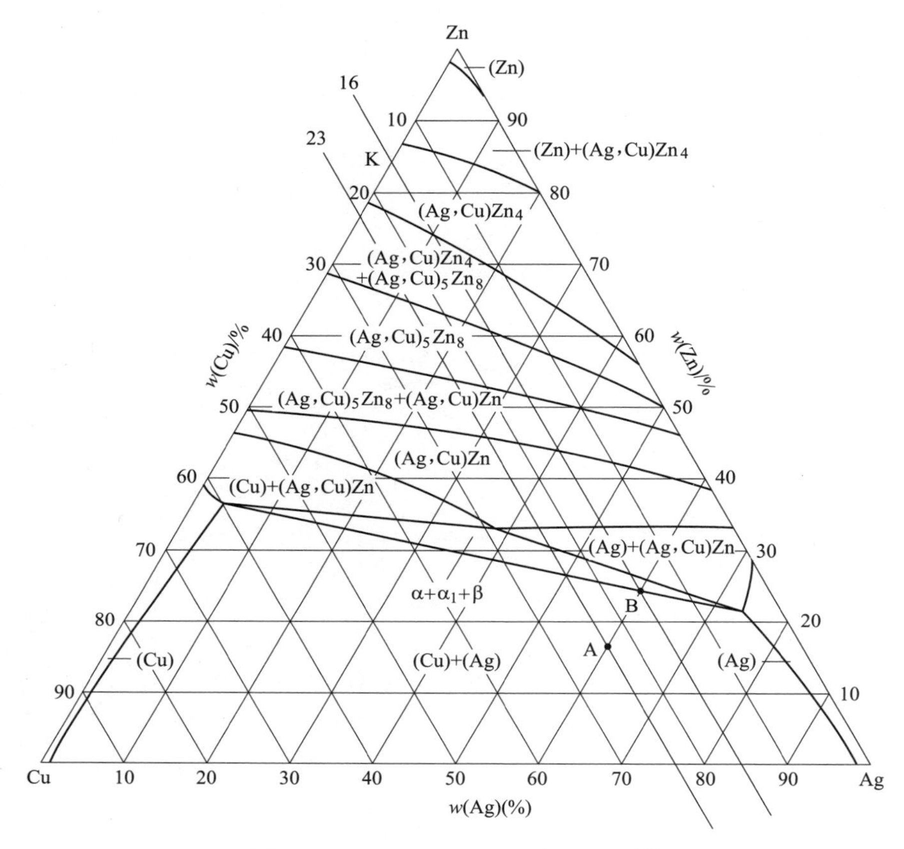


图 3-51 Ag-Cu-Zn 系 350℃等温截面[6]

相面投影图，在 Cu-Ag 坐标上取 $w$(Ag)= 12%的点，作 a-a 线平行于 Cu-Zn 坐标边，则 a-a 线上任何点的合金含 Ag 量都为 $w$(Ag)= 12%，含 $w$(Cu+Zn)= 88%，该合金主体为 CuZn 合金。不同的 Zn/Cu，将决定合金的性能；现取 Zn/Cu 为 0.60 和 0.73，合金的标象点在图 3-52 上分别位于 $p_9$ E 线的上、下两侧，分别用 A 和 B 标志，标象点 A 落在 α 相区，B 落在 β 相区，由图 3-52 可知，合金 A 和 B 的液相点温度分别约为 868℃和 850℃，两者相差 18℃。

图 3-53 为 Ag-Cu-Zn 系 350℃等温截面，相应地合金 A 和 B 的标象点，分别落在 α 相区和 α+β 两相区，根据三元合金相图两相区四边形法则计算[6]，B 合金的 α 相和 β 相的相对量分别为 64%和 36%，可以认为常温时，合金 A 和 B 的力学性能都很好，只是液相点温度都比较高。

生产中常常在此基础上，添加 Cd 或 Sn 或 In 等元素降低合金的液相点温度，见表 3-47，由于含 Ag 量相同，Zn/Cu 确定，当添加的降温元素种类和添加量相

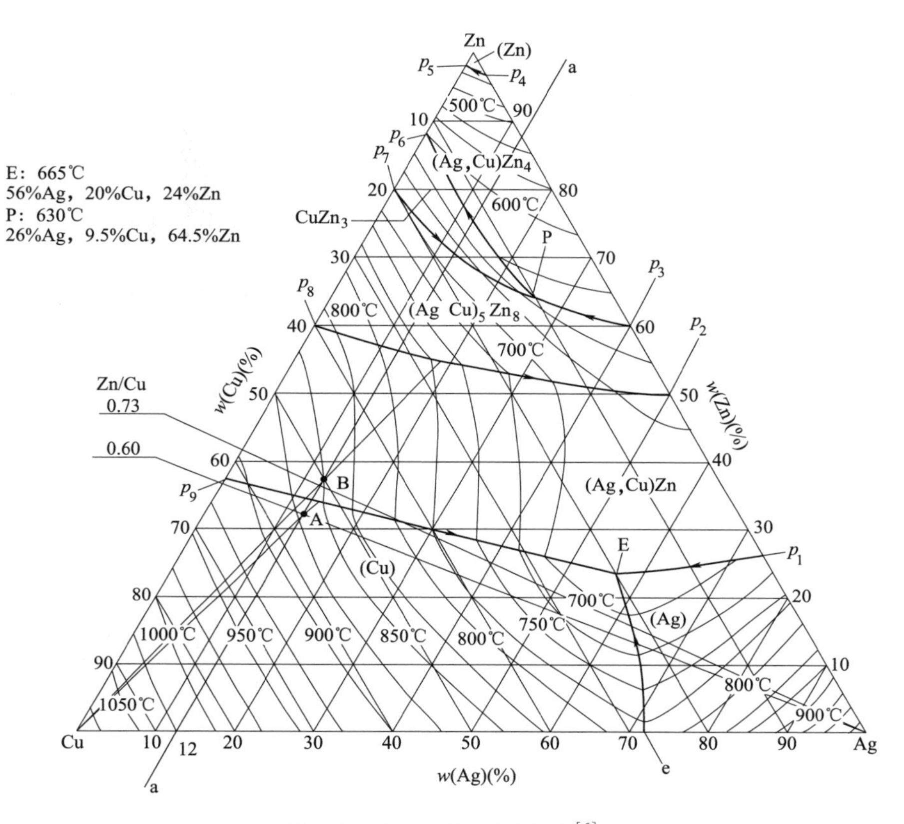


图 3-52　Ag-Cu-Zn 系液相面[6]

同时，B 合金的液相点温度总比 A 合金低；按常规概念，施焊时，B 合金沿工件缝隙的流动性应该比 A 合金好，可是生产实践中，多家用户、多个技术水平很好的工人师傅反映，都感到 A 合金的流动性比 B 合金好，那么这种感知是否真实？是否有理论依据？

**表 3-47　A、B 合金配方及估算的液相点温度**

| 合金编号 | Zn/Cu | 化学成分（w）（%） | | | | | | 液相点温度/℃ 相图或经验式计算 |
|---|---|---|---|---|---|---|---|---|
| | | Ag | Cu | Zn | Cd | Sn | Si | |
| A | 0.60 | 12 | 54.9 | 33.0 | — | — | 0.1 | 868 |
| B | 0.73 | 12 | 50.8 | 37.1 | — | — | 0.1 | 850 |
| A-1 | 0.60 | 12 | 47.4 | 28.5 | 12 | — | 0.1 | 814 |
| B-1 | 0.73 | 12 | 43.8 | 32.1 | 12 | — | 0.1 | 796 |
| A-2 | 0.60 | 12 | 54.1 | 32.6 | — | 1.2 | 0.1 | 844 |
| B-2 | 0.73 | 12 | 50.1 | 36.6 | — | 1.2 | 0.1 | 826 |

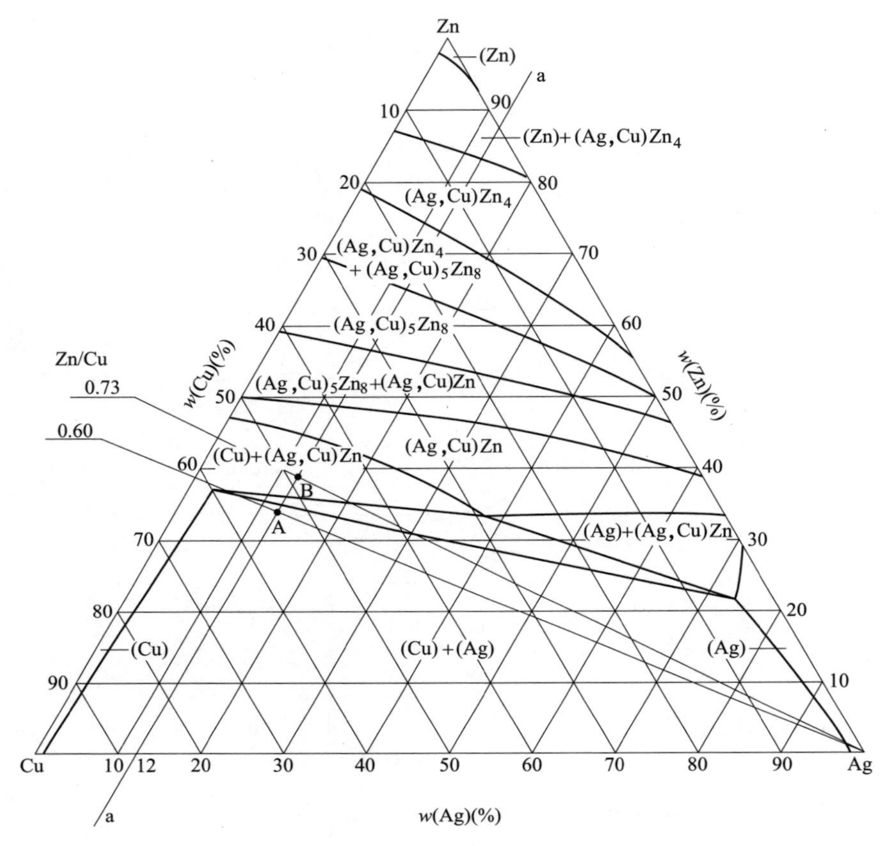


图 3-53 Ag-Cu-Zn 系 350℃等温截面[6]

图 3-54 为合金 A 和 B 的热分析曲线示意图，合金 A 冷却到 868℃时，开始结晶出 $\alpha_{Cu}$ 相，随温度下降，液相沿 CuA 连线向三相平衡单变量线 $p_9$E 线方向移动（见图 3-52），到达 $p_9$E 线时，不断结晶出 β 相，此时合金处于 L+$\alpha_{Cu}$+β 三相平衡状态，液相沿 $p_9$E 线向 E 点移动，到达 E 点时，进行共晶反应，L→$\alpha_{Cu}$+$\alpha_{Ag}$+β，处于四相平衡状态，图 3-54 中显示 cd 水平线，保持温度不变，当合金全部凝固后，温度继续下降。这里可以看到，虽然 A 合金从液体中开始结晶出 $\alpha_{Cu}$ 相的温度高达 868℃，但在三相平衡、四相平衡阶段，冷却速度相对较慢，有利于液态金属流动；B 合金开始结晶出 β 相的温度为 850℃，比 A 合金低 18℃，由于标象点处于 $p_9$E 线上方的 β 相区，从开始结晶出 β 相一直到完全凝固形成单一的 β 相，冷却速度相对较快，最后凝固的固相点温度比 A 合金高（见图 3-44 和表 3-42）；除液相点温度 B 合金优于 A 合金外，从液态金属的冷却速度、熔融钎料保持液态时间的长短以及固相点温度的高低，A 合金都优于 B 合金，所以工人

操作时，感受到A合金的流动性比B合金好，这种可能性是存在的。应该指出，理论分析是以平衡状态作为依据，生产实际是处于非平衡状态，两者条件不完全相同，但可以认为总的趋向是一致的。

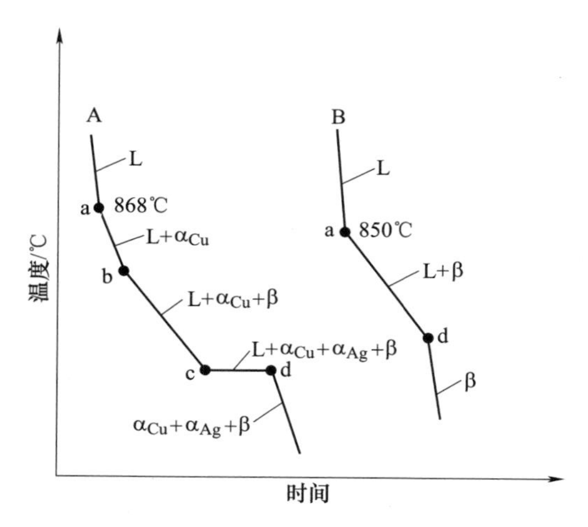


图3-54 合金A和B热分析曲线示意图

# 3.6 无镉高银钎料的点评

## 3.6.1 添加元素种类及选择

欧盟颁布了WEEE和ROHS两个环保指令，WEEE指令是《报废电子电气设备指令》，并于2005年8月13日正式实施；ROHS指令是《关于电子电气设备中禁止使用某些有害物质指令》。并于2006年7月1日正式实施。指令限制的元素及物质为：$w(Cd)<0.01\%$，$w(Pb)<0.001\%$，Hg、$Cr^{6+}$、聚溴苯、聚溴二苯醚的含量都为$w(Mx)<0.001\%$。中国信息产业部（现为工业和信息化部）等七部委2006年第39号部令要求，在家电行业全面禁止使用含Cd等6种有害物质，并于2007年3月1日起正式实施。对于钎料行业来说，主要是Cd和Pb，这两种元素不仅在电子产品中限制使用，在食品器皿制造业中也严格限制。Cd和Pb在硬钎料和软钎料中都是非常重要的合金元素，它们对钎料的性能起着重要的作用，现在已被明令禁止使用，必须寻找替代元素，科研工作者和钎料制造业专家们的研究和实践发现，在银钎料中可替代Cd元素的组元，主要有Sn、In、Ga、Mn、Ni，有时也添加Si和P等元素。选用一种添加元素时，通常首先选择Sn或In或Mn等元素[24,31]，为了进一步降低钎料熔化温度，通常会同时添加两种元素，如：Sn、Ni或Sn、In或Sn、Ga等[32]，甚至同时加三种元素，如：Sn、In、

Ga、[33,34,35]，Sn、In、Ni[31,35,36]，Mn、Ni、In[31]等。

### 3.6.2 基体金属选择

通常都是选择 Ag-Cu-Zn 系合金为基体金属，然后添加上述不同种类的添加元素，也有选择 Ag-Cu-Sn 系合金为基添加上述元素[37]。对于 Ag-Cu-Zn 系为基体合金的情况，大致可分为三大类：①$w$(Ag)≤20%，合金中 $w$(Cu+Zn)≥80%，这类银钎料的基体合金是铜基合金[24,18,35]，生产实践中，这类钎料实际含 Ag 量为 $w$(Ag)= 12%~17%，根据笔者经验，这种情况下，$w$(Sn)每添加 1%，可降低合金液相点温度约 20℃，$w$(In)每添加 1%，约可降低 16℃，降温效果显著；一般说这类环保钎料的液相点温度如能低于 800℃，应属成功。②$w$(Ag)>50%，基体金属为银基合金，设计的目标是使钎料的液相点温度低于 650℃，很显然，这类钎料成本较高；③为了降低成本，基体金属的含银量 $w$(Ag)= 30%~35%，液相点温度目标低于 730℃[33,36]，这类钎料研究者通常同时添加 Sn、Ga、In 三种元素，添加量和配合状况各不相同。

### 3.6.3 配方设计的评议

这里主要对替代高银含 Cd 钎料的环保钎料的配方进行探讨。

**1. 单一元素的添加**

最常用的单一添加元素为 Sn 或 In，按相应的二元合金相图所示，Sn 的添加量不超过银含量的 10%，In 的添加量不超过银含量的 20%，原则上在合金中不出现化合物相，但在 AgCuZn 为基的合金中，由于与 Zn 共同存在于 Cu 或 Ag 固溶体中，Zn、Sn 或 Zn、In 的固溶浓度，可能接近或达到饱和浓度，合金对加工硬化比较敏感，放置一段时间后，会出现时效硬化，甚至出现脆性，这一情况在钎料合金成分设计时常被忽略。

笔者曾在 BAg45CuZn 钎料中添加 $w$(Sn)= 2.5%，成品规格为 $\phi$1.0mm 盘丝，生产过程非常顺利。可是使用时因钎料硬度太大，影响自动钎焊送丝的稳定性，客户不能接受，这显然是加工硬化所致。另一种情况：客户在钎焊过程自动化连续施焊过程中，焊后立刻把工件丢入水中，结果有些焊件的钎缝开裂，基于这两种情况，把 Sn 的添加量降至低于标准配方含量的下限，满足了客户使用要求。

**2. 多种元素同时添加**

笔者曾配制 Ag45CuZnSn2.2In1.5 钎料，Zn/Cu = 0.9，成品规格 $\phi$1.0mm 盘丝，$w$(Sn+In)= 3.7%，按相图理论，合金中不出现脆性化合物。常温时为 $\alpha_{Ag}$+$\alpha_{Cu}$固溶体相，挤压、拉丝都很顺利，韧性好，可是放置一个月后，发现部分丝料弯曲时出现脆断，经快速短时加热后，又恢复了韧性，显然是出现了时效硬化脆性。有如下配方[32,35]：

| 组元 | Ag | Cu | Zn | Sn | Ga | In |
|---|---|---|---|---|---|---|
| $w$(%) | 16 | 39.4 | 39.5 | 1.5 | 0.5 | 1.5 |

相应文献详述了钎料的熔化特性和钎焊接头的力学性能，没有介绍钎料的加工性和时效硬化情况。笔者经验认为，该配方的金相组织中 β 相相对量较高，加工硬化和时效硬化都会比较严重，将影响实际使用效果，多种元素同时加添加，必须考虑加工硬化和时效硬化因素。

图 3-55a 和 b 分别为合金元素对 Ag 和 Cu 硬度和强度的影响，实质上就表示合金元素对基体金属的强化效果，其中 Sn、In 对 Ag 和 Cu 基体金属影响都很显著，结合相关相图饱和浓度随温度变化的曲线考虑，可以认为在 AgCuZn 为基的合金中，添加了 Sn 和 In 之后，就能反映出合金加工硬化和时效硬化的程度，而这些影响因素常被钎料配方设计者所忽略。

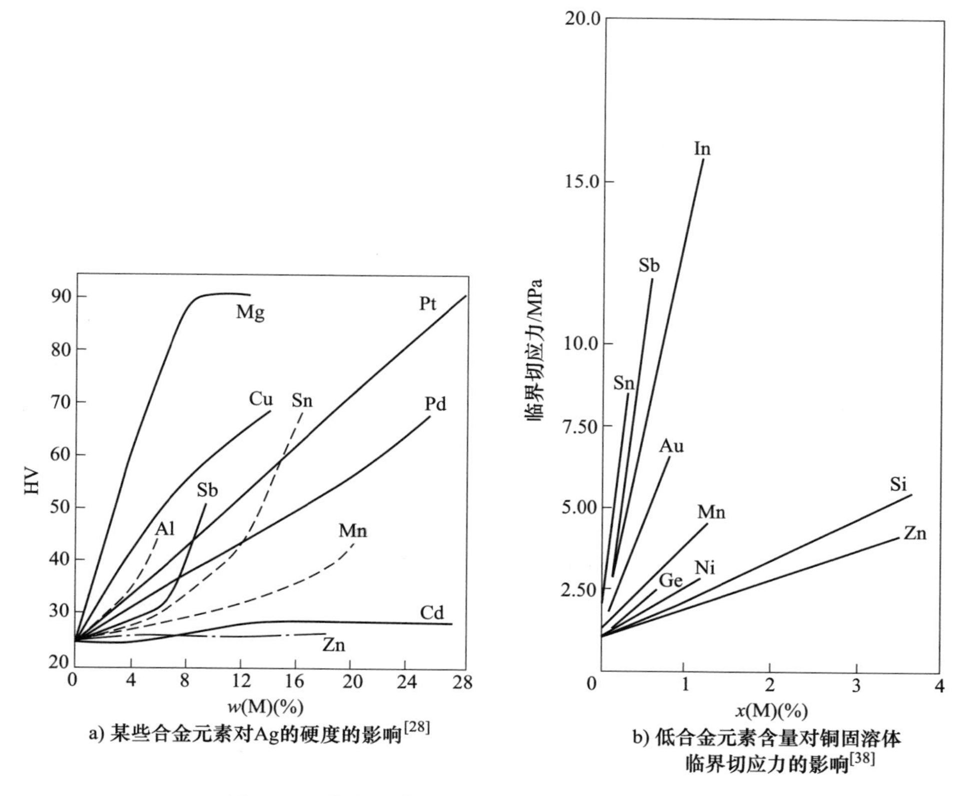


a) 某些合金元素对Ag的硬度的影响[28]

b) 低合金元素含量对铜固溶体临界切应力的影响[38]

图 3-55　合金元素对 Ag 和 Cu 硬度和强度的影响

### 3. 优秀中温高银无镉钎料配方及评议

含 Cd 高银钎料的熔化温度很低，液相点温度低于 650℃，钎焊工艺性好，重要零件和二次钎焊工艺很受欢迎。禁 Cd 之后为了替代这些含 Cd 中温高银钎料，配方设计的难度非常大，现汇集了科技工作者大量研究成果，归纳出主要方案是选 AgCuZn 三元系合金为基体金属，再添加 Sn、In、Ga、Ni 等降温元素，以期达到设计要求，表 3-48 列出含 Cd 的高银钎料和相应无 Cd 的替代钎料配方，两者同列，以便观察替代钎料的可比性。

表 3-48 中温高银钎料配方

| 序号 | 型号或牌号 | 标称化学成分（$w$）（%） | | | | | | | | | 熔化温度/℃ | | 备注 |
|---|---|---|---|---|---|---|---|---|---|---|---|---|---|
| | | Ag | Cu | Zn | Cd | Sn | Ga | In | Ni | Si | 固相点 | 液相点 | |
| 1 | Degussa3003 | 30 | 28 | 21 | 21 | | | | | | 600 | 690 | [22] |
| 2 | Degussa3464 | 34 | 19 | 24 | 20 | | | | | | 595 | 630① | [22] |
| 3 | BAg40CuZnCd | 40 | 19 | 21 | 20 | | | | | 0.05 | 595 | 630① | GB/T 10046—2018 |
| 4 | BAg40CuZnCdNi | 40 | 18 | 16.5 | 25.3 | | | | 0.2 | 0.05 | 595 | 605② | 同上 |
| 5 | AgCuZn 三元共晶 | 56 | 20 | 24 | | | | | | | 665 | 665 | [6] |
| 6 | BAg-7（AWS） | 56 | 22 | 17 | | 5 | | | | 0.05 | 620 | 655 | GB/T 10046—2018 |
| 7 | Braze Tec5662 | 56 | 19 | 17 | | 3 | 5 | | | | 608 | 630 | [32] |
| 8 | Degussa3476 | 34 | 36 | 27 | | 3 | | | | | 630 | 730 | [22] |
| 9 | 4# | 30 | 28 | 35 | | 3 | 2 | 2 | | | 639 | 702 | [34，36] |

① 按 AgCuZnCd20 液相面图，液相点 650℃。
② 按 Ag40CuZnCd 液相面图，液相点 650℃。

表 3-48 中 4 号配方含 Cd 量最高，液相点温度最低，只有 605℃；2 号、3 号配方液相点温度 630℃，已经很低了；1 号、2 号配方 $w(\mathrm{Ag}) = 30\% \sim 34\%$，成本相对低些，液相点温度也可以接受。6 号配方 BAg-7 是美国标准委员会审批通过的标准配方[5]，液相点温度只有 655℃；7 号配方是比利时企业研制成功的高银无镉钎料，同时添加 Sn 和 Ga，液相点温度更低；6 号、7 号配方可以替代含 Cd 高银钎料，只是成本太高，不利商业应用。9 号配方是由赖忠民、韩宪鹏等研究的成果，同时添加 Sn、Ga 和 In 三个组元的无镉高银钎料，虽然液相点温度偏高，但由于成本相对较低，商业应用可以接受。

综上所述，从液相点温度、钎料的加工性和力学性能等几个主要方面看，无镉银钎料可以与含镉高银钎料媲美，6 号、7 号配方可供选择，考虑成本可选择 8 号、9 号配方。

从6号BAg-7配方与5号AgCuZn三元共晶合金成分比较，可以看出BAg-7配方设计者显然是以AgCuZn三元共晶合金为基体金属，加Sn以降低液相点温度，成分调整是：去掉$w(Zn)=5\%$，添加$w(Sn)=5\%$，担心钎料的塑性，再去掉$w(Zn)=2\%$，增加$w(Cu)=2\%$，结果形成表3-48中的6号配方，Sn的添加量符合设计常规，少于含Ag量的10%。这样调整后，Ag、Cu、Zn三组元的配比不符合AgCuZn三元共晶合金三组元的配比，笔者认为当添加元素$w(Sn)=5\%$确定后，应调整为Ag53.2Cu19Zn22.8Sn5，该配方为AgCuZu三元共晶成分添加$w(Sn)=5\%$的配方，其液相点温度将比BAg-7更低，加工性更好，成本也有些降低。

表3-48中无镉银钎料的另一特点是在基体金属中同时加添Sn、In或Sn、Ga、In等多种元素，笔者的实践经验表明，Sn、In或Sn、Ga同时添加，因严重的固溶强化（见图3-55），将影响合金的加工性和成品的时效硬化，这是对钎料本身的不利因素；其次是钎料中添加元素越多，工厂中对旧料回用难度越大，一般小微型钎料制造企业，不分析Sn，更不分析In和Ga，利用这些成分不确定的旧料，配制出下一批成品，将影响下一批成品成分的正确性，肯定会影响产品的质量；也可能由于这一因素，BAg-7钎料设计者只添加Sn一种元素，不惜成本增加Ag含量以达到降低液相点温度目的，由此可见，要设计出真正能替代含Cd钎料的优秀环保产品，难度仍很大。

# 第4章 配料单编写

## 4.1 编写配料单的目的

配料是熔炼合金极其重要的工序，如果配料错误，那么熔炼时无论怎样操作，合金铸锭必然是不合格的，所以配料单是提供配料的依据，以确保熔炼出来的钎料合金化学成分，符合所选定的配方成分，保证炼出合格的铸锭，同时可供质保体系查考的资料。

## 4.2 配料单编写步骤

**1. 配料计算前必须掌握的资料**

1）确定钎料合金的牌号：一般根据国家标准选定配方，国标配方的化学成分都标出一个范围，不是一个确定值，根据客户要求选定每一元素的确定值。也可参考国外企业配方，文献提供的研究成果配方，客户提供的配方，如果客户只提出要求，又查不到现成的配方，企业可以自行设计非标配方。这种情况，技术要求高、成本高、责任重大。

2）选料：新料，要检查供方质检报告，中间合金，必须有化学成分单，旧料或回炉料铸锭，也必须有化学成分单据。

3）确定每种元素烧损率：合金熔炼过程中，各种元素都有不同程度的烧损，其烧损率与合金种类、熔炼方法、单炉熔炼量、操作规程及工人技术水平都有影响。国内小微企业一般采用中频炉或高频炉熔炼，单炉熔炼量不超过150kg的情况下，合金元素的烧损率列于表4-1。确切的烧损率，必须通过试验或系统整理生产记录，归纳总结得出。元素烧损率是配料计算时非常重要的工艺参数。

表4-1 合金元素的烧损率

| 合金元素 | Ag | Cu | Zn | Cd | P | Sn | Si | Al |
|---|---|---|---|---|---|---|---|---|
| 烧损率（%） | 0.7~1.0 | 0.7~1.0 | 2.0~3.5 | 3.5~4.5 | 2.0~2.7 | 1.0~1.5 | 2.0~4.0 | 7.0~13.0 |

4）根据订单，确定投料量：必须考虑烧损、加工损耗、成品废率以及是否须留备料等情况的增量。

**2. 配料计算**

本节按工厂书写习惯编写，所有配料都为质量分数，编写时只写数据和%符号。

**3. 根据计算结果填写配料单**

此处略。详见4.3节。

## 4.3　配料单编写实例

**例1**：熔炼80kg BCu93P-B钎料

熔炼配方：P7.0Cu 92.97 Re0.03

配料：电解铜、混合稀土Re

Cu-P中间合金（P14.3，Cu85.7）

旧料铸锭50kg（P6.7，Cu93.3）

烧损率：P：2.5%，Cu：1.0%，稀土不计。配料计算列于表4-2。

**表4-2　熔炼80kg BCu93P-B钎料配料计算**

| 合金元素 | 熔炼配方含量（质量分数,%） | 配方成分质量/kg | 考虑烧损配料应有质量/kg | 旧料铸锭含有质量/kg | 欠缺配料质量/kg | 应添加Cu-P中间合金质量/kg | 应添加Cu质量/kg | 应添加稀土质量/kg |
|---|---|---|---|---|---|---|---|---|
| P | 7 | 5.6 | 5.74 | 3.35 | 2.39 | 2.39 | — | — |
| Cu | 92.97 | 74.376 | 75.12 | 46.65 | 28.47 | 14.323 | 14.147 | — |
| 稀土 | 0.03 | 0.024 | 0.024 | — | 0.024 | — | — | 0.024 |
| 总计 | 100 | 80 | 80.884 | 50 | — | 16.713 | 14.147 | 0.024 |

把表4-2总计栏中计算所得出的配料数据，即旧料铸锭、电解铜、Cu-P中间合金、稀土的重量填入表4-3所列的配料单，完成了配料单的编写。该配料单是某厂实际使用的形式。熔炼复核情况是指熔炼后得到的铸锭重量。如果熔炼得到铸锭80kg左右，表明合金锭符合质量要求。

**表4-3　配料单（某厂实际使用）**

<table>
<tr><td>牌号</td><td>BCu93P-B</td><td colspan="2">投料/kg</td><td colspan="2">80.884</td><td>批号</td><td colspan="2"></td></tr>
<tr><td rowspan="2">原材料</td><td>材料</td><td>Ag</td><td>Cu</td><td>Zn</td><td>Sn</td><td>Ni</td><td>Cu-P</td><td>Re</td></tr>
<tr><td>配入量/kg</td><td>—</td><td>14.147</td><td>—</td><td>—</td><td>—</td><td>16.713</td><td>0.024</td></tr>
<tr><td colspan="2">回炉料投入情况</td><td colspan="7">炉号×××旧料铸锭50kg</td></tr>
<tr><td colspan="2">熔炼复核情况</td><td colspan="3"></td><td>备注</td><td colspan="3">Cu-P：含P14.3%</td></tr>
</table>

开单：　　年　　月　　日　　　　　　配料：　　年　　月　　日

**例2**：用废料熔炼BCu93P-B钎料

成品配方：P7.0 Cu93 Re 微量

配料：废旧料 87kg，车皮切屑，挤压皮，铸锭冒口，拉丝废料。估计成分 P：6.85%，Cu：93.15%。

Cu-P 中间合金：（P：14.3%，Cu：85.7%）

稀土：加入量 0.03%，不参加配料计算。

烧损率：P：2.7%，Cu：1.0%。

本例全部用废料熔炼成品，从铸造工艺评论是不合理的，但在钎料制造企业中存在这种情况；生产实际中配料不进行计算，而是凭经验加若干千克铜磷中间合金进行熔炼，如果熔炼后，铸锭经化学分析，含 P 量达到成品要求，就作为合格铸锭进入后续工序加工成产品；如果含 P 量不符合成品要求，那么评为回炉旧料铸锭，作为下一批产品的配料。钧益公司对这种情况进行配料计算，严格控制熔炼工艺，能够获得合格铸锭。

配料计算：

87kg 废料中含 P 量：87×0.0685kg＝5.9595kg，

含 Cu 量：（87－5.9595）kg＝81.0405kg，

考虑烧损配料应该含 P：7.0%×1.027＝7.189%，

假设须添加 Cu-P 中间合金重量为 $x$kg，

则配料含 P：$P_{总重量}/配料_{总重量} \times 100\% = 7.189\%$，

$$\frac{5.9595 + 0.143x}{87 + x} = 0.07189$$

得 $x = 4.1475$（kg）（其中 P：0.5931kg，Cu：3.5544kg）

投料：废料 87kg

Cu-P 中间合金 4.1475kg

另加稀土（87+4.1475）×0.03%＝0.027（kg），

$$配料校核：\frac{5.9595 + 0.5931}{87 + 4.1475} = 0.07189 = 7.189\%$$

校核合格，填写表 4-4 配料单。

**表 4-4　配料单**

| 牌号 | BCu93P-B | 投料/kg | | 91.1475 | | 批号 | | |
|---|---|---|---|---|---|---|---|---|
| 原材料 | 材料 | Ag | Cu | Zn | Sn | Ni | Cu-P | Re |
| | 配入量/kg | — | — | — | — | — | 4.1475 | 0.027 |
| 回炉料投入情况 | | 车皮切屑，挤压皮，铸锭冒口，拉丝废料共 87kg，估计含 P：6.85% | | | | | | |
| 熔炼复核情况 | | | | | 备注 | Cu-P：含 P14.3% | | |

开单：　　年　　月　　日　　　　　　配料：　　年　　月　　日

熔炼后校核：（按设定的烧损率进行计算）

熔炼后铸锭中含 P 量＝6. 5526×(1−0. 027)＝6. 3757(kg)

熔炼后铸锭中含 Cu 量＝84. 5949×(1−0. 01)＝83. 749(kg)

熔炼后铸锭量＝6. 3757+83. 749＝90. 125(kg)

熔炼后铸锭含 P 量＝6. 3757/90. 125＝0. 0707＝7. 07%

校核计算未计入稀土投料的量 0. 027kg。

**例 3**：熔炼 89kg BCu91PAg 钎料

根据国家标准配方确定生产配方 Ag1. 82 P7. 0 Cu91. 18 Re0. 03（通常企业设计的配方中不包括 Re）。

烧损率：P：2. 7%

Cu：1. 0%

Ag：不烧损

配料：旧铸锭料：30kg（Ag：3. 2%，P：5. 6%，Cu：91. 2%）

Cu-P 中间合金：（P：14. 6%，Cu：85. 4%）

Re：不参加配料计算。

配料计算列于表 4-5，配料填入表 4-6。

**表 4-5　熔炼 89kg BCu91PAg 钎料配料计算**

| 合金元素 | 配方标准含量（%） | 配料标准量/kg | 考虑烧损配料应有量/kg | 旧料铸锭含有量/kg | 尚欠元素量/kg | 添加 Cu-P 中间合金/kg | 添加 Ag 量/kg | 添加 Cu 量/kg |
|---|---|---|---|---|---|---|---|---|
| Ag | 1. 82 | 1. 6198 | 1. 6198 | 0. 96 | 0. 6598 | — | 0. 6598 | — |
| P | 7. 0 | 6. 23 | 6. 3982 | 1. 68 | 4. 7182 | 4. 7182 | — | — |
| Cu | 91. 18 | 81. 1502 | 81. 9617 | 27. 36 | 54. 6017 | 27. 5982 | — | 27. 0035 |
| 总计 | 100 | 89 | 89. 9797 | 30 | — | 32. 3164 | 0. 6598 | 27. 0035 |

**表 4-6　产品配料单（都林公司用单）**

炉号　　　　开单日期　　年　　月　　日

| 牌号 | 质量/kg | 化学元素质量/kg | | | | | 中间合金说明 |
|---|---|---|---|---|---|---|---|
| | | 旧料锭 | Cu | Ag | Re | Cu-P 合金 | Cu-P：含 P14. 6% |
| BCu91PAg | 89. 9797 | 30 | 27. 0035 | 0. 6598 | 0. 027 | 32. 3164 | |
| 备注 | 旧料锭炉号×××，Re：不参加配料计算 | | | | | | |

开单：　　　　领料：　　　　仓管：

熔炼后校核：（按设定烧损进行计算），列于表 4-7，与设计要求相符。

**表 4-7　熔炼后各元素含量**

| 元素名称 | Ag | P | Cu | 总计 |
| --- | --- | --- | --- | --- |
| 投料量/kg | 1.6198 | 6.3982 | 81.9617 | 89.9797 |
| 熔炼后量/kg | 1.6198 | 6.2254 | 81.142 | 88.987 |
| 元素含量（%） | 1.82 | 6.996 | 91.18 | 99.996 |

**例 4**：熔炼 35kg BAg25CuZnCd 钎料

禁 Cd 之前 BAg25CuZnCd 钎料应用非常广泛，配方繁多，因性价比高，很多场合常替代 BAg45CuZn 钎料使用，当时这种钎料的主要问题是钎料的脆性与钎料的液相点温度不能很好协调，常常顾此失彼。当时一些优秀牌号的配方见表 4-8。

**表 4-8　BAg25CuZnCd 钎料一些优秀牌号与配方**

| 序号 | 牌号 | 化学成分（w）(%) | | | | 熔化温度/℃ | | 参考文献 |
| --- | --- | --- | --- | --- | --- | --- | --- | --- |
| | | Ag | Cu | Zn | Cd | 固相点 | 液相点 | |
| 1 | Degussa2575 | 25 | 30 | 27.5 | 17.5 | 605 | 720 | [22] |
| 2 | BAg-27(AWS) | 25±1 | 35±1 | 26.5±2 | 13.5±1 | 605 | 745 | [5] |
| 3 | BAg-33(AWS)<br>BG/T 10046—2018 | 25±1 | 30±1 | 27.5±1 | 17.5±1 | 607 | 682 | [5] |
| 4 | DIA-245(Harman. C. O) | 25 | 37 | 22 | 16 | 635 | 775 | [22] |
| 5 | 湖南大学—3 号 | 25 | 30 | 25 | 20 | 607 | 718 | [4] |

1994 年湖南大学与株洲明珠公司厂校合作期间，笔者以 AgCuZnCd20 四元合金相图为基础资料，用元素固定法对该牌号的配方进行了详尽的研究[4]，得出最佳配方见表 4-8 中的序号 5，钎料的液相点温度 718℃，抗拉强度 372MPa，断后伸长率 7%，获得较好的综合性能，在广东钎料市场有较高的竞争力。

现选择序号 3 国标配方为例进行配料计算。客户对银钎料最关注的是钎料中的含银量，标准规定含银量是在标称含量的±1%范围内波动，本例配方是 $w(\mathrm{Ag})=24\%\sim26\%$。因此交易习惯严格要求 $w(\mathrm{Ag})\geqslant24\%$，否则将作为假货或欺诈行为论处，轻则使企业失去信誉，重则被告上法庭索赔。所以企业标准高于国家标准，一般下限设为 $w(\mathrm{Ag})\geqslant24.1\%$，其他元素凭经验选定。现确定生产配方如下：

Ag24.1Cu31Zn26.35Cd18.5Si0.05

配料：旧铸锭料 12kg（Ag18Cu38Zn28 Cd16）

Cu-Si 中间合金：（Si18Cu82）

新料：Ag、Cu、Zn、Cd

烧损率：Ag，1%；Cu，1%；Zn，3%；Cd，4%；Si 不计烧损

配料计算列于表 4-9。

**表 4-9　熔炼 35kg BAg25CuZnCd 钎料配料计算**

| 合金元素 | 生产配方含量（%） | 配料重量/kg | 考虑烧损配料应有重量/kg | 旧料铸锭含有重量/kg | 添加 Cu-Si 中间合金重量/kg | 添加新料重量/kg |
|---|---|---|---|---|---|---|
| Ag | 24.1 | 8.435 | 8.5194 | 2.16 | — | 6.3594 |
| Cu | 31 | 10.85 | 10.9585 | 4.56 | 0.0797 | 6.3188 |
| Zn | 26.35 | 9.2225 | 9.4992 | 3.36 | — | 6.1392 |
| Cd | 18.5 | 6.475 | 6.734 | 1.92 | — | 4.814 |
| Si | 0.05 | 0.0175 | 0.0175 | — | 0.0175 | — |
| 总计 | 100 | 35 | 35.7286 | 12 | 0.0972 | 23.6314 |

校核：

| 元素 | 各元素烧损后重量（kg） | 占总量配比（%） |
|---|---|---|
| Ag | 8.5194×（1−0.01）= 8.4342 | 24.11 |
| Cu | 10.9585×（1−0.01）= 10.8489 | 31.02 |
| Zn | 9.4992×（1−0.03）= 9.2142 | 26.34 |
| Cd | 6.734×（1−0.04）= 6.4646 | 18.48 |
| Si | 0.0175 | 0.05 |
| 总计 | 34.9794 | 100 |

配料正确，填写配料单见表 4-10。

**表 4-10　产品配料单**

炉号　　　　开单日期　　年　　月　　日

| 牌号 | 质量/kg | 化学元素质量/kg | | | | | 中间合金说明 |
|---|---|---|---|---|---|---|---|
| | | 旧料铸锭 | Ag | Cu | Zn | Cd | Cu-Si 中间合金 0.0972kg |
| BAg25CuZnCd | 35.7286 | 12 | 6.3594 | 6.3188 | 6.1392 | 4.814 | |
| 备注 | 旧料铸锭炉号×××，Cu-Si 中间合金本厂自炼料 | | | | | | |

开单：　　　　领料：　　　　仓管：

**例 5**：熔炼 40kg BAg15CuZnIn 钎料

国标无镉低银含 In 配方，根据客户要求，都林公司自行设计非标环保型配

方，生产配方如下：Ag14. 15Cu46. 9Zn36. 9In2Si0. 05

配料：新料 Ag、Cu、Zn、In

Si-Cu 中间合金：Si18Cu82

烧损率：Ag，1%；Cu，1%；Zn，3%；In、Si 不计烧损

配料计算列于表 4-11，配料单填写于表 4-12。

**表 4-11　熔炼 40kg BAg15CuZnIn 钎料配料计算**

| 元素 | 生产配方含量（%） | 配料重量/kg | 考虑烧损配料应有重量/kg | 添加 Si-Cu 中间合金重量/kg | 添加配料重量/kg |
| --- | --- | --- | --- | --- | --- |
| Ag | 14. 15 | 5. 66 | 5. 7166 | — | 5. 7166 |
| Cu | 46. 9 | 18. 76 | 18. 9476 | 0. 09 | 18. 8576 |
| Zn | 36. 9 | 14. 76 | 15. 2028 | — | 15. 2028 |
| In | 2 | 0. 8 | 0. 8 | — | 0. 8 |
| Si | 0. 05 | 0. 02 | 0. 02 | 0. 02 | — |
| 总计 | 100 | 40 | 40. 687 | 0. 11 | 40. 577 |

**表 4-12　上海都林公司产品配料单**

炉号　　　　　　　　　开单日期　　　年　　月　　日

<table>
<tr><th rowspan="2">牌号</th><th rowspan="2">重量/kg</th><th colspan="5">合金组成元素重量/kg</th><th>Si-Cu 合金</th></tr>
<tr><th>Ag</th><th>Cu</th><th>Zn</th><th>In</th><th>Si-Cu 合金</th><td rowspan="2">Si18Cu82</td></tr>
<tr><td>BAg15CuZnIn</td><td>40. 687</td><td>5. 7166</td><td>18. 5876</td><td>15. 2028</td><td>0. 8</td><td>0. 11</td></tr>
<tr><td>备注</td><td colspan="7">环保材料，严禁铅、镉混入！</td></tr>
</table>

开单：　　　　　　　　领料：　　　　　　　　仓管：

# 第 5 章　成果读解

## 5.1　Y—1 型高温铝基钎料及钎剂

### 5.1.1　综述

1978 年交通部为实现汽车铝窗的焊接，在广州市召开铝及铝合金钎焊技术推广会议，会议由广州市交通厅和广州市焊接学会主持、交通部科技司负责技术讲座和技术示范表演，主要参会者有全国著名汽车制造厂和各省、市焊接学会代表。交通部科技司同志做示范表演操作时，用喷灯火焰加热工件接缝部位，当工件达到适当温度时，用火焰加热钎料条端头，同时在端头蘸上钎剂，再把蘸上钎剂的端头放到工件缝隙的一端，继续加热，使钎料迅速流布工件铝型材的整个横截面，形成牢固的接头，外观美丽。铝钎焊最大的优点是型材整个横截面都流布了钎料，实现整个横截面的连接，而且能保留型材表面弯弧形的轮廓线，这两点就连当时铝焊接最理想的氩弧焊也无法相比。在 20 世纪 70 年代之前，只知道军工企业中有真空铝钎焊，在大气中用火焰加热实施铝钎焊，在当时确实是一种焊接新技术，引起所有与会者的极大好奇和关注，笔者也由此步入了钎焊领域的研究生涯。

铝合金的钎焊由于铝合金的固相点温度很低，除了工业纯铝、3A21（LF21，括号内为老牌号、下同），3004（LF1，现已废除），5A02（LF2）、5A03（LF3）、2A11（LY11）、6B02（LD2）、Al-Si 共晶合金外，其余铝合金的固相点温度，几乎都低于 550℃[18,39]，因此，铝基钎料的液相点温度要低于 500℃，这一要求几乎无法实现。另外含 Mg 的铝合金钎焊加热时，表面形成含 Mg 的复杂氧化膜，增大了铝钎焊的难度。钎料与母材之间的电极电位差异，将影响接头的耐蚀性。硬铝类铝合金 2A12（LY12），由于本身强度很高，钎焊后钎缝和近缝区的强度都达不到母材的强度。此外，要求钎缝的色泽要接近母材。所以钎料的配制必须考虑熔化温度、强度、耐蚀性、色泽以及经济性等诸多因素，因此，要配制理想的铝基钎料难度非常大。

现把国内常用的或曾采用过的一些铝基钎料配方列于表 5-1，2 号配方为 Al-Si 共晶型钎料，熔化温度区间小，流动性好，与母材有同级的耐蚀性[40]，但查

表 5-1 Al-Si 系钎料基本数据

| 序号 | 牌号 | | | 化学成分（质量分数,%） | | | | | | | | 熔化温度/℃ | |
|---|---|---|---|---|---|---|---|---|---|---|---|---|---|
| | GB | 老牌号或编号 | AWS | Al | Si | Cu | Zn | Mg | Mn | Fe | 其他 | 固相点 | 液相点 |
| 1 | BAl92Si | — | BAlSi-2 | 余 | 6. 8~8. 2 | ≤0. 25 | ≤0. 2 | — | ≤0. 1 | ≤0. 8 | — | 575 | 615 |
| 2 | BAl88Si | HL400 | BAlSi-4 | 余 | 11. 0~13. 0 | ≤0. 3 | ≤0. 2 | ≤0. 1 | ≤0. 05 | ≤0. 8 | — | 575 | 585 |
| 3 | — | HL401（苏）34A | | 余 | 5. 5~6. 5 | 27~29 | <0. 2 | — | — | — | — | 525 | 535 |
| 4 | BAl86SiCu | HL402 | BAlSi-3 | 余 | 9. 3~10. 7 | 3. 3~4. 7 | <0. 2 | ≤0. 1 | ≤0. 15 | ≤0. 8 | — | 520 | 585 |
| 5 | — | HL403（日本）BAl-0 | | 余 | 9. 5~10. 5 | 3. 5~4. 5 | 9. 5~10. 5 | — | — | — | — | 515 | 560 |
| 6 | — | 6M 北京大学 | — | 余 | 13. 0 | — | — | — | — | — | Sr0. 03~0. 06<br>La0. 03~0. 06<br>Be0. 4~0. 8 | 570 | 575 |
| 7 | — | Y-1 型<br>湖南大学 | — | 余 | 9. 0~11. 0 | 3. 0~4. 0 | 4~5 | <0. 1 | — | ≤0. 8 | Ti0. 04<br>Yb 或混合稀土 0. 04 | 525 | 560 |

不到钎料力学性能指标，借用 ZAlSi12（代号 ZL102）的指标，JF（金属型铸造、铸态）$R_m$ = 155～160MPa，断后伸长率 $A=2\%$[13]，生产实践证明 BAl 88Si 钎料合金经挤压后拉丝加工性能很好，但熔点仍偏高。3 号配方为 Al-Cu-Si 系三元共晶型钎料，熔点低，铺展性非常好，手工操作方便，但钎料很脆，接头冷弯角都小于 90°，并且钎缝颜色很黑。4 号配方耐蚀性与 2 号相当，铸态钎料抗拉强度 $R_m$ = 200MPa，钎缝色泽接近母材，是美国、日本广泛采用的铝基钎料，但液相点温度偏高，钎焊温度高达 600～610℃，手工操作难度很大。5 号配方原来是日本钎料工业标准 JIS Z3263—1977 中的一个配方，它最大的优点是把液相点温度降至 560℃，并且与 4 号钎料有基本相同的性能，由于添加 $w(Zn)=10\%$，使钎料电极电位降低，导致钎缝耐蚀性差，现在已被国内外标准所淘汰。6 号配方是北京大学张启运教授研制的共晶型铝基钎料，特点是添加 Be、Sr、La 变质后，钎料性能大幅提高，钎焊厚度为 3mm 的 3A21（LF21）防锈铝对接接头，试件弯曲角达 180°，弯曲半径为 0[41]，所以 6 号配方是很优秀的铝基钎料。7 号配方为笔者研究成果，取 5 号配方把液相点温度降下来的优点，然后调整含 Zn 量，使钎料电极电位处于合适的值，以改善钎料的耐蚀性，同时选用复合变质剂，使钎料力学性能达到较好的状态。

### 5.1.2　Y—1 型铝基钎料配方设计

**1. 合金系的确定**

根据 Al-Si、Al-Cu-Si、Al-Zn 等合金相图，以及查阅有关 Al-Si 基钎料配方的特点，Y—1 型钎料配方设计选择 Al-Si-Cu-Zn 四元合金系，表 5-1 中 5 号配方是以 4 号配方为基添加 Zn 配制而成，液相点温度降至 560℃，与性能优秀的 2 号、4 号钎料相比较，液相点温度下降 25℃，这对于 Al-Si 基钎料来说是非常难得的优点，普遍认为 Al-Si-Cu-Zn 钎料的缺点是耐蚀性差，与 4 号钎料相比较，根本原因就是添加了 Zn，为此以 4 号钎料为基本合金，添加不同量的 Zn，测定其电极电位，同时测定 3A21（LF21）、Y—1、Y—2 钎料的电极电位以作对比，测得的结果列于表 5-2，含Zn 量对合金电极电位的影响示于图 5-1。由表 5-2 和图 5-1 可知，BAl86SiCu 钎料的电极电位高于 3A21 防锈铝，钎料的耐蚀性优良，当钎料含 $w(Zn)=5\%$时，与 3A21 的电极电位相差只有 0.09V，对钎料耐蚀性影响不大。

**2. 变质剂的选择**

AlSi12.7 是典型的共晶合金，金相组织示于图 5-2，合金未经变质，Si 呈针片状形态，金相画面呈线条状。Y—1 型铝基钎料为亚共晶合金，金相组织为先共晶 $\alpha_{Al}$+(Al+Si) 共晶体，其中 Cu 和 Zn 固溶于 $\alpha_{Al}$中。由于不平衡结晶，在晶界上将存在少量 $CuAl_2$ 相，因此变质剂的效果，必须有效地细化 $\alpha_{Al}$相和共晶体中的 Si 相。

表 5-2 钎料在 15℃，$w(NaCl)=3\%$水溶液中相对（H）电极的标准电极电位

| 钎料 | Zn 添加量（质量分数,%） | 相对（H）电极电位/V |
|---|---|---|
| BAl86SiCu | 0 | -0.461 |
| | 5 | -0.661 |
| | 10 | -0.700 |
| | 15 | -0.713 |
| | 20 | -0.747 |
| Y—1 型钎料 | — | -0.595 |
| Y—2 型钎料 | — | -0.697 |
| 3A21（LF21） | — | -0.571 |

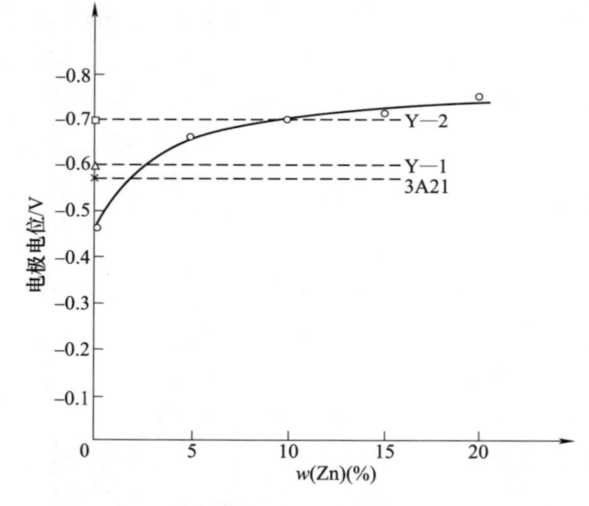


图 5-1 含 Zn 量对 BAl86SiCu 钎料电位的影响

Ti 是 Al 最有效的晶粒细化剂之一[42]，当 Al 中含有 $w(Ti)=1.1\%$时，在 665℃时进行包晶反应，$L+\beta\rightarrow\alpha$，当温度下降时，立刻从 α 相中析出 $\beta_{I}$ 相（$TiAl_3$）微粒，熔点为 1342℃，该高熔点质点作为 $\alpha_{Al}$相结晶的核心，使晶粒细化。稀土对 Al-Si 基合金变质效果以 Eu（铕）为最佳[41]，有效地细化共晶体组织。笔者用稀土 Yb、Ce 和（La+ Ce）混合稀土变质，都能取得良好的变质效果，其中以 Yb 效果最佳。对稀土变质的合金进行重熔，重熔时不再添加稀土，经两次重熔，每次重熔都进行去气精炼，重熔后仍保留变质效果，这就是稀土对 Al-Si 合金的长效变质，这一特性对钎料而言，非常重要，因为钎焊时，钎料必须重新熔化，结晶后仍保持原先优良的性能，有利于保证钎焊接头的性能。

Y—1 型铝基钎料使用 Ti+(Ce+ La) 混合稀土作变质剂，加入量为 $w$(变质剂) = 0.2%，以 AlTi5 和 AlRe10 中间合金形式加入。熔炼后在合金中残留量经成分分析，分别为 $w$(Ti) = 0.05%和 $w$(Re) = 0.04%左右，变质后的金相组织示于图 5-3。

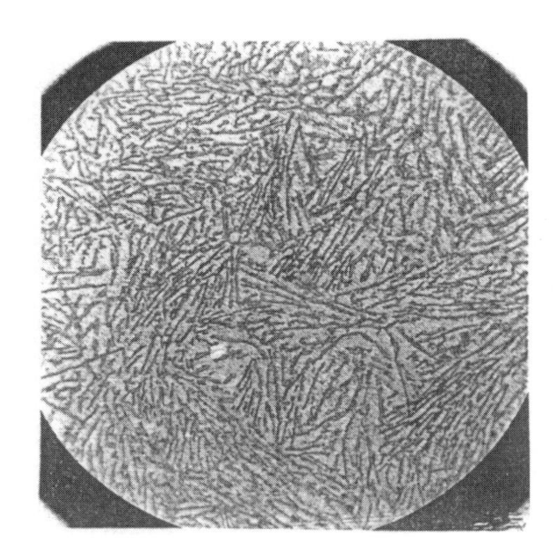

图 5-2　AlSi12.7 合金金相图 100×

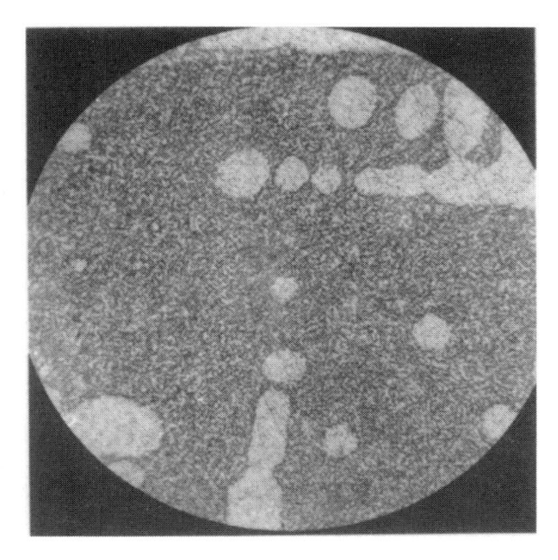

图 5-3　Y—1 型铝基钎料稀土变质后金相组织图 100×

另一种变质剂为 (Ce+La) 混合稀土+Mg 复合变质剂，变质结果使 Si 相呈细小块粒状均匀分布在 $\alpha_{Al}$ 的基体上，显微组织上看不到先共晶 $\alpha_{Al}$ 相，这种组织也是很理想的结构状态。金相组织示于图 5-4。

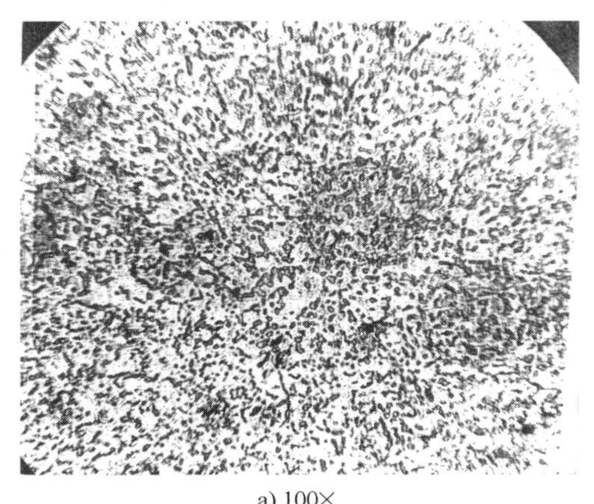

a) 100×

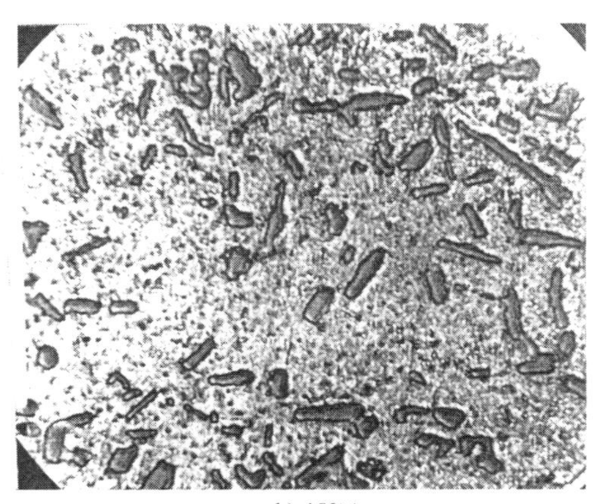

b) 450×

图 5-4　Y—1 型铝基钎料变质后金相组织图

### 3. Y—1型铝基钎料的性能

Y—1型铝基钎料在Dupont 1090仪器上，加热速度为10℃/min，用差热分析法测定的熔化温度为525~553.2℃，示于图5-5。曾用热分析法测定的熔化温度为525~560℃。

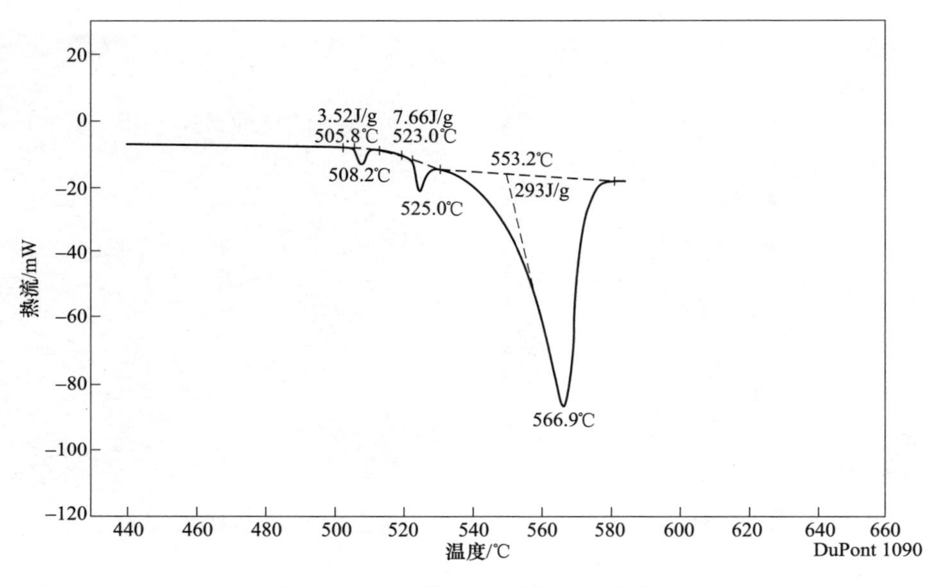


图5-5　Y—1型铝基钎料的DTA曲线图

Y—1型铝基钎料和对比钎料的铺展性测定结果列于表5-3，由表5-3可知，Y—1型钎料铺展性比同类型BAlSi-3和BAl-0钎料好很多，在手工操作火焰钎焊时，操作者感到温度好控制，钎料沿缝隙流动速度极快，钎缝与母材色泽接近。

Y—1型铝基钎料的力学性能列于表5-4，由于查不到其他同类钎料的性能指标，借用化学成分与相应钎料很接近的ZAlSi12、ZAlSi10Cu4铸造铝合金的性能指标，以供与Y—1型铝钎料相对比。

**表5-3　不同钎料铺展性对比**[40]

| 对比钎料 | 钎料称重/g | 配用钎剂 | 加热温度/℃ | 保温时间/min | 铺展面积/$mm^2$ | 备注 |
|---|---|---|---|---|---|---|
| Y—1型 | 0.42±0.04 | 剂Y—1 | 585±5 | 3 | 497 | 实验电阻炉可温控；秒表计时 |
| 仿34A（料） | | | | | 540 | |
| 仿BAlSi-3 | | | | | 343 | |
| 仿BAl-0 | | | | | 386 | |

**表 5-4　Y—1 型铝基钎料力学性能**

| 牌号或编号 | 状态 | 抗拉强度 $R_m$/MPa | 断后伸长率 $A$（%） | 文献 |
|---|---|---|---|---|
| Y—1 | JF | 222 | 2.3 | [40] |
| ZAlSi12（ZL102） | | 155 | 2 | [13] |
| ZAlSi10Cu4 | | 195 | 2 | [13] |

注：J—金属型铸造；F—铸态。

钎焊接头的力学性能指标列于表 5-5，钎焊接头的弯曲试件样品示于图 5-6。其中，图 5-6a 的母材为 1A30（L4），尺寸：厚×宽×长为 3mm×50mm×50mm，对接接头，氧乙炔火焰手工钎焊，冷弯角 180°，弯曲半径差不多为零；图 5-6b 为 T 形型材，牌号为 3004（LF1），翼板宽 12mm，厚 2.5mm，腹板厚 2.5mm，总高 28mm，对接接头，氧乙炔焰手工钎焊，冷弯角 180°，翼板拉伸边没出现裂缝。

**表 5-5　不同母材的钎焊接头的力学性能[40]**

| 母材 | 钎料 | 钎剂 | 钎焊方法 | 接头抗拉强度 $R_m$/MPa | 备　注 |
|---|---|---|---|---|---|
| 1A30（L4）<br>轧制铝板 | Y—1 型 | 剂 Y—1 | 氧乙炔<br>焰钎焊 | 73 断母材<br>73<br>66 断钎缝 | 试件板厚 3mm<br>接头冷弯角 180°<br>弯曲半径≈0 |
| 2A11（LY11）<br>轧制型材 | | | | 100<br>122 断钎缝<br>70 * | 母材化学成分 $w$(%)<br>Si0.47，Cu4.47<br>Mn0.51，Mg0.364，Al 余 |
| 5A02（LF2）<br>轧制型材 | | | | 47 *<br>86　断钎缝<br>86 | 母材化学成分 $w$(%)<br>Mg2.33，Mn2.46<br>Si0.21，Al 余 |

注：＊为有明显工艺缺陷。

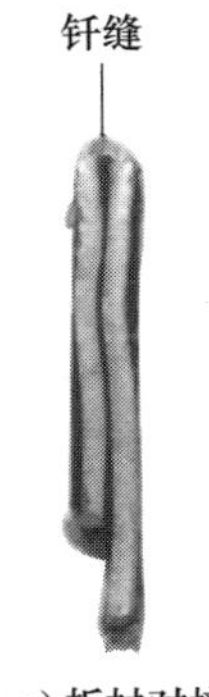


a) 板材对接

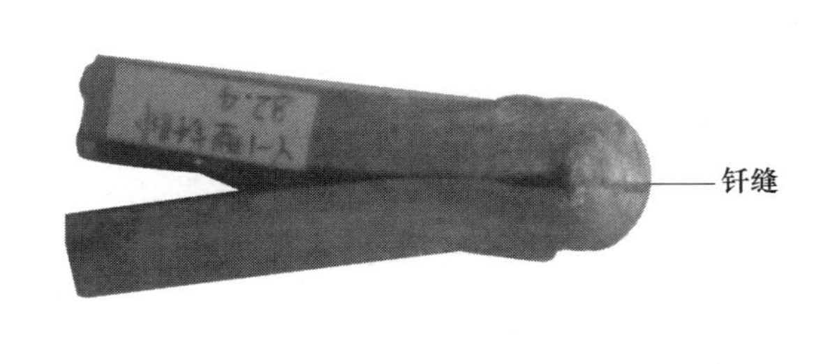


b) T形型材对接

图 5-6　钎焊对接接头冷弯试样

### 5.1.3 Y—1型铝基钎料的配套钎剂

**1. 铝钎剂的要求**

铝钎焊时必须配用铝钎剂，铝钎剂的质量将在很大程度上决定钎焊接头的质量，甚至会影响到铝钎焊过程能否实施；钎焊过程中钎剂熔化形成液体薄层，覆盖在母材和钎料表面，去除母材和钎料表面的氧化膜，防止重新氧化，降低液态钎料的界面张力，改善液态钎料对母材的润湿，为此，配制或选择的钎剂必须具备如下性能[2]。

1）钎剂应具有溶解或破坏母材和钎料表面氧化膜的能力。

2）钎剂的熔化温度应低于钎料的固相点温度，挥发温度应高于钎料的液相点温度，在整个钎焊过程中，钎剂应有效地与母材和钎料发生去膜和保护作用，这个温度范围也称活性温度范围。

3）钎焊温度范围内，熔融的钎剂应黏度小，流动性好。

4）钎剂及其作用产物密度小，流动性好，残渣腐蚀性小，易清除。

5）钎剂配制原料应价廉、无毒、易供货。

**2. 铝钎剂的组分及配方**

氯化物-氟化物钎剂是比较复杂的钎剂，根据它在钎焊过程中的作用，可以归纳由三部分组分构成[41]。

（1）基体组分　主要控制钎剂的熔化温度，使其与钎料的熔化温度相匹配，应低于钎料固相点温度约20~30℃，但其作用温度必须持续到钎料液相点温度以上30~50℃左右，它熔化后形成液体薄层，除保护和防止氧化外。也有一定的去膜作用，同时也能溶解钎剂中的其他组分；最常用的基体组分有LiCl-KCl系和LiCl-KCl-NaCl系；LiCl非常容易吸潮，在0℃水中溶解度为63.7g/100ml[29]，吸水后水解成$Li_2OHCl$，大大影响钎剂的使用效果[18]，氯化物原料中LiCl是价格最贵的一种，由于加入量多而影响钎剂成本。

（2）去膜组分　主要是碱金属的氟化物，在熔融的基体组分中离解出$F^-$离子，它将使氧化铝膜破裂、松动或剥离[18]，也有溶解氧化铝膜的作用[2]，有利于钎料与母材的润湿和结合，常用的去膜组分列于表5-6，氟化物的熔点都很高，加入后使钎剂的熔化温度升高，通常加入量较少，具体加入量应通过试验确定。

**表5-6　氟化物的物理性能[29]**

| 名称 | 化学式 | 熔点/℃ | 沸点/℃ |
|---|---|---|---|
| 氟化锂 | LiF | 845 | 1676 |
| 氟化钾 | KF | 858 | 1505 |
| 氟化钠 | NaF | 993 | 1695 |

（续）

| 名称 | 化学式 | 熔点/℃ | 沸点/℃ |
|---|---|---|---|
| 氟化锌 | $ZnF_2$ | 872 | ≈1500 |
| 氟化铯 | CsF | 682 | 1251 |
| 氟化锡 | $SnF_2$ | 210[18] | |

（3）活性组分　主要是重金属氯化物，如：$ZnCl_2$、$SnCl_2$、$CdCl_2$、$PbCl_2$等，钎焊时在母材表面析出一层重金属液膜，提高钎料对母材的润湿。

铝用氯化物-氟化物钎剂的配方列于表5-7，这类钎剂的最大优点是工艺性能优异，能适用火焰、炉中、高频等各种钎焊方法，最致命的缺点是焊后残留物有很强的腐蚀性，因此焊后必须清洗，好在其残渣很容易用水清洗干净。

**表5-7　铝用钎剂的配方**

| 序号 | 牌号或编号 | 钎剂组成分（质量分数,%） | 作用温度/℃ | 适用场合 |
|---|---|---|---|---|
| 1 | QJ201 | LiCl（32），KCl（50），$ZnCl_2$（8），NaF（10） | 450~620 | 火焰钎焊[2] |
| 2 | QJ202 | LiCl（42），KCl（28），ZnCl（24），NaF（6） | 420~620 | 火焰[2] |
| 3 | QJ203 | $NH_4Cl$（10），$SnCl_2$（88），NaF（2） | | |
| | | $NH_4Cl$（10），$ZnCl_2$（88），NaF（2） | | |
| 4 | H701 | LiCl（12），KCl（46），NaCl（26），$ZnCl_2$（1.3），CdCl（4.7），KF-$AlF_3$共晶（10） | 500 | 火焰[18] |
| 5 | 129A | LiCl（11.8），KCl（49.5），NaCl（33），$ZnCl_2$（1.6），$CdCl_2$（2.2），LiF（1.9） | 550 | 火焰[18] |
| 6 | 1712B | LiCl（23.2），KCl（46.9），NaCl（21.3），$ZnCl_2$（1.6），$CdCl_2$（2.0），TlCl（2.2），LiF（2.8） | 485 | 2A12 5A02[18] |
| 7 | 1320P① | LiCl（50），KCl（40），$ZnCl_2$（3），$SnCl_2$（3），LiF（4） | 360 | Zn-Al钎料[18] |
| 8 | Y—1（笔者） | LiCl（19.7），KCl（46），NaCl（23.3），$ZnCl_2$（6），LiF（1.5），NaF（1.5），$ZnF_2$（2） | 520~620 | 火焰 |
| 9 | Y—2（笔者） | LiCl（35.9），KCl（42.6），NaCl（8.0），$ZnCl_2$（4.3），$SnCl_2$（2.6），NaF-KF-LiF共晶（6.6） | 350~500 | Zn-Al钎料 |

①该配方基体组分若取LiCl-KCl系共晶点，则应为LiCl（40），KCl（50）——笔者注。

### 3. 氯化物-氟化物铝钎剂配方实例

表5-7序号1，QJ201是一个很成熟的配方，使用性能也很好，它的缺点是很容易吸潮，一旦潮解，其使用性能显著下降；另一情况是使用液化气或喷灯火焰加热施焊时，效果很好，而用氧乙炔焰钎焊，效果明显下降，究其原因，可能

是 LiCl 吸潮后变成 $Li_2OHCl$ 所致[18]。笔者的研究是在 QJ201 基础上对配方进行调整，基体组分改为 LiCl-KCl-NaCl 系，以减少 LiCl 的加入量，活性组分 $ZnCl_2$不变，去膜组分改为 NaF-LiF 系中的共晶成分，其熔点为 649℃（见图 5-7），比两种原材料本身熔点低很多，可减少去膜组分对钎剂熔点的影响，同时 LiF 有很强的去膜能力[18]，共晶成分数据见表 5-9。按 QJ201 原配方氟化物加入量计算，则 $w(\text{LiF}) = 4.9\%$，$w(\text{NaF}) = 5.1\%$。

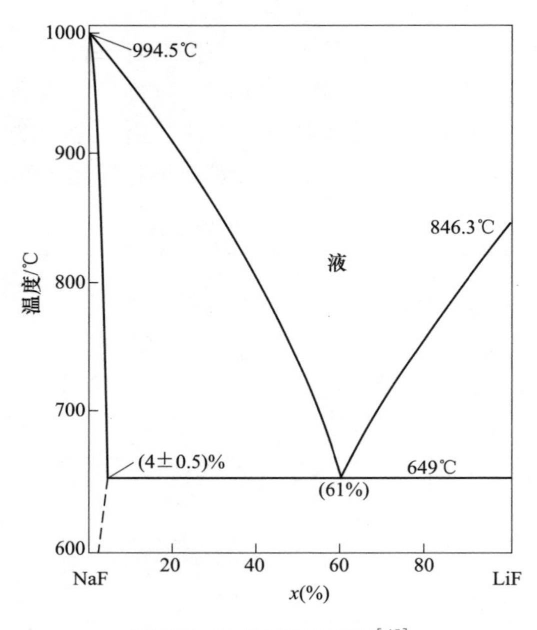


图 5-7　NaF-LiF 系相图[45]

基体组分改为 LiCl-KCl-NaCl 系，根据图 5-8 中的若干温度点的组成换算成质量分数的数据列于表 5-8，根据钎料的熔化温度，选取基体组分的熔点为 500℃，其组成见表 5-8，QJ201 配方中基体组分占总量的 82%，则研制设计的配方为：

| 配方组分： | LiCl | KCl | NaCl | $ZnCl_2$ | NaF | LiF |
|---|---|---|---|---|---|---|
| $w$（%）： | 19.43 | 40.14 | 22.43 | 8 | 5.1 | 4.9 |

此配方在氧乙炔焰中施焊时，钎剂的活性远远超过 QJ201 原配方，钎剂的吸潮性大为改善。

**4. Y—1 型高温铝钎剂的配方设计**

氟化物是去除铝氧化膜的关键组分，钎剂的去膜能力与加入的氟化物种类及数量有关，若干氟化物对钎料润湿能力的影响示于图 5-9，由图 5-9 可见，$ZnF_2$、NaF、KF 对钎料的润湿很有利，$ZnF_2$作用强烈，效果明显，NaF 和 KF 效果也很好，超过一定数量后，效果就下降，LiF 作用慢些，但作用可持续有效，为了取

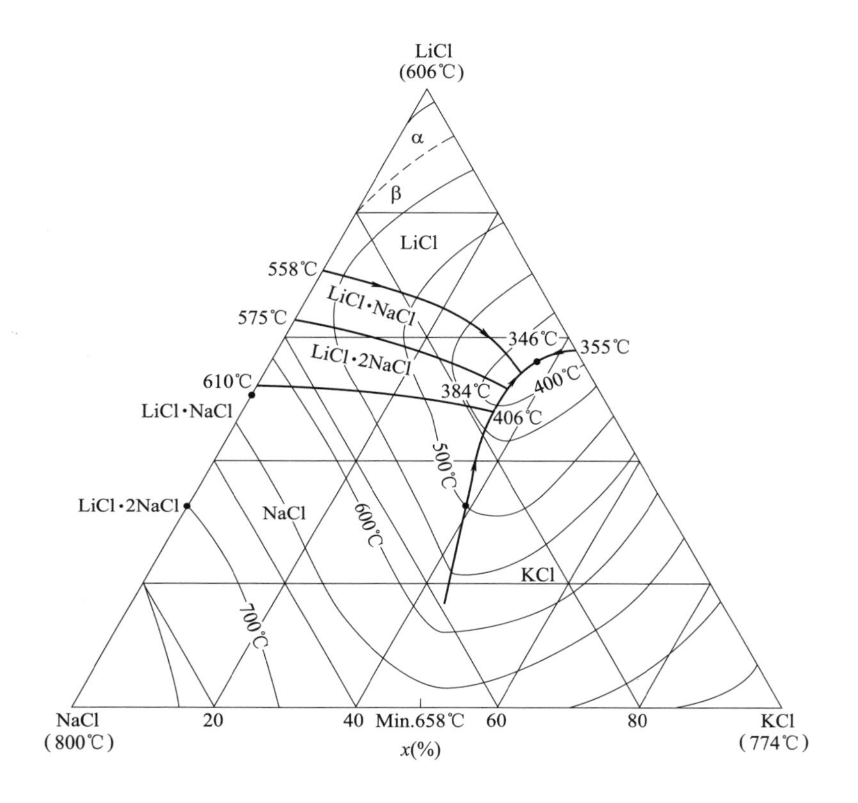


图5-8　LiCl-KCl-NaCl系相图[45]

**表5-8　LiCl-KCl-NaCl系中相应温度点的组成**

| 选点温度/℃ | 组成（x）（%） | | | 组成（w）（%） | | |
|---|---|---|---|---|---|---|
| | LiCl | KCl | NaCl | LiCl | KCl | NaCl |
| 346 | 54.5 | 36.7 | 8.8 | 41.55 | 49.20 | 9.25 |
| 384 | 52.2 | 35.5 | 12.3 | 39.67 | 47.44 | 12.89 |
| 406 | 48.6 | 35.0 | 16.4 | 36.61 | 46.36 | 17.03 |
| 500 | 33.2 | 39.0 | 27.8 | 23.70 | 48.95 | 27.35 |

得最佳去膜效果，可同时添加$ZnF_2$、LiF、NaF作为复合去膜剂，由于没有找到相应的三元系相图，选取NaF-LiF、LiF-$ZnF_2$、$ZnF_2$-NaF三个二元系相图上的共晶点组成分进行配合。

$ZnF_2$-NaF（图5-10）、$ZnF_2$-LiF（图5-11）、NaF-LiF（图5-7）三个二元系的共晶组分和共晶点温度列于表5-9。

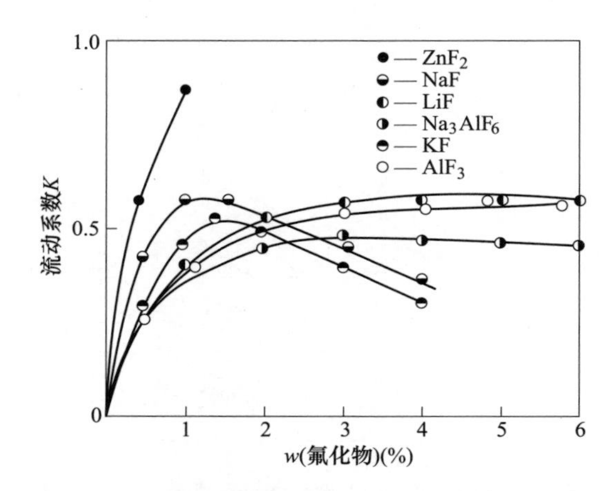


图 5-9 钎剂中氟化物的种类和含量对敷钎料板流动系数的影响（钎剂基体：30LiCl-70KCl）[2]

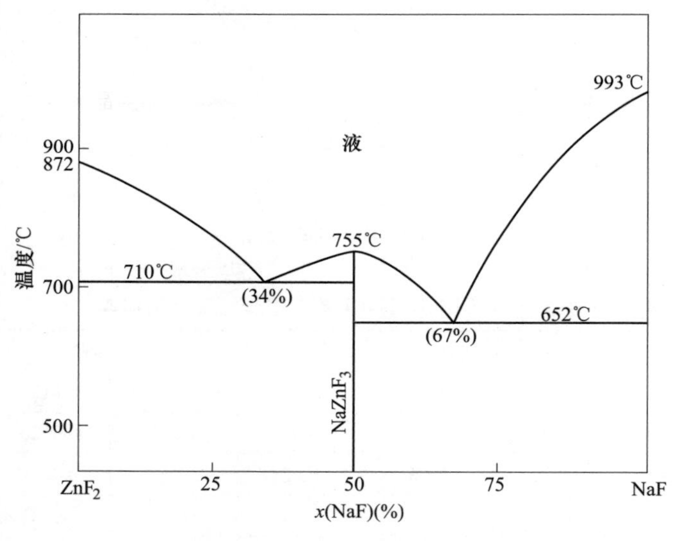


图 5-10 $ZnF_2$-NaF 系相图[45]

把三组共晶组分的质量分数换算成质量百分数：

| 组分： | LiF | NaF | $ZnF_2$ |
|---|---|---|---|
| w(%)： | 25.8 | 32 | 42.2 |

经试验确定复合去膜剂占钎剂总量的 5%，活性剂占 6%，基体组分占 89%，基体组分取表 5-8 中熔点为 500℃的组分，即得 Y—1 型高温铝钎剂的配方：

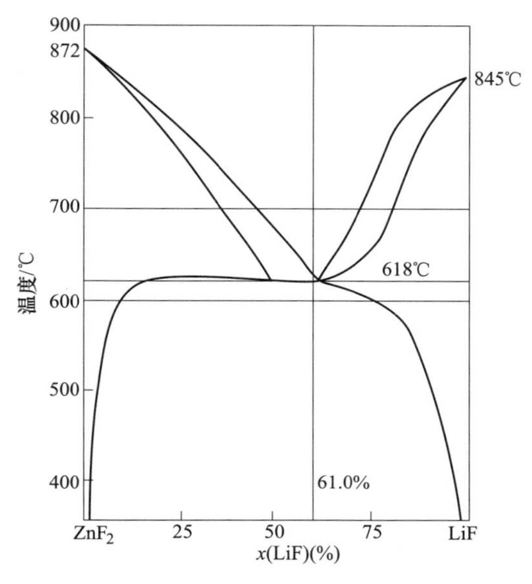


图 5-11　$ZnF_2$-LiF 系相图[45]

**表 5-9　NaF-LiF、$ZnF_2$-NaF、$ZnF_2$-LiF 二元系共晶组分**

| 名称 | 三组共晶组分 | | | | | |
|---|---|---|---|---|---|---|
| | LiF | NaF | NaF | $ZnF_2$ | $ZnF_2$ | LiF |
| (x) (%) | 61 | 39 | 67 | 33 | 39 | 61 |
| (w) (%) | 49.1 | 50.9 | 45.2 | 54.8 | 71.8 | 28.2 |
| 共晶点温度/℃ | 649 | | 652 | | 618 | |

组分：LiCl　KCl　NaCl　$ZnCl_2$　LiF　NaF　$ZnF_2$

w(%) 21.1　43.6　24.3　6　1.3　1.6　2.1

该钎剂在氧乙炔焰加热钎焊时效果非常好，钎料熔化后沿缝隙流布速度极快，并且钎缝色泽白亮，在密封状态下，保存5年不变质。

**5. 铝钎剂、铝钎料进展**

(1) 氟化物钎剂（NOCOLOK 钎剂）[18]　氯化物-氟化物铝钎剂主要缺点是容易吸潮，施焊后必须仔细清洗，否则接头容易腐蚀，20世纪70年代以后，加拿大 AlCan 公司用 KF-$AlF_3$共晶组分制成氟铝酸盐钎剂用于生产，该钎剂在水中溶解度很小，使用时制成水悬浮液，喷于工件上，烘干后形成一层极薄的药膜，然后送入气体保护炉中钎焊，焊后不经清洗，接头不会腐蚀，此钎剂称为 NOCOLOK 钎剂，表示无腐蚀之意，KF-$AlF_3$系相图示于图 5-12 和图 5-13，KF-$AlF_3$系相图中有三个自由度为零的组成点，$E_2$共晶点，熔点为 558℃，$x(AlF_3)$=

44.5%，或 $w(AlF_3)$ = 53.7%；$KAlF_4$为同分化合物，熔点575℃；$E_3$共晶点，熔点572℃，$x(AlF_3)$ = 51%或 $w(AlF_3)$ = 60%；当 $x(AlF_3)$ <44.5%或 $x(AlF_3)$ > 51%时，也就是超出 $E_2$—$E_3$范围时，钎剂熔点迅速升高不能应用，最佳点为$E_2$共晶点，制作时对组分的精确度要求很高，尽管如此，作为铝钎剂其熔点仍显偏高[18]。

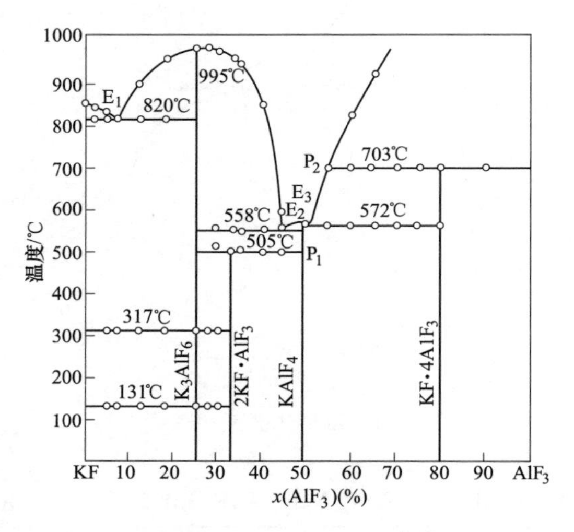


图 5-12 KF-$AlF_3$系相图[18]

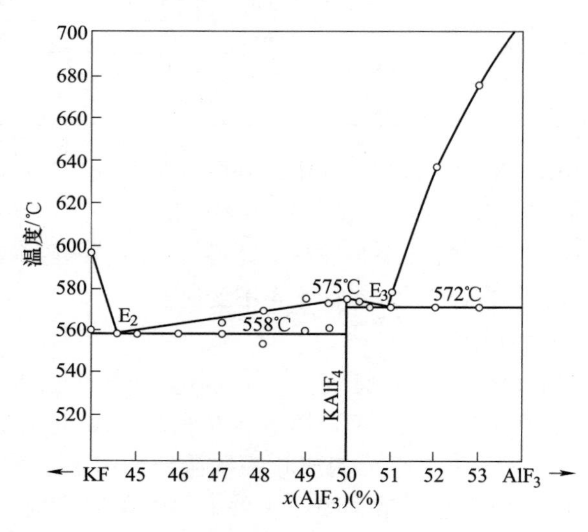


图 5-13 KF-$AlF_3$系相图 $x(AlF_3)$ = 44%～54%间细部[18]

近来采用铷盐和铯盐以降低氟化物钎剂的熔点，示于图 5-14 和图 5-15。此外图5-25所示NaF-KF-LiF系和图5-26所示CsF-KF-LiF系都有熔点相当低的共晶点组分，可供试选，氟化物钎剂在火焰钎焊和非保护气体炉中钎焊，效果总不尽人意，国内广东省焊接技术研究所（中乌研究院）研制的氟化物铝钎剂基本可满足市场需求。

现在氟化物铝钎剂是直接用$KAlF_4$和$K_3AlF_6$作原料，按图5-12中的$E_2$点组成分配制，也可能再添加一定量的$RbAlF_4$，以降低钎剂的作用温度。

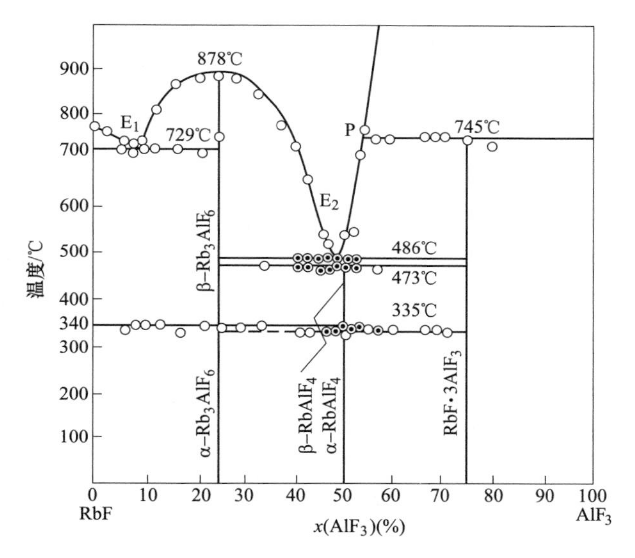


图5-14 RbF-$AlF_3$系相图[18]

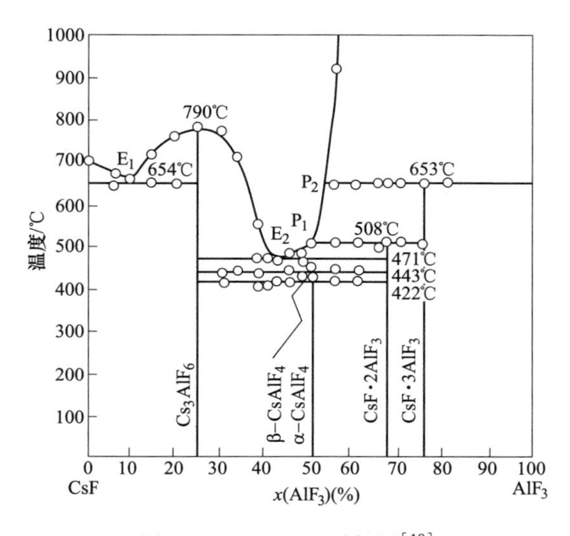


图5-15 CsF-$AlF_3$系相图[18]

（2）药芯钎料丝　20世纪80年代国内曾有进口的药芯钎料焊丝，当时包的是氯化物-氟化物钎剂，可防止钎剂吸潮，施焊时钎料钎剂添加均匀，使用方便，更能保证钎焊质量，施焊结束后，一般用火焰把钎料丝端头熔化，使之密封。药芯钎料丝的质量，主要决定于钎料合金皮的性能和药芯钎剂的类别和性能。郑州机械研究所龙伟民研究员曾研制了药芯钎料丝，并提供产品。

## 5.2　Y—2型中温锌基铝钎料及配套钎剂

### 5.2.1　概述

在研制Y—1型铝基钎料过程中，发现两个问题，第一个问题是约有半数以上铝合金的固相点温度≤550℃，因此钎料的液相点温度应在500℃以下，若仍以铝基合金作为钎料的合金系，实践证明几乎是不可能，因此必须寻找其他合金系，这就是研制Y—2型锌基中温铝钎料的出发点，经过6年时间，反反复复的努力，研制成性能优越的Y—2型锌基铝钎料及与其配套的铝钎剂，钎焊温度为460~470℃。

第二个问题就是含Mg的铝合金一般不能钎焊，研究发现当合金中$w(Mg)\leqslant 1.2\%$时，原则上是可能实施钎焊，但当$w(Mg)\geqslant 2.0\%$时，如5A02（LF2）几乎无法钎焊，即使实施钎焊，也因其接头强度与母材本身强度相差太大，不符合产品设计要求。研究发现5A02铝镁合金（标称成分，质量分数：Mg2.0%~2.8%、Si 0.4%、Mn0.15%~0.4%）在加热过程中，合金内部的Mg会向表面集结，如图5-16所示；对加热过程中表面氧化膜的变化进行了SEM电子探针和XRD的研究，电子探针表面成分定量分析表明，随着温度升高（400 ~ 550℃），表面Mg、Si、Mn迅速富集，在接近过烧的580℃时，成倍地富集；XRD分析表明，在氧化膜中明显出现MgO、$Al_2O_3$、$MnAl_6$和$Mg_2Si$相，这说明铝合金加热过程中，更亲氧的内部合金元素扩散至表面，在$\gamma$-$Al_2O_3$膜中形成新的氧化物或复合氧化物相[18]，增加了钎焊过程中钎剂去膜的难度；虽然如此，但在Y—1型铝钎剂的作用下，仍能清除钎焊过程中所形成的复杂氧化膜，但经XRD分析，在已经清理的表面上，立刻生成$MgF_2$相，它是稳定性很高化合物，它的生成热$\Delta H$为1124.2kJ/mol，而MgO为601.6kJ/mol[29]，妨碍了钎料与母材的结合。形成$MgF_2$的$F^{-1}$离子是来自Y—1型铝钎剂中的去膜组分，因此调整去膜剂中的氟化物含量，有可能找到合适的钎剂配方，但笔者未做下一步的研究工作，只是根据已获得的结果予以推测。如果用现在流行的NOCOLOK氟化物钎剂，钎焊含Mg的铝合金，成功的概率可能更低。

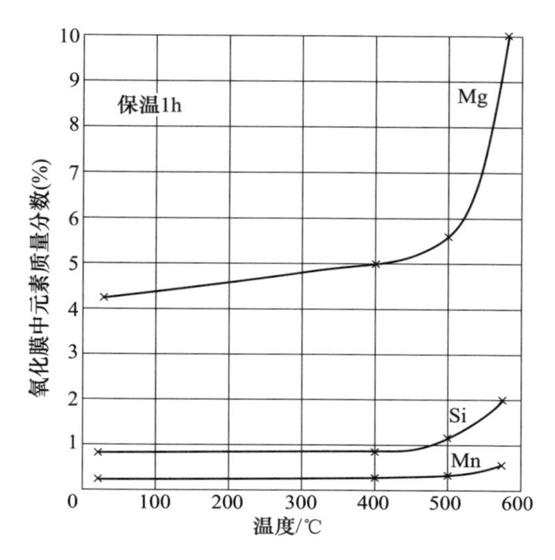


图5-16 5A02（LF2）氧化膜中元素含量与加热温度的关系[18]

## 5.2.2 合金系的选择

对于液相点温度低于500℃的铝钎料，可供选择的合金系有：Zn-Al、Zn-Sn、Zn-Cd、Sn-Pb、Al-Cu-Zn、Ag-Cu-Zn、Al-Si-Ge等，根据ROSH指令要求，含Cd、Pb元素不考虑，从经济性要求，含Ag的合金系暂不选取，Al-Si-Ge系合金太脆、Ge太贵，只有Zn-Al、Zn-Sn和Zn-Al-Cu合金系可选择；Zn-Al-Cu系有一无变量三元共晶点，成分为质量分数Zn89.2 Al7Cu3.8，熔化温度377℃[6]，经多次反复试验表明，铺展性和沿缝隙流动性都不如意。

现用Zn80Sn20、Zn95Al5、Zn80Cd20三种钎料合金做铺展试验，母材1060(L2)工业纯轧制铝片，尺寸90mm×50mm×0.5mm，钎料称重0.7g，过量钎剂覆盖在钎料上，5kW箱式电阻炉、470~480℃，保温3min，钎料都能顺利铺展，其中以Zn80Sn20钎料铺展面积最大。再用Zn80Sn20钎料做“⊥”形接头流布长度试验，母材1A 30(L4)工业纯铝，试片尺寸为130mm×20mm×1.8mm和130mm×30mm×1.8mm，自然装配间隙，钎料称重1.2g，钎料和钎剂放在试件一端，置于470~480℃，5kW箱式电阻炉中，保温3min，钎料沿缝隙流布长达130mm，这样的结果，应该说Zn-Sn基钎料是非常理想的合金系，可是在实验室放置一段时间后（4个月以上），“⊥”形接头试样一拿动接头就自行脱开；再看铺展试件，由于钎料体积膨胀，铺展钎料向上凸起（见图5-17a）；试件的反面，在钎料铺展部位有凹坑（见图5-17b），在Zn95Al5钎料铺展的背面，没有明显的凹坑，表明钎料体积变化不大。曾用厚度≥1.5mm铝片做铺展试验，没有发现试件出现凸凹现象，但发现铺展的钎料金属开裂或脱离铝片。由此选定Zn95Al5合金系进行进一步研究。

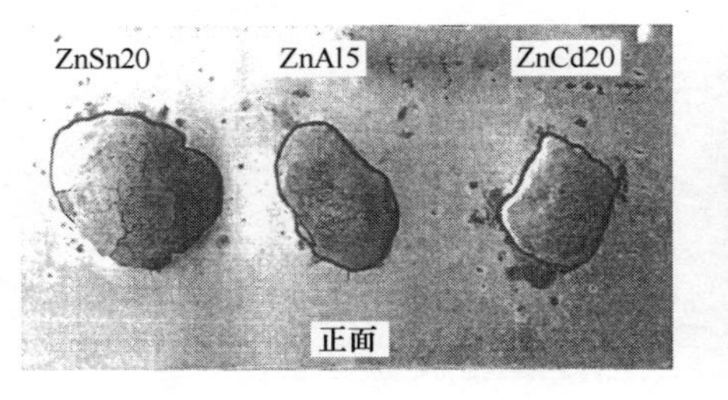


a)

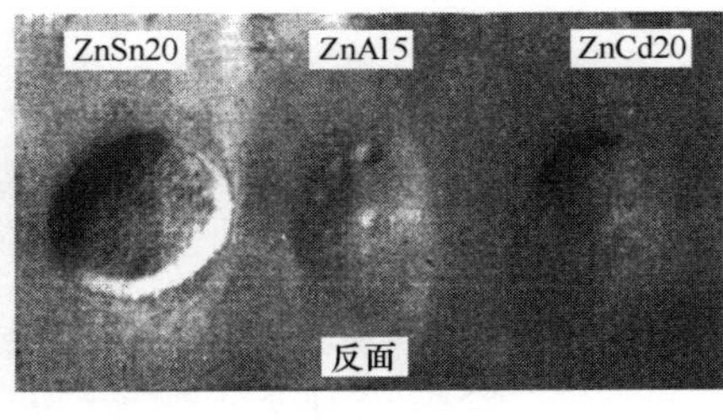


b)

图 5-17 钎料铺展试验图

## 5.2.3 Zn-Al 合金资料集锦

Zn-Al 系合金从 19 世纪末已经开始在压铸技术中得到应用，到 20 世纪 40 年代已基本定型，孙连超[43]广泛搜集了 Zn-Al 合金资料，进行全面归纳和详尽分析，对 Zn-Al 合金的流动性、尺寸稳定性、晶间腐蚀以及力学性能做了全面论述，并进行了深入的研究，这些研究成果，为我们进行锌基钎料的研制提供了宝贵的借鉴资料。

（1）流动性 Zn-Al 系合金的流动性示于图 5-18 和图 5-19，由图可知，ZnAl5 共晶成分合金流动性最佳，图 5-18 还显示 Mg 对共晶合金的流动性有显著的负面影响。

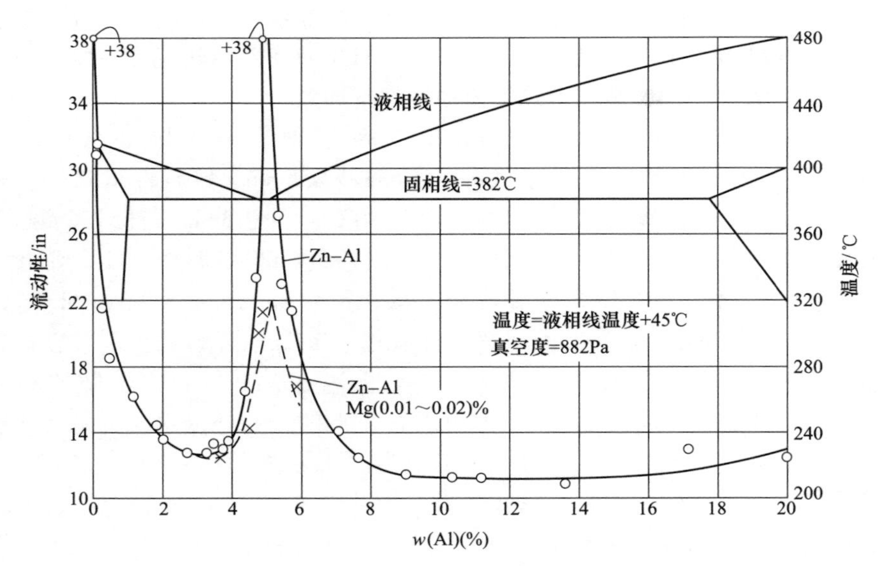


图 5-18 Zn-Al 合金的流动性[43]

1in = 25.4mm

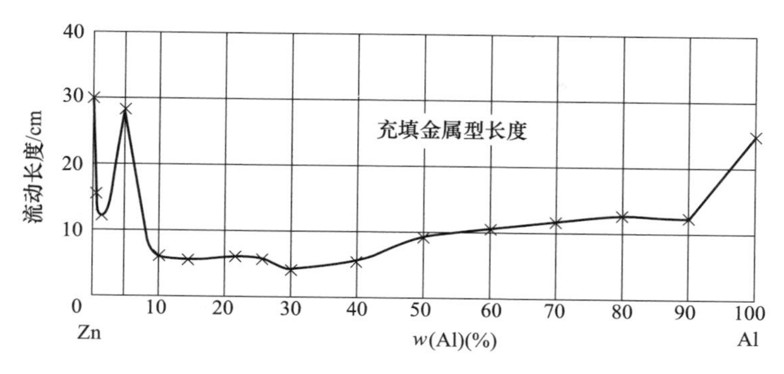


图 5-19 Zn-Al 合金中 Al 含量和流动长度的关系[43]

（2）尺寸稳定性 ZnAl4 不含 Cu 的合金，铸态自然时效条件下，尺寸变化规律是单向收缩[43]，引起尺寸变化的主要原因是合金的相变，ZnAl4 是富 Zn 的亚共晶成分合金，其组织由先共晶 β 相（Al 在 Zn 中的固溶体）和（β+α）共晶体组成（α 相为 Zn 在 Al 中的固溶体），铸态非平衡组织在自然时效条件下，由 α 相析出 Zn，体积收缩，再由 β 相析出 Al，体积也收缩，所以尺寸变化是单向收缩[43]，如果合金中添加 Cu，则合金将先收缩后膨胀，如图 5-21 所示。

（3）晶间腐蚀 文献［43］指出，富 Zn 的亚共晶合金腐蚀集中在晶界，而富 Al 的过共晶合金腐蚀则在富 Al 区，这种多相合金的腐蚀，是在湿热环境中，β 相为阴极，α 相为阳极的溶解电化腐蚀过程，Al 的标准电极电位是-1.67V，比 Zn 的标准电极电位-0.76V 低，所以 Zn-Al 多相组织合金的晶间腐蚀实质上是 α 相首先腐蚀致合金失效，杂质不是引起晶间腐蚀的根本原因，但可以加速晶间腐蚀。

（4）力学性能 单纯的 Zn-Al 合金金属型铸造铸态的力学性能如图 5-20 所示，ZnAl5 共晶成分合金的抗拉强度约为 170MPa，断后伸长率约为 0.5%，冲击吸收能量差不多为零，总的说力学性能不理想，随含 Al 量的增加，所有性能都有提高，当 $w(\mathrm{Al})=22\%$时，冲击值和断后伸长率较好，当 $w(\mathrm{Al})=25\%\sim50\%$ 时，抗拉强度有较高值。

（5）合金元素的作用 Cu：铜能稳定 Zn-Al 合金的尺寸，抑制晶间腐蚀，一般添加量为 $w(\mathrm{Cu})=0.5\%\sim1.5\%$，添加 Cu 后铸件一般先收缩后膨胀，如图 5-21 所示，加入量过多会析出 ε 相（$CuZn_4$），同时导致尺寸胀大和产生应力，从而促使晶间腐蚀；Cu 也降低合金的流动性[43]。

Mg：能细化晶粒，有效抑制晶间腐蚀；能提高尺寸稳定性[43]，但会降低流动性，如图 5-18 所示，一般加入量为 $w(\mathrm{Mg})=0.04\%\sim0.06\%$。

Ce：能改善耐蚀性[43]。

Ni：能提高尺寸稳定性和耐蚀性[44]。

Ti：细化晶粒，提高力学性能[44]。

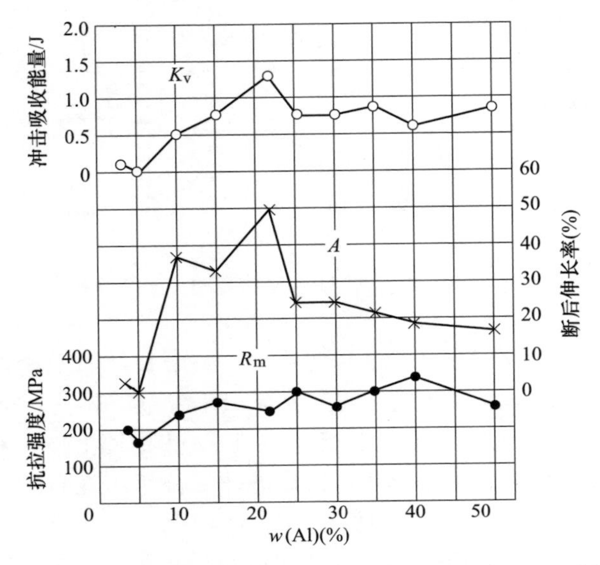


图 5-20　铝含量对 Zn-Al 合金（铸态）力学性能的影响[43]

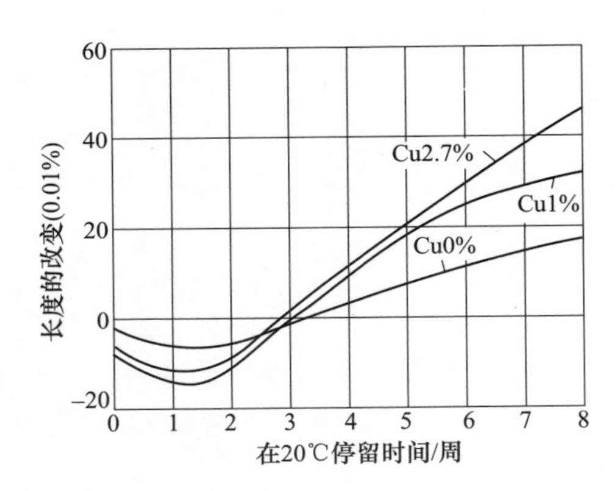


图 5-21　Zn-4Al-0.04Mg 合金时效时长度变化与含 Cu 量关系[43]

## 5.2.4　Y—2 型锌基中温铝钎料[46]

最常见的锌基铝钎料配方见表 5-10，试验表明，5 号、7 号钎料铺展面积最大，但出现钎料金属体积膨胀，甚至使钎料金属从母材上脱落；2 号、6 号纤料铺展面积次之，但 6 号配方含有 RoHS 指令禁用的 Cd 元素，3 号、4 号钎料铺展面积最差，根据图 5-20，当 $w(\mathrm{Al})=22\%\sim25\%$时，合金的强度、断后伸长率指标都较好，显然是把压铸锌合金中代号 ZA27 配方作为钎料合金配方，该合金液相点温度高达 500℃，流动性差，作为钎料合金毫无优点；1 号配方近几年在工厂中偶有制造，但无法满足锌基钎料的各项性能要求。根据压铸锌基合金的研究资料和按表 5-10 各配方试验结果，笔者在 2 号配方基础上，历经多年的反反复复试验，确定了如下配方：

| 组元： | Zn | Al | Cu | Ce | Mg |
|---|---|---|---|---|---|
| $w$(%)： | 93.91 | 5 | 1.0 | 0.04 | 0.05 |

**表 5-10 常见的锌基铝钎料化学成分**[22]

| 序号 | 牌号 | 化学成分（$w$）(%) | | | | | 熔化温度/℃ | 注 |
|---|---|---|---|---|---|---|---|---|
| | | Zn | Al | Cu | Sn | Cd | | |
| 1 | Zn98Al2 | 98 | 2 | — | — | — | 382~410 | |
| 2 | Zn95Al5 | 95 | 5 | — | — | — | 382 | HL506 |
| 3 | Zn98AlCu | 89 | 7 | 4 | — | — | 377 | |
| 4 | Zn72.5Al | 72.5 | 27.5 | — | — | — | 430~500 | HL505 |
| 5 | Zn58SnCu | 58 | — | 2 | 40 | — | 200~350 | HL501 |
| 6 | Zn60Cd | 60 | — | — | — | 40 | 266~366 | HL502 |
| 7 | Zn80Sn | 80 | — | — | 20 | — | 200~380 | |

在钎焊温度为 480℃条件下，基本上解决了钎料的流布性、钎料体积稳定性以及钎料的耐蚀性；主要是 Ce 和 Mg 使 ZnAl5 合金的耐蚀性有大幅提高。但是当钎焊温度设定在 450~460℃时，发现两个问题：①在炉中做铺展试验时，钎料熔化后呈球状而不铺展，轻轻一振动，球状钎料立即完全铺展；②用“丄”形接头做钎料沿缝隙流动的长度试验时，无论在炉中试验或是用氧乙炔焰加热试验，钎料沿缝隙的流动不像 Al-Si 基钎料那样畅流，这是锌基铝钎料普遍难以突破的技术难点。

根据 Al 的二元合金相图和金属元素的表面张力资料[3]，选用 Sb 作为添加元素，在 Al5Cu1.0Ce0.04Mg0.05Zn 余基体金属中，添加不同量的 Sb，得到不同的铺展面积，Sb 含量与铺展面积关系如图 5-22 所示。试验条件为：母材 1060(L2) 轧制铝片，厚 0.5mm，炉温 450~460℃，保温 3min，钎料称重 0.75g。由图 5-22 可见，$w$(Sb) = 0.1%~0.25%为佳，与基体钎料相比，铺展面积提高 18%，炉中试验时，不出现钎料熔化后呈球状而不铺展的现象。

再做“丄”形接头试验，母材 1A30(L4) 铝板，尺寸 120mm×25mm×1.8mm，钎料称重 0.75g，炉温 450~460℃，保温 3min，钎料放于试件一端，沿缝隙流布长度 108mm。用氧乙炔焰加热钎焊，试件水平板下垫有石棉板，以保证接缝处的温度均匀性，当加热到一定温度时（不超过 470℃，有点温计检测）加热钎料条，蘸上钎剂，放在试件一端，继续加热，钎料能沿缝隙流动，长度都超过 100mm，这样基本上解决了锌基钎料钎焊铝及铝合金时的流布问题，最后确定Y—2 型锌基中温铝钎料配方，见表 5-11。

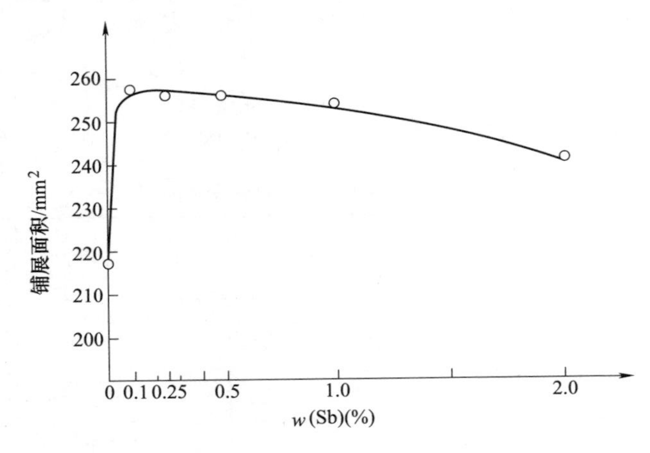


图 5-22 Sb 对 Zn-Al 合金铺展性影响

**表 5-11 Y—2 型锌基中温铝钎料配方**

| 化学成分（w）（%） | | | | | |
|---|---|---|---|---|---|
| Zn | Al | Cu | Ce | Mg | Sb |
| 余 | 4.6~4.9 | 0.8~1.0 | 0.04 | 0.05 | 0.15 |

金相组织如图 5-23 所示，白色为先共晶 β 相，即 Al 在 Zn 中的固溶体，黑色为（β+α）共晶体（α 相为 Zn 在 Al 中固溶体）。

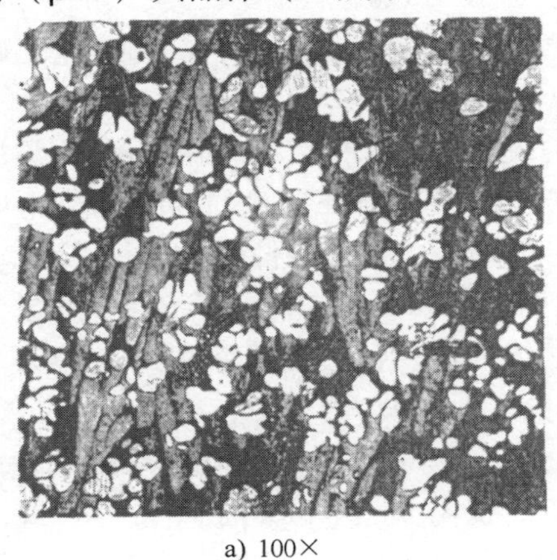

a) 100×

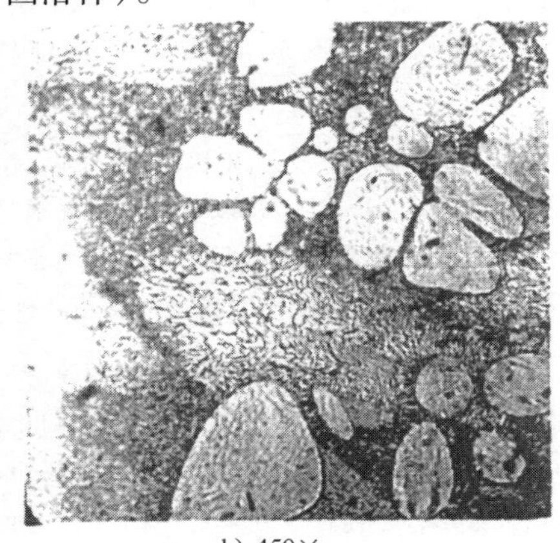

b) 450×

图 5-23 Y—2 型锌基铝钎料铸态显微组织

Y—2 型锌基铝钎料的性能指标见表 5-12，各项性能指标都很优秀，电极电位见表 5-2。

接头强度见表 5-13，弯曲试件如图 5-24 所示。

**表 5-12　Y—2 型锌基铝钎料性能指标**

| 熔化温度/℃ | 钎焊温度/℃ | 铸态强度 $R_m$/MPa | 标准电极电位/V |
|---|---|---|---|
| 385～393 | 450～470 | 205～251/228 | -0.697（表 5-2） |

**表 5-13　接头强度和冷弯角**

| 母材 | 钎料 | 钎剂 | 钎焊方法 | 接头形式 | 抗拉强度，$R_m$/MPa | 冷弯角 |
|---|---|---|---|---|---|---|
| 1100（L6）<br>厚 3mm<br>宽 40mm | Y—2 型 | Y—2 型 | 氧乙炔焰加热，手工操作 | 对接 | 98.77 断母材<br>96.9 断母材<br>96.6 断母材<br>82.9 断钎缝 | 180° 再压扁不裂 $r\approx1.5$mm |

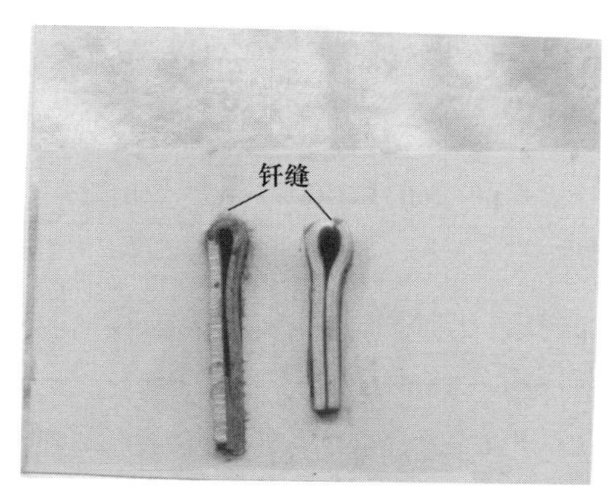


图 5-24　接头冷弯试件图

母材 1100（L6）3mm×40mm 对接接头氧乙炔焰钎焊焊于 1993 年

## 5.2.5　Y—2 型中温铝钎剂

Y—2 型中温铝钎剂也是氯化物-氟化物钎剂，与 Y—2 型锌基中温铝钎料配套使用，它的作用温度范围在 350～500℃之间，适用于氧乙炔焰、炉中、高频钎焊。去膜组分可单独用 LiF，也可用 NaF-KF-LiF 系中熔化温度 454℃的三元共晶点组分作复合去膜剂，如图 5-25 所示，组成分列于表 5-14。

通过试验确定了在钎剂中各组分所占的比例（全为质量分数），去膜组分 6.6%，取 NaF-KF-LiF 三元系中共晶点组分，其中 NaF：0.66%，KF：4.05%，

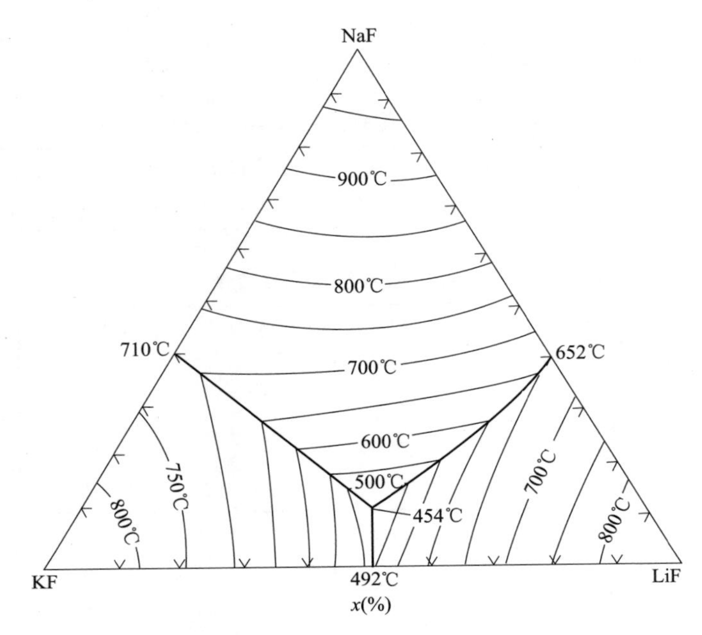


图 5-25 NaF-KF-LiF 系相图[45]

**表 5-14 NaF-KF-LiF 系共晶点组成分**

| 温度/℃ | 组成分，(x)(%) | | | 组成分，(w)(%) | | |
|---|---|---|---|---|---|---|
| | NaF | KF | LiF | NaF | KF | LiF |
| 454 | 10 | 44 | 46 | 10.1 | 61.3 | 28.6 |

LiF：1.89%；活性组分 6.9%，其中 $ZnCl_2$4.3%，$SnCl_2$2.6%；基体组分 86.5%，取 LiCl-KCl-NaCl 三元系相图中 346℃共晶点组分，见图 5-8 和表 5-8，其中 KCl：42.6%，NaCl：8.0%，LiCl：35.9%，最后确定配方列于表 5-7 序号 9。

Y—2 型铝钎剂配制时，需先配制 KF-NaF-LiF 共晶成分混合物，由于 KF 含有结晶水，混合料在烘烤过程中变成混浊的水溶液，并且与容器壁发生浸蚀作用，试验发现它与不锈钢容器、$Al_2O_3$坩埚、搪瓷容器、玻璃烧杯都会发生反应，只有用耐温 300℃以上的塑料王烧杯，化学名聚四氟乙烯烧杯才能适用，在 250~280℃烘烤干燥后均匀混和，如果混和物在 454℃左右能够熔化，表明混合料合格，用此料配制钎剂性能较好；另外 $ZnCl_2$、$SnCl_2$须用分析纯原料，它们的质量也明显影响钎料的流布性。

$SnF_2$的熔点为 210℃，非常适合做中温铝钎剂的去膜组分，但市场上极难买到，张启运教授介绍可用 SnO 与 HF 反应制得[18]；肖家欢介绍可用氧化亚锡与氟化氢铵直接配入钎剂反应后可得到 $SnF_2$，反应式如下：

$$SnO + NH_4HF_2 \rightleftharpoons SnF_2 + NH_4OH$$

此外，CsF-KF-LiF 系三元相图上的无变点组成分也有可能作为中温铝钎剂的去膜组分，见图 5-26，无变点组成分列于表 5-15，两个无变点都有可能作为复合去膜剂的组分。CsF 熔点 682℃，易潮解，在 18℃水中的溶解度 367g/100mL[29]，售价较贵，具体工作尚需进一步研究。

中、低温钎剂常用的熔盐体系示于图 5-27。

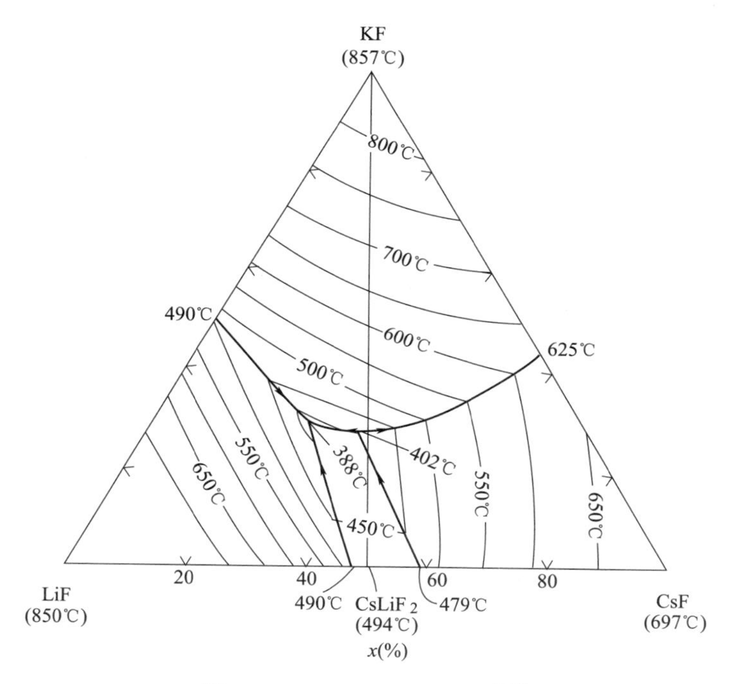


图 5-26 CsF-KF-LiF 系相图[45]

**表 5-15 CsF-KF-LiF 系中无变点组成分**

| 温度/℃ | 组成分，(x)（%） | | | 组成分，(w)（%） | | |
|---|---|---|---|---|---|---|
| | CsF | KF | LiF | CsF | KF | LiF |
| 388 | 24.5 | 30 | 45.5 | 56.01 | 26.23 | 17.76 |
| 402 | 35.5 | 27.5 | 37.0 | 67.8 | 20.1 | 12.1 |

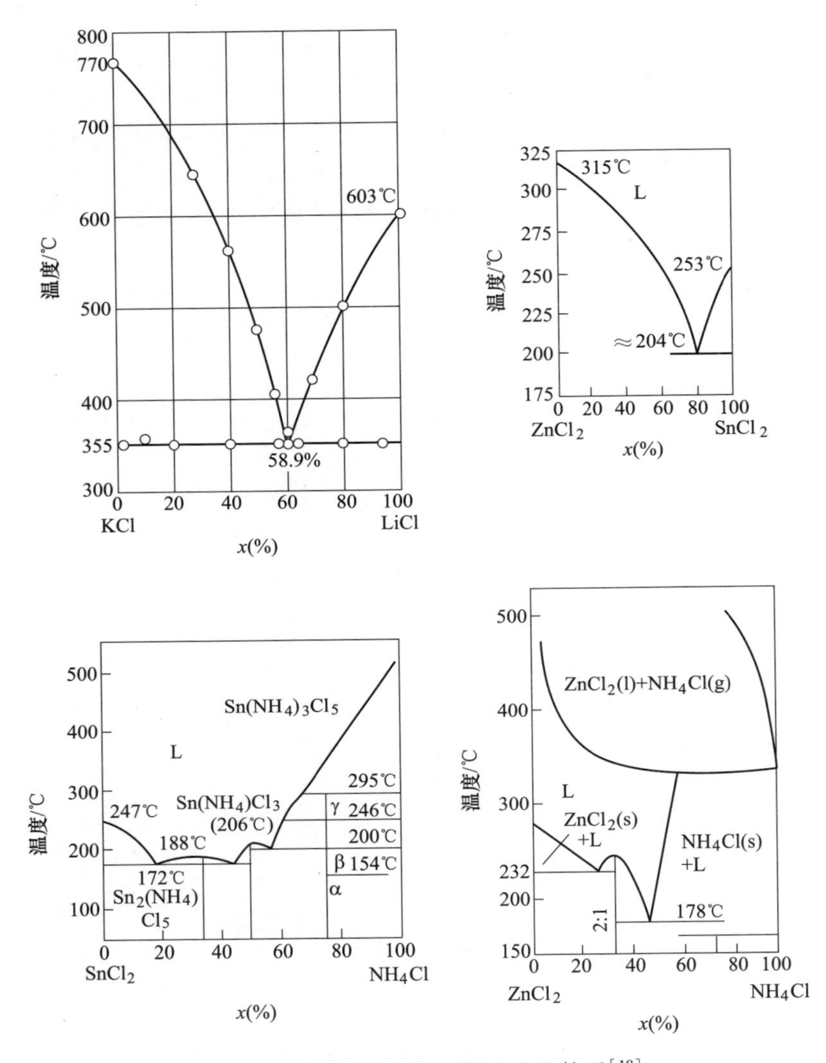


图 5-27 中、低温钎剂常用的熔盐体系[18]

# 5.3 Y—3 型膏状银钎剂

银钎剂是配合银钎料钎焊不锈钢、电器触头、硬质合金、铜及其合金等使用的钎剂，除极少数银钎料的液相点温度超过 800℃外，绝大多数银钎料的液相点温度都低于 800℃，因此银钎剂的作用温度范围应在 500~850℃之间。

### 5.3.1 银钎剂的主要组成分[18,2]

（1）硼砂（$Na_2B_4O_7 \cdot 10H_2O$） 白色晶体，能溶于水，0℃水中溶解度2.01g/100mL，100℃水中170g/100mL[29]；加热可去除结晶水；超过130℃脱水成$Na_2B_4O_7 \cdot H_2O$，超过350℃才能得到无水硼砂；硼砂脱水时发生猛烈沸腾，形成疏松泡沫状物质，熔点741℃，高温态时分解为偏硼酸钠和硼酐，$Na_2B_4O_7 \rightleftharpoons 2NaBO_2 + B_2O_3$，硼酐有很强的去氧化物能力，形成偏硼酸盐与偏硼酸钠复合成低熔点熔渣。

$MeO+2NaBO_2+B_2O_3 \rightleftharpoons (NaBO_2)_2 \cdot Me(BO_2)_2$硼砂去氧化物效果很好，但在800℃以下，黏度很大，流动性不好。

（2）硼酸（$H_3BO_3$） 在100℃水中溶解度27.6g/100mL，加热至169℃分解成偏硼酸，继续加热（约至300℃）脱水得硼酐。

$$H_3BO_3 \xrightarrow{169℃} HBO_2 + H_2O$$

$$2HBO_2 \xrightarrow{\approx 300℃} B_2O_3 + H_2O \ .$$

$B_2O_3$的熔点随结构状态不同有所差异，密度为1.805g/mL的晶体，熔点为450℃[29,47]。$Na_2B_4O_7$-$B_2O_3$二元相图如图5-28所示，相图上所示$B_2O_3$的熔点580℃；与文献［29，47］的数据有差异。

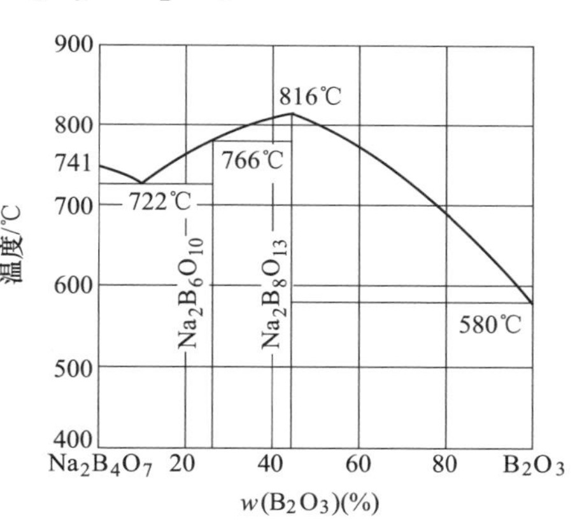


图5-28 $Na_2B_4O_7$-$B_2O_3$二元相图[18]

（3）氟硼酸钾（$KBF_4$） 熔点540℃，在20℃和100℃水中的溶解度分别为0.44g/100mL和6.27g/100mL，高于750℃时迅速分解：$KBF_4 \longrightarrow KF + BF_3$，所以$KBF_4$有很强的去氧化物能力。

（4）氟化氢钾或二氟化氢钾（$KHF_2$） 熔点239℃，低于195℃为α型，195~239℃为β型，常温放置不吸水，80℃水中溶解度为114g/100mL，高温时分解为KF和HF[48]。

（5）氟化钾（KF） KF熔点858℃，易吸潮，18℃水中溶解度为92.3g/100mL，通常没标明无水氟化钾的供品，一般含有结晶水，化学式为$KF \cdot 2H_2O$；41℃时结晶体化解为液体，它不同于熔化，化解的氟化钾液体能浸蚀不锈钢、$Al_2O_3$瓷坩埚、搪瓷容器，所以想脱去氟化钾中的结晶水相当麻烦，经验表明，能耐温200℃以上的聚四氟乙烯烧杯（工厂工人们称塑料王烧杯）作容器加热脱水。能保持氟化钾原有的性能，$KF \cdot 2H_2O$ 在 18℃ 水中溶解度为 349.3g/100mL[29]，含结晶水的氟化钾在空气中久存后会结块，继而变成水溶液。在硼砂、硼酸基钎剂中加入氟化钾能降低钎剂的温度和黏度，提高去氧化物能力，尤其是钎焊不锈钢时，效果很明显。

（6）碳酸钾（$K_2CO_3$） 熔点 891℃，易吸潮，20℃ 水中溶解度 112.0g/100mL[29]，在氟硼酸钾为基的钎剂中，添加 $K_2CO_3$ 能提高钎剂的作用温度。

## 5.3.2 国内银钎剂标准配方

国产银钎剂过去都是粉剂，典型的银钎剂配方列于表 5-16，现在国内许多企业也生产膏状银钎剂。

**表 5-16 典型国产银钎剂成分[18]**

| 序号 | 牌号 | 成分（$w$）（%） | 作用温度/℃ | 用途 |
|---|---|---|---|---|
| 1 | FB101 | 硼砂 30，氟硼酸钾 70 | 550~850 | 银钎料钎焊 |
| 2 | FB102 | 无水氟化钾 42，硼酐 35，氟硼酸钾 23 | 600~850 | 应用最广银钎剂 |
| 3 | FB103 | 氟硼酸钾>95，碳酸钾<5 | 550~750 | 银铜锌镉钎料 |
| 4 | FB104 | 硼砂 50，硼酸 35，氟化钾 15 | 650~850 | 银基钎料 |
| 5 | 284（苏） | 无水氟化钾 35，硼酐 23，氟硼酸钾 42 | 500~850 | 各种银钎料 |

FB102（粉剂）：是国内应用最广的银钎剂，它的优点是去除氧化物能力强，作用温度范围宽，适用于各种不同熔化温度的银钎料；它的缺点是因含有大量氟化钾，导致吸潮性强，吸潮后容易结块，大大降低钎剂的性能，在潮湿地区这种现象更为严重。

FB103（粉剂）：是以氟硼酸钾为绝对主体的钎剂，去除氧化物能力很强，作用温度为 550~750℃，尤其适用于液相点温度较低的银钎料。

FB104（粉剂）：是以硼砂、硼酸为主体的钎剂，添加 KF 可降低钎剂的熔点，增加流动性；钎焊不锈钢时去除氧化物效果明显，流布性也好，但钎焊后有一层不易清除的渣壳。

## 5.3.3 Y—3 型膏状银钎剂

1992 年广州交易会上得到美国制造的原装进口 113g 的小包装银钎剂膏样品，标识为 Stay-Silv®，符合 OF 499C（TYPE B）ANSI/AWS FB 3—A 标准；作用温度 800~1600℉（摄氏温度为 427~871℃），这种银钎剂膏配合银钎料在氧乙炔焰加热条件下，钎焊不锈钢，发现钎料对母材的润湿和流布明显优于国内广泛应用的 FB102（粉剂）银钎剂，反应残渣很容易清除，使用比粉剂方便，当时国内尚无国产的膏状银钎剂供应，因此有研制这种膏状银钎剂的意向。

21世纪初在广东中山市华乐焊接材料公司任职时，发现客户使用的银钎剂膏除美国制造的B型钎剂外，还有墨西哥制造的B型钎剂（符合美国标准）和U型钎剂，日本制造的J型钎剂，外观相似，性能基本上大同小异，同时发现国内厂家制造的膏状银钎剂，虽然外观相似，但使用质量不如外国产品，由于存在巨大的市场需求和厂方的支持，再次激发我研制这一产品的兴趣。通过资料的搜索，发现这类钎剂的主体为氟硼酸钾，因此以FB103钎剂为主体加水搅拌，结果不成糊状，因为常温下氟硼酸在水中的溶解度为0.44g/100mL[29]，可以认为不溶于水，无法成糊状。于是采用KF、$KHF_2$和$H_3BO_3$为原料，使其反应生成$KBF_4$的方法配制糊状钎剂。实践知悉工业用氟化钾一般含有结晶水，色泽不那么白，放久了会结块，甚至变成液体，无水氟化钾质量好，但价格贵；工业用$KHF_2$常温下不吸潮、洁白，价格比KF便宜。因此选用国产$KHF_2$和优质硼酸作为原料进行配制，为了确定两者合适的配比，写出它们可能进行的化学反应方程式，罗列于下：

44.2%　　55.8%

$$2H_3BO_3+2KHF_2 = KBF_4+KBO_2+4H_2O \tag{5-1}$$

61.8×2=123.6　78.1×2=156.2　总量279.8

54.3%　　45.7%

$$3H_3BO_3+2KHF_2 = KBF_4+KBO_2+HBO_2+5H_2O \tag{5-2}$$

61.8×3=185.4　78.1×2=156.2　总量341.6

61.3%　38.7%

$$4H_3BO_3+2KHF_2 = KBF_4+KBO_2+2HBO_2+6H_2O \tag{5-3}$$

61.8×4=247.2　78.1×2=156.2　总量403.4

38.8%　　61.2%

$$4H_3BO_3+5KHF_2 = 2KBF_4+KBO_2+HBO_2+2KF+8H_2O \tag{5-4}$$

61.8×4=247.2　78.1×5=390.5　总量637.7

反应物$H_3BO_3$和$KHF_2$的相对分子质量分别为61.8和78.1，反应式下面的数字表示参加反应物质的质量，反应式上面的数字表示参加反应物质的质量百分数。参加反应的两种物质的配比不同，其反应产物有所不同，从四个反应式显示，反应产物都出现$KBF_4$和$KBO_2$，除式（5-1）外，其他反应式都出现$HBO_2$和$H_2O$。依据反应式，选取$H_3BO_3$和$KHF_2$不同的质量百分数配比作为基体，然后根据工艺试验的情况，再添加其他配料。试验时取B型钎剂和J型钎剂作为对比样品予以比较，要求制得的钎剂性能达到或超过对比样品的性能。

试验表明反应式（5-1）、式（5-2）、式（5-3）的$H_3BO_3$和$KHF_2$的不同配比，都可作为研制钎剂的基体组分，现以反应式（5-1）为例，配制250g钎剂：

$H_3BO_3$的质量：250g×0.442=110.5g

$KHF_2$的质量：250g−110.5g=139.5g

或 250g×0. 558=139. 5g

把称好的 110. 5g $H_3BO_3$ 和 139. 5g $KHF_2$ 一起倒入不锈钢杯中，用 $\phi$6mm 不锈钢棒不停搅拌，原料开始发生吸热反应，杯子有冷感，同时配料出现水分变成湿态，紧接着发生放热反应，配料逐渐变干，有结块倾向，此时赶快加水，继续不停搅拌，杯子越来越热，一直搅拌到成糊状，此时观察反应生成物的色泽与样品进行比较，调整两种配料的配比，可使色泽与样品接近，用石蕊试纸测试，发现 pH 为 7. 0，同时测试样品的 pH 为 7. 8，样品明显偏碱性，因此考虑添加价格便宜的 NaOH，同时参考 FB103 配方中有 $K_2CO_3$，它可提高以 $KBF_4$ 为主体钎剂的作用温度，因此也作为添加原料。试验中发现 J 型钎剂反应残渣有一些不连续的类似硼砂型钎剂反应后的渣壳，去掉后钎缝很光亮，B 型钎剂没有这样的渣壳，钎缝没那么光亮，但反应残留物很容易清除，考虑后把硼砂也作为添加物；在氧乙炔焰加热手工钎焊时，发现有黄色烟火，焊工提出影响操作视线，为此改用 KOH 替代 NaOH。从 2003—2004 年整整花了一年多时间，反反复复调整各种配料的添加量，历经 130 多次试验，达到预期目标，研制取得成功，研制产品的性能完全可与 B 型、J 型钎剂媲美。

所有试验按 GB/T 11364—2008《钎料润湿性试验方法》规定进行，主要试验都在电阻炉中加热进行，适当配合氧乙炔焰加热，母材用厚 0. 8~1. 0mm 的不锈钢薄片，少量试验用黄铜片；钎料用 BAg25CuZn 和 BAg25CuZnCd，丝径 $\phi$1. 0~$\phi$1. 5mm。每次炉中试验都把研制钎剂和样品钎剂放在同一块不锈钢片上，以保证在相同条件下得到的结果有可比性，根据对比情况，不断调整每种配料的加入量及它们互相配合关系，最后研制成功两个 Y—3 型银钎剂膏配方，研制成果在中山华乐和广州钧益焊接材料有限公司批量生产投放市场。现把其中一个 Y—3 型银钎剂膏配方列于表 5-17。

**表 5-17　Y—3 型膏状银钎剂配方之一**

| 组分 | $H_3BO_3$ | $KHF_2$ | 硼砂 | $K_2CO_3$ | KOH | $ZnCl_2$ | 其他 |
|---|---|---|---|---|---|---|---|
| $w$(%) | 38. 21 | 48. 29 | 3 | 3 | 4. 5 | 3 | 微量 |

Y—3 型膏状银钎剂主要性能指标：500℃完全熔化，作用温度 550~850℃，pH7. 8，钎焊不锈钢时，银钎料润湿良好，沿钎缝流布顺畅，钎焊后反应残留物无渣壳状物质，用湿布能擦抹干净，钎剂膏可用水稀释，放久后若有沉积物或结块，可用温水化解调开后使用，不影响使用性能。

## 5. 4　双辊法 0. 15~0. 35mm 微晶态薄带钎料近终成形技术

通常钎焊工艺所采用的焊片厚度大多为 0. 15~0. 25mm，常规钎料薄带加工方法有两种工艺流程：

1）热轧、冷轧加工工艺流程：

铸锭 ⟨→铸锭处理 / →轧机准备⟩ →热轧→整形铣面→冷轧→中间退火→精轧→精整定尺寸→成品

2）挤压、拉丝、冷轧加工工艺流程：

铸锭 ⟨→铸锭处理 / →模具准备⟩ →热挤压 ⟨→拉丝 / →扁坯⟩ →冷轧→中间退火→精轧→精整定尺寸→成品

从上述工艺流程可知，加工工艺复杂，尤其是冷轧、中间退火工序须反复进行很多道次，例如从1mm厚度轧制到0.2mm厚度，须反复进行8道次，才能达到所需尺寸要求；除有专用成套轧制设备的钎料厂采用第一种工艺流程外，大多钎料厂都采用第二种工艺流程制造薄带钎料。

单辊法快速凝固非晶态薄带钎料，厚度一般为0.04~0.06mm，因此除某些场合外，大多数场合须用2片或2片以上叠加使用，才能获得优良的钎焊接头，因此操作起来很不方便，大大限制了非晶态钎料薄带的使用前景。

采用双辊法快速凝固，可以由液态金属直接一次轧制成0.15~0.35mm近终形微晶态钎料薄带，生产率高达每分钟制得300~360m薄带，CuP系，CuPAg系等各种钎料薄带都能制得；微晶态薄带保留了非晶态薄带成分均匀、无宏观偏析的特点，使用方便，适合大多数采用焊片钎焊的场合；本方法是21世纪最先进的薄带加工技术。

## 5.4.1 双辊快速凝固设备结构原理

图5-29为自主设计上注式双辊急冷设备原理示意图，整机为焊接结构，供液漏斗由电阻炉加热保温，功率3kW，供液漏斗为不锈钢容器，可左右、上下移动，调节在两辊隙间的位置，漏斗最大容量可容纳6kg铝及铝合金；轧辊为内水冷却结构，辊套为特制铍青铜，203HV，导热系数2.09W/(cm$^2$·℃)，软化温度520℃，辊套直径$\phi$400mm，辊隙调节范围0~10mm，供液漏斗内用氮气加压，倒入供液漏斗的液温和离辊薄带的温度由xMx-01袖珍温度数字显示仪测定，设备运行时，轧辊两侧面不用侧封装置。若用于生产的话，设备的关键是辊套的材质。

## 5.4.2 薄带成形过程[49]

采用圆形单孔喷嘴，液流柱与辊面接触因急冷而凝固成细晶壳层，同时把液

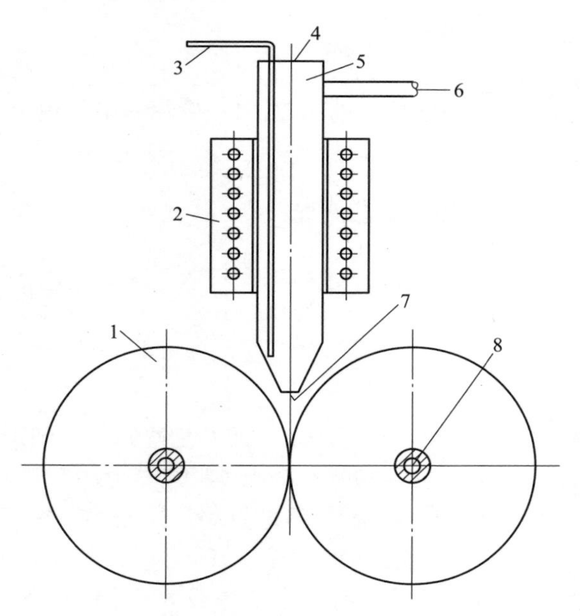


图 5-29　双辊急冷设备原理示意图

1—内水冷轧辊　2—保温器　3—热电偶　4—加料口
5—供液漏斗　6—进气口　7—喷嘴　8—冷却水通道

体挤向两侧形成一定宽度，如图 5-30 所示，随轧辊的转动，壳层依靠辊面的摩擦力，由 $a$ 点向下移动并逐渐加厚，壳层与液体的交界面即结晶前沿处发生位移，因此若有枝晶的话，它会断裂而抑制柱状晶长大，如图 5-37 所示。

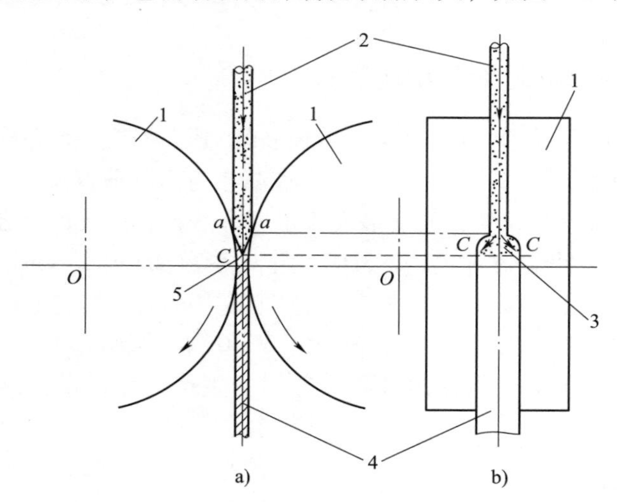


图 5-30　薄带成形过程示意图

1—内水冷轧辊　2—液流　3—壳层和液体共存熔池　4—已轧薄带　5—壳层

当双辊薄带的厚度为0.1mm时，金相组织示于图5-31，薄带横截面有明显的三层，两边为极细晶粒的急冷壳层，中间为细小等轴晶，经XRD分析，大部分Si已析出。运行时随轧辊间隙逐渐减小，液体被挤向壳层两侧，使薄带达到应有的宽度，两壳层在全凝固点*C*点会合，之后从*C*点到轧辊中心点连线*OO*处，薄带经受轧制作用，形成光亮优质的铸轧薄带。

AlSi10Cu4Zn5合金

图5-31 双辊快凝0.1mm薄带金相组织450×

当辊隙<0.1mm时，*C*点一般在*OO*线上方，并随转速增加而下移。如果制备带宽≥10mm，需用多孔喷嘴，为了获得光滑平整的表面，两条或两条以上液流柱必须在*aa*与*C*点之间合适的位置上形成整体熔池，若过于偏向全凝固点*C*点，则当薄带通过轧辊中心连线即最小辊隙时，薄带中心可能存在未凝固液体，薄带表面会局部鼓泡。无论单孔或多孔喷嘴，液流柱与辊面接触后，必须形成整体熔池，在整个制带过程中，熔池的宽度、高度必须保持不变，这是形成连续优质薄带的先决条件。也就是由工艺参数的确定和配合来保证这一条件。

## 5.4.3 微晶态钎料薄带的性能[50]

把微晶态钎料薄带的各项性能指标与同成分的普通晶态钎料加以比较，可以发现微晶态钎料具有许多明显的优越性。

### 1. 熔化特性

钎料成分为AlSi10Cu4Zn5Re0.2的Y—1型铝基钎料，用DuPont1090仪器进行DSC分析；成分为ZnAl5Cu1Mg0.05Ce0.04Sb 0.15的Y—2型钎料，用德国耐驰仪器进DSC分析，测得的温度列于表5-18。表5-18数据表明，当钎料成分相同时，微晶态钎料的液相点温度比普晶态钎料有所下降。DSC曲线如图5-32和图5-33所示。

表5-18 AlSiCuZn；ZnAl5钎料熔化特性[50]

| 钎料编号 | 钎料状态 | 直径或厚度/mm | 组织状态 | 固相点/℃ | 液相点/℃ | 结晶温度范围/℃ |
|---|---|---|---|---|---|---|
| Y—1 | 金属型铸条 | $\phi$4.0 | 普晶态 | 525.0 | 553.2 | 28.2 |
| | 快凝薄带 | 0.12 | 微晶态 | 525.4 | 550.0 | 24.6 |

（续）

| 钎料编号 | 钎料状态 | 直径或厚度/mm | 组织状态 | 固相点/℃ | 液相点/℃ | 结晶温度范围/℃ |
|---|---|---|---|---|---|---|
| Y—2 | 金属型铸条 | $\phi$4.0 | 普晶态 | 385 | 393 | 8 |
| | 快凝薄带 | 0.25 | 微晶态 | 369.5 | 385.9 | 16.4 |

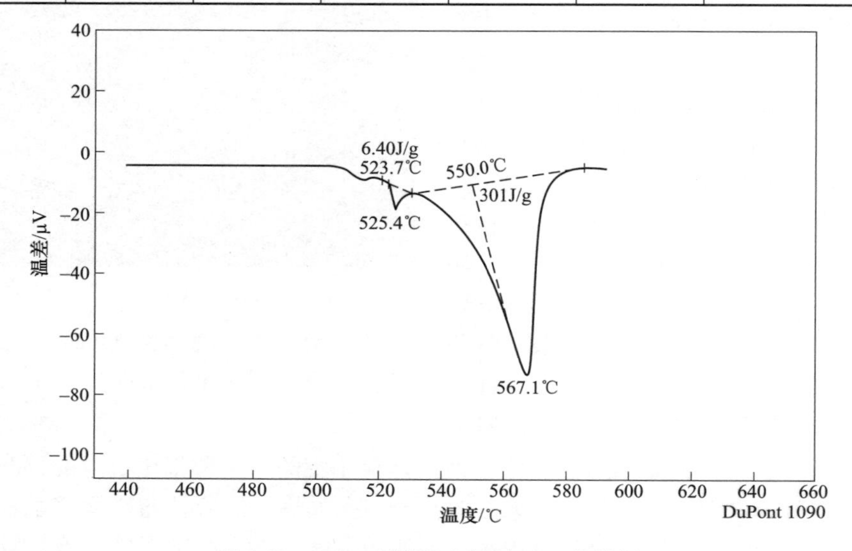


图 5-32 Y—1 型微晶态钎料 DSC 曲线图

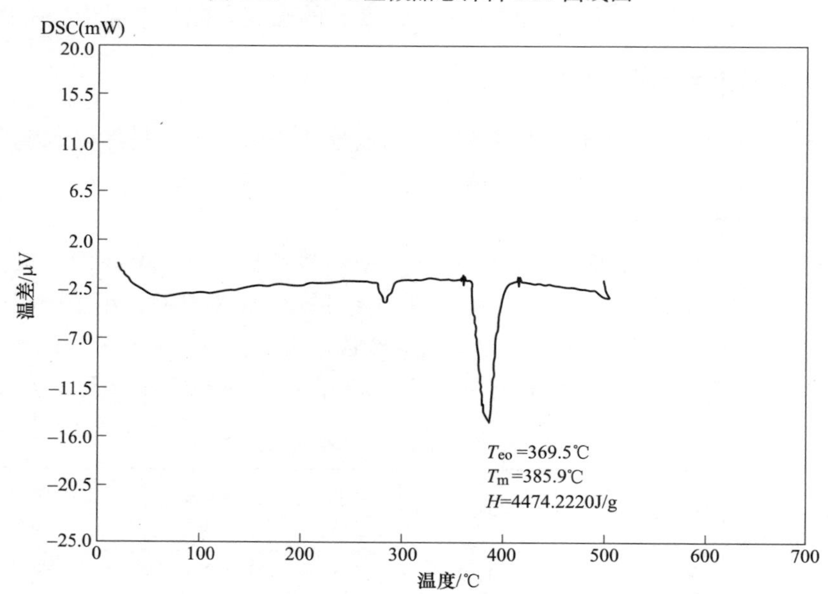


图 5-33 Y—2 型微晶态钎料 DSC 曲线图

### 2. 润湿性

按 GB/T 11364—2008《钎料润湿性试验方法》规定，在同一块铝片上放普晶态和微晶态质量相同的两种钎料，覆盖相同的钎剂，放入电阻炉中加热，保温一定时间，使钎料流布，每一温度重复5次，钎料放置位置轮流交替，测得流布面积平均值列于表5-19，微晶态钎料流布面积比普晶态平均提高14%；取580℃流布试件，测定普晶态和微晶态的润湿角分别为11.58°和9.7°[50]，平均减小了1.88°，从表5-19可见，微晶态钎料随加热温度升高流布面积逐级增大，而普晶态钎料在600℃时，流布面积比590℃时反而减小，这说明微晶态钎料的成分非常均匀，普晶态钎料存在成分的不均匀性。

**表5-19　Y—1型钎料流布面积[50]**　（单位：$mm^2$）

| 钎料形态 | 组织状态 | 570℃ | 580℃ | 590℃ | 600℃ |
|---|---|---|---|---|---|
| 金属型铸条 $\phi$4mm | 普通晶态 | 96.6 | 101.3 | 113 | 108.6 |
| 快凝薄带厚0.12mm | 微晶态 | 118.3 | 119.3 | 122 | 128 |

### 3. 钎料和钎焊接头的力学性能[50]

快凝微晶态钎料薄带的抗拉强度 $R_m$（旧符号 $\sigma_b$）由普晶态的222MPa提高到285MPa，提高了28.4%，大幅提高强度的主要原因是快凝微晶态薄带的组织高度细化，薄带中心区域冷却速度最低，晶粒尺寸约为1~3μm，见图5-31；共晶Si高度细弥，$\alpha_{Al}$相由于Si的过饱和强化和Si相的脱溶强化，形成亚稳定强化组织，加上高温成带时的轧制变形[51]。

钎焊接头的抗拉强度试验结果列于表5-20，试验母材牌号1100（老牌号L6），厚度3mm轧制铝材，试件尺寸为100mm×40mm×3mm，对接接头，氧乙炔焰加热，手工钎焊。

**表5-20　钎焊接头拉伸试验[50]**

| 钎料晶态 | 试件编号 | 接头抗拉强度 $R_m$/MPa | 平均值 $R_m$/MPa | 断裂位置 |
|---|---|---|---|---|
| 微晶态 | M1 | 95.5 | 92.6 | 母材 |
| | M2 | 85.8 | | 钎缝 |
| | M3 | 95.9 | | 母材 |
| | M4 | 98.7 | | 母材 |
| | M5 | 87.2 | | 钎缝 |
| 普晶态 | C1 | 99.6 | 90.8 | 母材 |
| | C2 | 94.3 | | 母材 |
| | C3 | 94.5 | | 母材 |
| | C4 | 83.5 | | 钎缝 |
| | C5 | 82.3 | | 钎缝 |

从表 5-20 可以看到两者焊成的接头强度相差不大，但强度值散布状况有明显不同，主要是反映钎料成分的不均匀性，表 5-19 钎料流布性试验也反映了普晶态钎料成分不均匀性的影响。试验表明用微晶态钎料焊成的接头强度稳定性较高，这是一个重要的质量指标。

**4. 微晶态钎料薄带的冷轧性**[52]

双辊法 0. 15～0. 35mm 钎料薄带近终成形制品，能否进行随后的常规轧制加工，轧制后的性能好坏将成为该技术能否跨入商业应用的关键[52]，因为某些高精场合对钎料薄带尺寸精度要求很高，近终成形薄带尺寸与高精要求存在一些差距，必须经过高精轧制才能符合高精要求。笔者在这方面进行了试验；材料为 AlSi12. 5 共晶型合金和 AlMn1. 2（牌号 3003）固溶体型合金，AlSi12. 5 合金快凝态薄带厚度为 0. 28mm，直接经三道次冷轧至 0. 14mm，总变形量达 50%，薄带边缘未出现裂纹；经 400℃、30min 退火后，经两道次冷轧至 0. 14mm，薄带边缘也未出现裂纹，轧制后的薄带可绕直径为 $\phi$1. 0mm 芯棒弯曲而不断裂。AlMn1. 2 合金 0. 45mm 快凝态薄带和 400℃、30min 退火态薄带，以不同的轧制速度，经连续 2～3 道次冷轧至 0. 13mm，总变形量达 71%，薄带边缘也不出现裂纹，冷轧过程中都不进行中间退火，冷轧薄带的拉伸试验结果列于表 5-21，拉伸试样尺寸 $l_0=5b$（$l_0$为有效长度，$b$ 为宽度），两端夹持部分的两侧面都用环氧树脂胶粘贴两块薄片，以保证试件稳定夹持而不偏斜。

**表 5-21 快凝薄带与 400℃退火态薄带的冷轧性能**[52]

| 试验合金 | 薄带厚度/mm | $R_m$/MPa | 强度提高（%） | 冷轧总变形量（%） | 对比材料及状态 |
|---|---|---|---|---|---|
| AlSi12. 5 | 快凝态 0. 28 | 225 | 45 | | ZL102，J，F，$R_m$ = 155MPa[13] |
| | 冷轧态 0. 14 | 250 | 11 | 50 | AlSi12. 5 快凝态 |
| AlMn1. 2 | 快凝态 0. 45 | 200 | 66. 6 | | 3003，R，$R_m$ = 120MPa[12] |
| | 冷轧态 0. 13 | 246 | 39. 8 | 71 | 3003，Y1，$R_m$ = 176MPa[12] |

注：J—金属型铸造；F—铸态；R—热轧态；Y1—3/4 硬化。

AlSi12. 5 合金快凝态钎料薄带厚度为 0. 28mm 时，沿厚度方向的金相组织为明显的五层，两边激冷层为极细小晶粒，两边次层为柱状晶，其一次晶间距约为 2. 5μm 左右，中心层为极细小的等轴晶，如图 5-34a 所示；经 400℃、30min 退火后，初晶形态消失，全部变成细小均匀的等轴晶，如图 5-34b 所示；值得注意的是在常规铸件中，如果固态无相变的合金，则通常退火处理不能改变其初晶形态，而快凝态薄带经退火后，使初晶形态变成细弥的等轴晶，这可能是微晶态薄带具有优良冷轧性的根本原因。

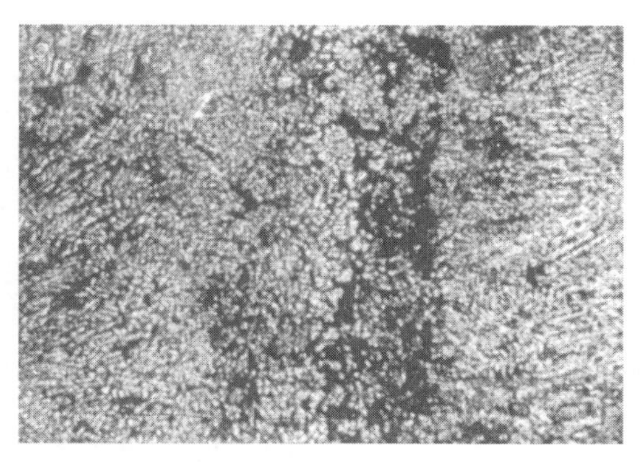

a) 微晶薄带原始态400×

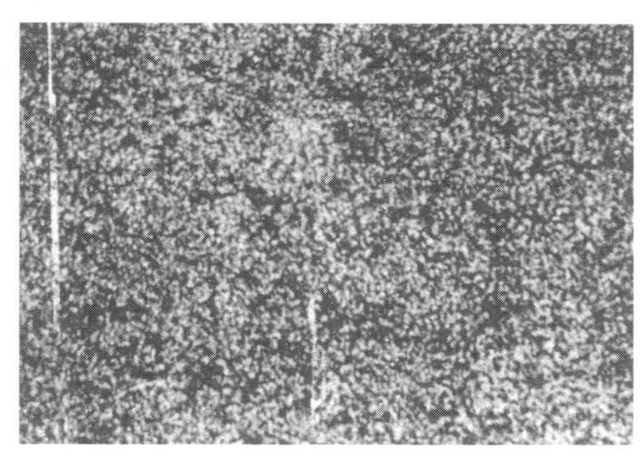

b) 400℃，30min退火400×

图 5-34　AlSi12.5 合金，厚度 0.28mm 薄带金相组织图

**5. 微晶态薄带钎料的含氧量**

本研究的双辊法喷液轧带是在空气中进行的，因此钎料薄带的含氧量也是一个重要的指标，现将 Y—1 型铝基钎料样品，由薛松柏教授协助，经哈尔滨焊接研究所测定，并提供其他情况测定结果进行比较，结果列于表 5-22，薄带栏横线上方为测得的最大和最小值，横线下方为平均值，由此表可知，用双辊法制得的微晶态钎料薄带含氧量非常低。

**表 5-22　不同方法制得样品含氧量比较**

| 试样制备方法 | 双辊快凝薄带 | 埋弧焊 | Cu-P 粉末 | 焊锡丝 |
|---|---|---|---|---|
| 含氧量 $w(\mathrm{O})$ (%) | $\frac{0.0091 \sim 0.0101}{0.0097}$ | 0.03~0.06 | 0.8~1.0 | 0.01 |

## 5.4.4　微晶态薄带钎料的显微组织[51]

双辊快速凝固微晶态钎料薄带的显微组织，随合金的种类、成分的差异、薄带厚度以及工艺参数不同有一定差别。

**1. AlSi10Cu4Zn5Re 合金**

即为 Y—1 型 Al 基钎料，冷却速度 $10^6$℃/s 数量级，出带速度 15.7m/s，薄带厚度 0.10mm；薄带横截面显微组织有明显的三层，两侧为激冷壳层的细晶区，中间为极细小的等轴晶区，基体为 $\alpha_{\mathrm{Al}}$ 相，其上均匀地分布已析出的 Si 颗粒如图 5-31 所示。

**2. AlSi12.5 合金**

该合金为 Al-Si 共晶合金，薄带厚 0.28mm，出带速度 5.2m/s，冷却速度 $10^4$~$10^5$℃/s 数量级之间，显微组织为明显的五层，如图 5-34a 所示，两侧为极细小晶粒壳层，紧连着向中心成长的柱状晶，其长度可达 54μm，一次晶间距约为 2.5μm，比较图 5-31 和图 5-34a，由于薄带厚度增加，冷速度降低，薄带横截面上出现了柱状晶，中心层仍为细小等轴晶；经 400℃退火后，薄带初晶形态消失，全部变成均匀细小等轴晶（见图 5-34b）。

**3. AlSi12.45 合金**

薄带厚 0.17mm，带宽 43mm，出带速度 5.2m/s，激冷边冷却速度约为 $10^5$℃/s 数量级，中心区约为 $10^4$℃/s 级，薄带离辊温度经测定为 165～175℃，薄带横截面的 SEI 显微组织如图 5-35[51] 所示。

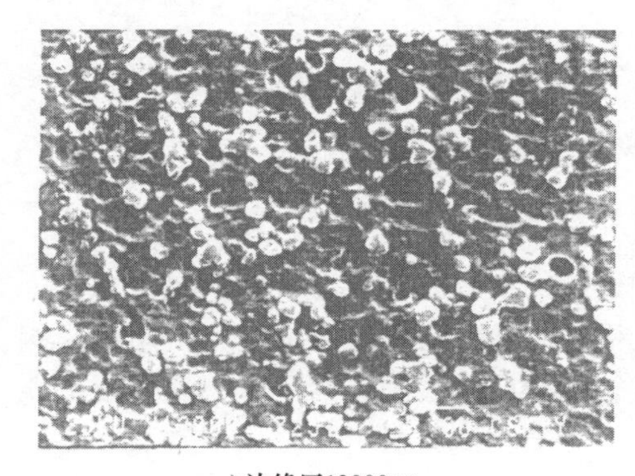

a) 边缘区12000×

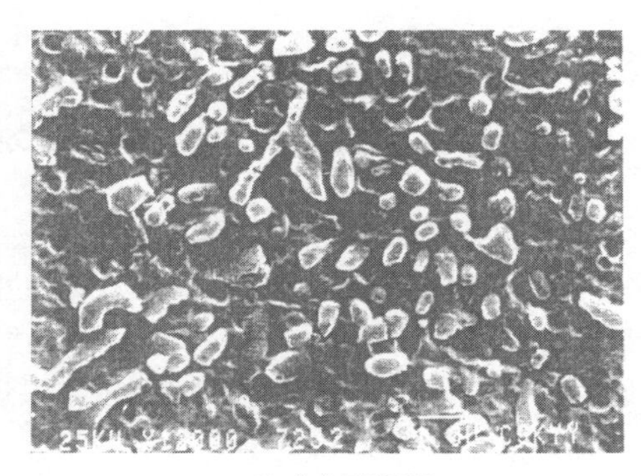

b) 中心区12000×

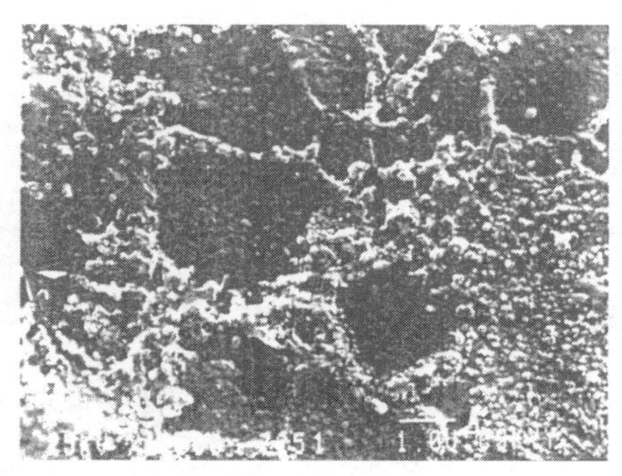

c) 中心区12000×

图 5-35 AlSi12.45 合金 SEI 显微组织图

a）薄带边缘区：浅腐蚀 Si 粒尺寸 0.4μm b）薄带中心：浅腐蚀 Si 粒尺寸 0.8μm，最长 3μm
c）薄带中心：深腐蚀共晶 Si 尺寸 0.1～0.2μm，$\alpha_{Al}$ 相中脱溶 Si0.1～0.3μm

经浅腐蚀后 SEI 的形貌分析，无论在薄带的边缘区还是中心部位，显微组织都是 Si 颗粒分布在 $\alpha_{Al}$ 相的基体上，边缘区 Si 颗粒尺寸为 0.4μm，见图 5-35a，中心部位约为 0.8μm，条状 Si 粒长度达 2～3μm，见图 5-35b；经深腐蚀后 SEI 形貌分析发现，中心部位先结晶出先共晶 $\alpha_{Al}$ 相，然后再在晶界结晶出（$\alpha_{Al}$+Si）共晶体，共晶体中的Si已连成一片，Si颗粒尺寸约为0.1~0.2μm，先共晶 $\alpha_{Al}$ 晶粒尺寸约为2~3.5μm，溶于 $\alpha_{Al}$ 相中的Si有部分已脱溶析出，颗粒约为0.1~0.3μm，见图5-35c。

用XRD内标法定量测定薄带边缘和中心部位Si在Al中的固溶度，分别为13.5mg/g和7.1mg/g，大于平衡状态室温时0.6mg/g[51]。快速凝固薄带边缘溶质溶解度大于中心溶解度，这与常规铸造合金的规律恰恰相反。

**4. ZnAl5Cu1Mg0.05合金（Y—2型钎料）**

Y—2型钎料薄带的熔化温度为369.5~385.9℃，见图5-33，厚度0.25mm、宽24.7mm，出带速度5.2m/s，冷却速度约为 $10^5$℃/s数量级，薄带离辊温度，经测定约为120℃，显微组织如图5-36所示。

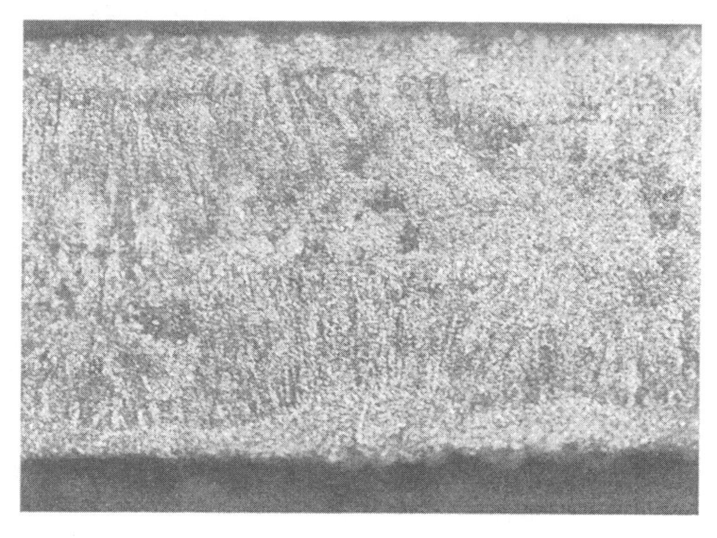

图5-36 ZnAl5Cu1Mg合金显微组织图400×

激冷边细晶区尺寸约10~25μm，柱状晶区长度约80~90μm，一次晶间距约0.7μm，中心等轴晶区只有20~25μm，可以看到锌基合金当快速凝固薄带厚度超过0.20mm时，有明显的柱状晶体，保留着锌基合金常规条件下的结晶特点。与Al-Si合金一样，当退火温度≥250℃时，初晶形态消失而形成均匀细小的等轴晶。

**5. BCu93PRe0.05钎料合金**

熔化温度710~750℃，薄带厚度0.25mm，宽9mm，出带速度4.7m/s，显微组织如图5-37所示。

由图5-37可见，激冷边厚度约为2~4μm中心部位有粒状先共晶 $\alpha_{Cu}$ 相，颗

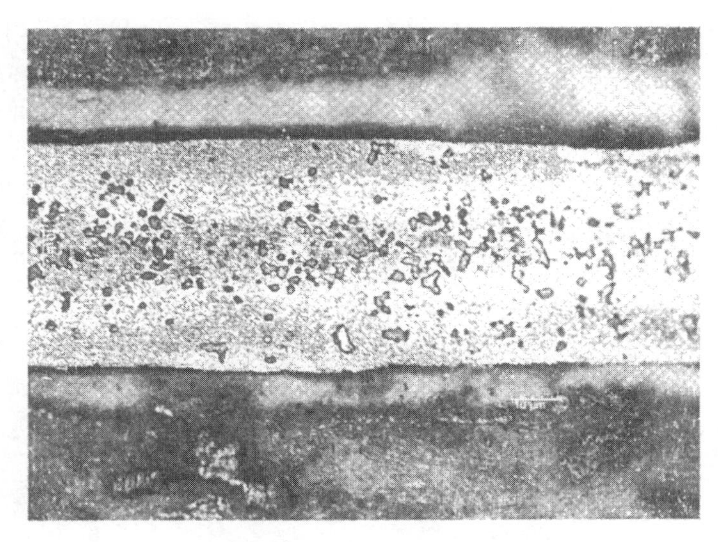

图 5-37　BCu93PRe0.05 合金显微组织 200×

粒尺寸约 2~6μm，基体为（$\alpha_{Cu}$+$Cu_3P$）共晶体，如果在通常铸造条件下凝固，先共晶 $\alpha_{Cu}$ 相应该是树枝状晶体，见图 3-18；在双辊快凝条件下，激冷壳层结晶前沿与液相有相对移动，树枝晶断裂成结晶核心，同时由于冷却速度快，液相中结晶核心多，结果形成许多颗粒状先共晶 $\alpha_{Cu}$ 相。在图 5-37 中灰白色的基体组织，在高倍放大条件下，实为黑白相间的细小共晶体，黑色的为 $\alpha_{Cu}$ 相，白色的为 $Cu_3P$ 相，如图 5-38 所示。经微区化学成分分析，中心区粒状晶体成分为 $w$(Cu) = 96.89%，$w$(P) = 3.11%，表明为 $\alpha_{Cu}$ 固溶体相，灰白色基体成分为 $w$(P) = 12%~14%，余 Cu，表明基体为（$\alpha_{Cu}$+$Cu_3P$）共晶体。

## 5.4.5　双辊法钎料薄带成形工艺参数[49]

笔者实施的双辊法钎料薄带近终成形技术的操作过程如下：开启循环冷却水，开动机器按设定的转速运转，当熔炼好的液体金属在坩埚中达到设定温度时将其倒入供液漏斗，并迅速密封，同时把供液漏斗下放至已调整好的位置，使喷嘴口处于两辊间的最低位置，开气，使液体金属受气压的作用流入两辊间隙，并轧成连续薄带。双辊法的工艺参数比较多，各参数的确定与参数间的配合，实质上是双辊法连续成带的核心技术，现对主要工艺参数进行讨论。

**1. 浇注温度**

浇注温度是指液体金属从喷嘴口喷出时的温度，它主要取决于供液漏斗的加热温度和倒入供液漏斗的金属液温度，实践表明，浇注温度应高于金属液相点温度 70~100℃。共晶型合金因表面张力小可取下限，固溶体型合金

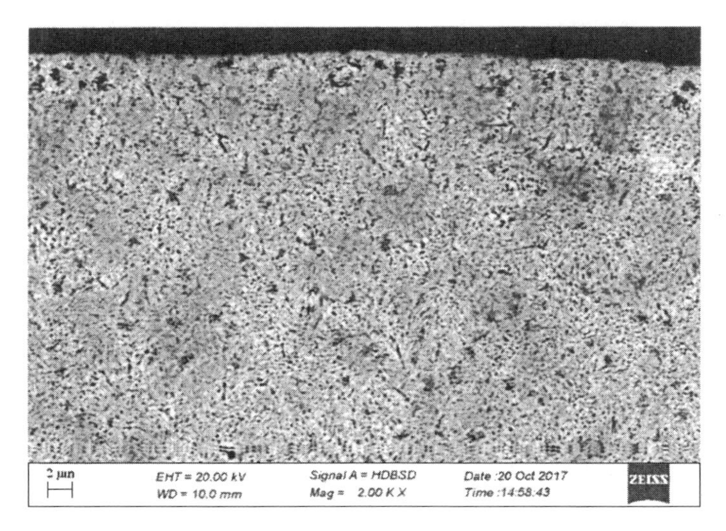


图 5-38 BCu93PRe0.05 合金显微组织 2000×

应取上限。浇注温度太低，例如高于合金液相点温度 45~50℃，液流的激冷壳层变厚，合金的全凝固点 $C$ 上移（见图 5-30），则薄带宽度方向中间厚两边薄，导致两边金属冷却不足而未凝固，也可能冷却不足而重熔，同时薄带边缘出现横向裂纹；浇注温度太高，则合金全凝固点 $C$ 下移，薄带宽度方向厚度均匀，两边不出现横向裂纹，但可能出现薄带厚度方向中心部位金属未完全凝固而鼓泡或跑液。

**2. 喷嘴孔形**

设计扁矩形喷嘴口的意愿是期望液体金属在轧辊宽度方向均布，实际上当液体金属喷出喷口后，由于扁矩形液流发生旋转和液体金属表面张力的收缩，液流在辊面宽度方向不可能均布；本实验是采用圆形喷口。当要求薄带宽度超过 10mm 时，必须采用多孔喷嘴，此时孔径与孔距的配合非常重要，它们的配合恰当与否将决定薄带边缘平整状况、表面质量以及薄带的性能[53]。当喷口直径≥$\phi$2mm 时，液态金属倒入供液漏斗后，滴漏较为严重。

**3. 转速**

转速对全凝固点 $C$（图 5-30）的位置有明显影响，转速快则 $C$ 点位置下移，反之则上移，因此转速必须与浇注温度配合。其次转速对薄带的宽度、厚度都有影响，转速快，薄带的宽度、厚度都会减少。转速、喷口孔径 d 对薄带宽度的影响示于图 5-39。转速对薄带厚度的影响见表 5-23 和表 5-24；对表 5-23 的数据作图（见图 5-40），以便更清晰显示两者的关系。

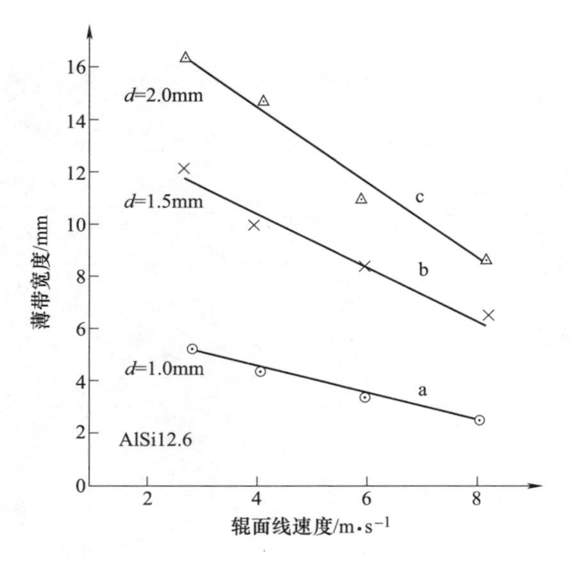


图 5-39 辊转速、喷口孔径与薄带宽度的关系

**表 5-23 转速对薄带厚度的影响（一）**

| 辊面线速度/(m/s) | 2.7 | 4.1 | 6 | 8.2 | 10.4 | 12.3 | 16.6 |
|---|---|---|---|---|---|---|---|
| 带厚/mm | 0.26 | 0.22 | 0.17 | 0.12 | 0.1 | 0.1 | 0.09 |

注：材料：AlSi12.6；喷口孔径：$\phi$1.0mm；辊径：$\phi$325mm。

**表 5-24 转速对薄带厚度的影响（二）**

| 辊面线速度/(m/s) | 3 | 4 | 5 | 6 | 7 | 8 |
|---|---|---|---|---|---|---|
| 带厚/mm | 0.4 | 0.3 | 0.25 | 0.17 | 0.14 | 0.12 |

注：材料：3003；喷口孔径：$\phi$1.5mm；辊径：$\phi$400mm。

从图 5-39 可看到随转速增加薄带宽度减小，转速对大孔径的影响比小孔径的影响更大些。从表 5-23 和表 5-24 可发现，虽然试验材料不同，但薄带厚度都随轧辊转速增加而减小。从图 5-40 可看到薄带的厚度随转速增加而直线下降，当辊面线速度达到某一值时，薄带厚度几乎保持不变，这与双辊法薄带成形过程有关，可以认为最后是两边快凝壳层厚度之和。

**4. 气压**

气压是指液体金属倒入供液漏斗并密封之后，液体金属上面空间存在气体的压力，稳定的气压是保证供液漏斗连续稳定供液的重要参数，喷嘴孔径小、浇注温度低、合金表面张力大，则气压大些，反之则小些。实验中常用的气压为 0.03~0.05MPa，气压不论大小，在整个运行过程中，供气必须稳定。图 5-41 所

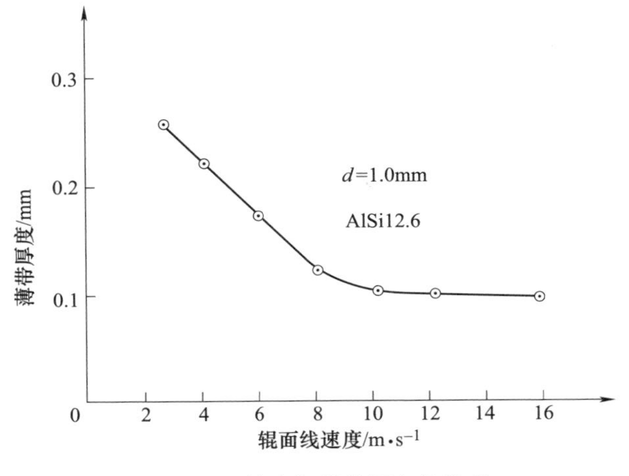


图 5-40 转速与薄带厚度的关系

示为不稳定气压所致缺陷。

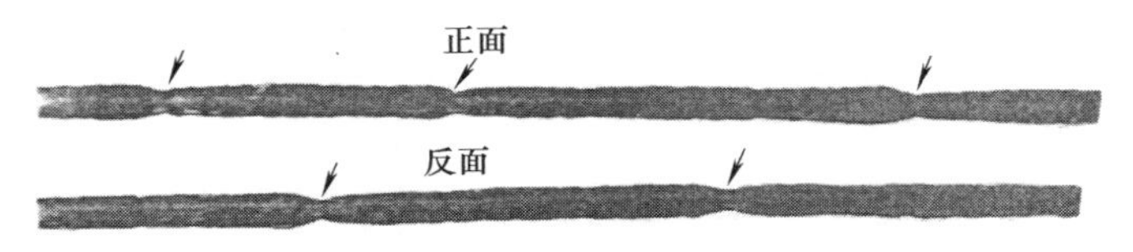


图 5-41 气压不稳定薄带缺陷

ZnAl43Cu2Mg0.02，单孔，$\phi$1.5mm，转速 250r/min，辊径 $\phi$400mm，辊隙 0.08mm，浇注温度 610℃，带厚 0.24mm，宽 5mm

**5. 轧辊间隙**

轧辊间隙（或称辊隙）是指两轧辊中心连线上最小的缝隙。为了保证薄带的表面质量和微观组织的均匀性，要求在辊面宽度方向辊隙均匀一致[53]。实验中常用的辊隙大致为 0.01～0.10mm，由于轴承的精度、加工的误差和机架的刚性等因素，获得的薄带厚度大多为 0.15～0.25mm，比设定的辊隙尺寸大得多，最厚高达 0.45mm。

**6. 防止粘辊措施**

粘辊是在运行过程中，薄带与辊面粘在一起而不分离的现象。在双辊法薄带近终成形过程中，粘辊是必然发生的问题，一旦粘辊，设备运行过程无法进行。在压力铸造或模锻时，为了使制件脱模，所使用润滑剂（也叫脱模剂），通常是机油加石墨，这种脱模剂在钎料薄带快凝成形时不能使用，石墨是钎焊的阻钎剂，一旦钎料表面粘有石墨，将严重影响钎料的性能；单纯用机油，由于黏度大，涂在辊面上将导致辊套导热性下降，实验中是采用机油加煤油调成一定的黏度擦涂；同时与辊面成合适的角度上安装刮板，可以确保消除粘辊现象又不影响辊套的导热性。

**7. 不同类型合金的工艺参数**

表 5-25 列出两种共晶型合金和一种固溶体型合金实验时所用的工艺参数，用这些参数及其互相的配合，可获得质量较好的连续薄带，成卷薄带样品如图 5-42 所示。

表 5-25 不同类型合金的工艺参数

| 参数名称 | 合金类型 | | |
|---|---|---|---|
| | AlSi12.6 | ZnAl5Cu1Mg | AlMn1.2（3003） |
| 合金熔化温度/℃ | 577 | 382~393 | 643~654 |
| 浇注温度/℃ | 650~660 | 470~480 | 740~750 |
| 供液漏斗设定温度/℃ | 580 | 400 | 650 |
| 金属液倒入温度/℃ | 680~700 | 500 | 790 |
| 辊隙/mm | 0.01~0.1 | 0.01~0.1 | 0.01~0.1 |
| 孔径/mm | 1.6~1.8 | 1.6 | 1.8~2.0 |
| 孔数/个 | 3~5 | 3~5 | 3~4 |
| 孔距/mm | 3.3~4.0 | 3.3~3.5 | 3.8~4 |
| 转速/(r/min) | 200~250 | 300 | 250~300 |
| 出带速度/(m/s) | 4.2~5.2 | 6.2 | 5.2~6.2 |
| 气压/MPa | 0.03~0.04 | 0.04 | 0.04~0.05 |
| 薄带离辊温度/℃ | ≈165 | ≈120 | ≈186 |

**8. 双辊急冷设备技术参数简介**

1988 年笔者课题组在湖南省科委招标过程中，与中南大学、矿冶研究院等著名单位竞标，夺得省科委重点科研项目："非晶态焊料研制"项目，编号：重点 88—21—004 号，其中包含"Al-Si 基微晶态焊料研制"和"铜磷非晶态焊料研制"两个子课题。课题组自主设计并制造一台全焊结构的小型双辊快速凝固设备，经试验证明：能够实现直接由液体金属快速凝固并轧制成 0.1~0.35mm 连续薄带，金相组织为微晶态或非晶态，经历四年时间的艰苦研究，完成了项目的研究任务，于 1992 年通过了湖南省科委的技术鉴定，该技术填补了国内空白。1994—1995 年，在第一台设备的基础上，改进并完善设计制造了第二台双辊快凝设备，研究试验工作一直持续到 1997 年，通过这一阶段研究与试验，初步完成了由实验室向中试的转化工作；设备的主要技术参数列于表 5-26 中，第二台

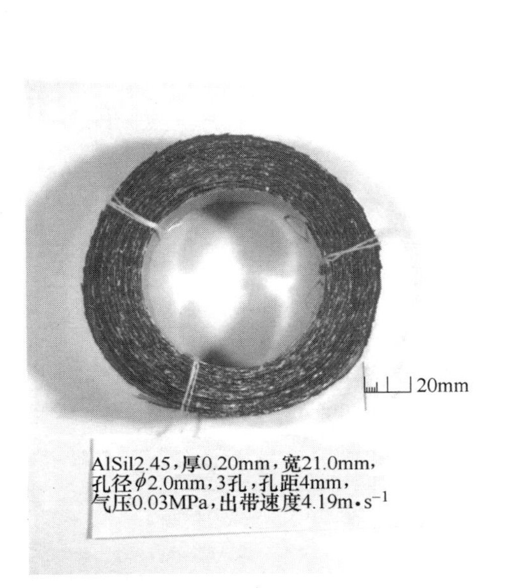


a)

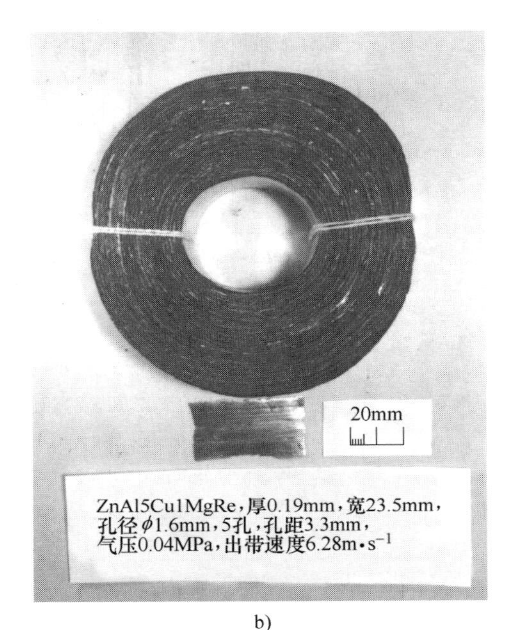


b)



c)

图 5-42　双辊法微晶态薄带卷实例图

设备的外形和轧辊如图 5-43 所示，设备的主要组成部分有：

1）主机（本机、电机、传动系统）。

2）水路及密封（冷却系统）。

3）供气系统（加压及稳压）。

4）机架（全焊结构）。

5）供液漏斗加热和温控设施。

6）电路控制系统（控制柜）。

7）其他附加装置。

**表 5-26 双辊快凝设备主要技术参数**

| 名称 | 第一台 | 第二台 |
|---|---|---|
| 辊径/mm | $\phi$325 | $\phi$400 |
| 辊宽/mm | 100 | 250 |
| 辊套材质 | 纯铜 | 特制铍青铜① |
| 辊隙调节距离/mm | 0~5 | 0~10 |
| 辊转速/(r/min) | 0~1200 | 0~500 |
| 出带速度/(m/s) | 0~16 | 0~8 |
| 冷却速度/(℃/s) | $\approx 10^6$ | $10^4 \sim 10^5$ |
| 薄带晶态 | 微米级或非晶 | 微米级 |
| 供液漏斗容量/kg | ≤0.30 | 6（铝及铝合金） |
| 喷嘴口液态金属温控 | — | 设定温度±10℃ |
| 供液漏斗加热电功率/W | 800 | 3000 |
| 制得薄带规格/mm | 厚 0.1~0.27<br>宽 2~10 | 厚 0.15~0.35<br>宽 2~50 |

① 参考牌号 GB ZCuBe0.6Co2.5[44]。

a) 外形图

b) 轧辊图

图 5-43 双辊快速凝固设备图

# 第6章 钎料制造工艺回顾

钎料制造的核心技术是配方设计，工厂中所谓新产品开发，适应客户不同的需求，实质上就是要设计出一个新的配方，一般是非标配方，若没有配方，下面的生产工序就无法进行。有了配方之后，要把配料变成钎料合金，必须进行熔炼，因此熔炼是钎料制造的关键技术，通过熔炼要求获得冶金质量优秀的钎料锭坯，所谓冶金质量优秀，就是锭坯的化学成分准确、成分均匀、组织细密，无气孔、夹渣等缺陷。最后一项重要技术就是成形技术，它把钎料锭坯加工成所需的各种形状和规格的产品，一般说要得到某种形状的钎料产品，就需要一套成形设备；显然，前两种技术将确保钎料的内在质量，后一种技术将保证钎料的形状与尺寸。由于感受产品的外观最直接，工厂里比较重视成形技术。此外，化学成分分析、尺寸规格的检测，都是保证产品质量不可缺少的重要手段。本书以较大篇幅阐述了钎料配方设计方面内容，以引起许多小微企业对这一环节的重视。对于熔炼和成形技术绝大多数工厂都比较重视，这方面的技术力量也比较雄厚，下面是关于这些技术的某些细节予以探讨。

## 6.1 钎料的熔炼技术

### 6.1.1 黄铜钎料的熔炼

黄铜钎料用得最多的牌号为BCu60ZnSn(Si)，它的化学成分与HSn60-1非常接近，见表3-5，无论熔炼还是成形技术，在加工工艺上都非常成熟。以往用的条状钎料丝径各不相同，长度一般为1.0m，只要控制好锭坯中的气孔和夹渣含量，在制造上没什么困难，钎料使用时也不会出什么问题，显然，黄铜钎料的技术含量并不高。现在由于制冷行业中的储气筒采用火焰加热自动钎焊工艺，用的黄铜钎料丝径为$\phi$1.2mm或$\phi$1.5mm的盘丝。每盘丝料质量为15~20kg不等。要求焊接过程中盘丝不能断裂，否则影响自动焊生产过程，钎缝无夹渣气孔，因此黄铜盘丝的技术含量就相当高。笔者在生产中发现，盘丝除在使用时出现断裂外，有时打开塑料包装，出现整盘丝料断裂现象，断裂原因详见3.1.2节分析，其中丝料含氢量较高是一重要因素。从控制含氢量考虑，关键是熔炼工艺，钎料制造企业常用的黄铜钎料中频炉熔炼有两种工艺。

**1. 较高温度熔炼**

把电解铜入炉，先熔化电解铜，此时铜液温度高达1200℃，然后停电、加Zn和其他配料，加完所有配料后，搅拌，通电升温、沸腾（工厂里也称喷火），沸腾时间一般为2min，出炉、静置、浇注。该工艺缺点是电解铜熔化温度很高，铜液溶氢严重，如图6-1所示，加Zn时又有脱氧作用，因此金属液中含氢量较高，文献［11］和文献［54］指出，在炉中添加锰矿石（$MnO_2$），CuO，$KMnO_4$等物质，使铜液氧化而降氢，这是常用的增氧去氢工艺。生产中为了免去另加增氧物质的麻烦，笔者经验表明，当炉中电解铜加热至红色时，取出1~2块烧红的铜，放在中频炉口，很快表面出现黑色的CuO，当炉中的铜熔化后停电时，立刻把这1~2块铜浸入铜液中，起到降低铜液温度和增氧去氢的作用，接着加锌块，脱氧又合金化，待加完所有合金元素配料后，搅拌、升温沸腾2min，应该注意，不能猛烈沸腾，然后停电、出炉、静置、浇注。

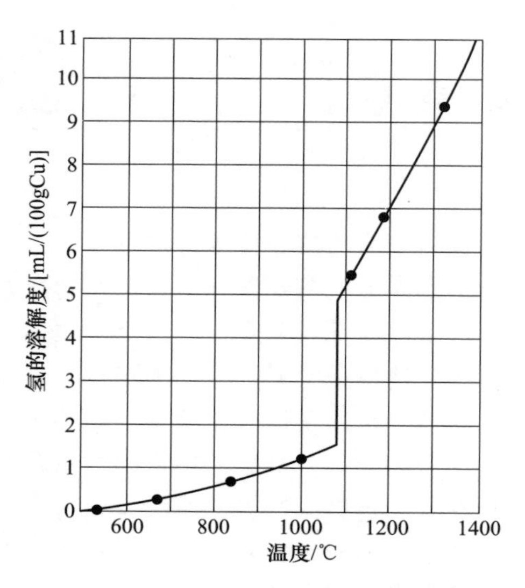

图6-1 温度对铜中氢溶解度的影响[13]

**2. 较低温度熔炼**

除Sn外，其他电解铜、锌、铜-硅、镍、锰等配料，一起加入中频炉中，要求电解铜剪切成小块，熔炼升温不宜太快，加热时Zn先熔化，同时铜逐渐溶解到熔融的Zn液中，因此熔炼温度约1000~1050℃，凭借较低的熔炼温度，以减少液体金属的溶氢量，全部熔融后加Sn，搅拌，升温沸腾2min，停电、出炉、静置、浇注。

为了获得冶金优质的黄铜钎料锭坯，应使熔炼温度尽可能低。熔炼时须加覆盖剂[13]，工艺上要增氧去氢，低温加锌；铜、锌同时入炉时、应缓慢加热，最后必须实施沸腾精炼工序。BCu60ZnSn(Si)钎料的液相点温度为900~905℃，因此熔炼温度为1000~1050℃，沸腾温度1060~1080℃[16,54]，浇注温度1000~1050℃，从这些温度数据可知，液态金属出炉后经静置到浇注，温度非常接近，实际生产中，出炉后稍稍静置，就会显得浇注温度偏低，操作非常困难。因此，一般操作都是出炉后几乎没有静置就立刻浇注，这对锭坯质量有一定影响。

黄铜钎料锭坯夹渣也是一个应该关注的问题，尤其是配料中加有Mn元素的黄铜钎料，熔炼时由于Mn极易氧化，熔液面上有很多熔渣，甚至铸锭冒口上也可看到很脏的渣，致使锭坯夹渣。都林公司的经验表明，在配料中加 $w(\mathrm{Al})=0.01\%\sim0.02\%$ 时，可明显降低Mn的烧损，使熔液面纯洁，减少锭坯夹渣；一般认为加Al后会影响钎料的流动性，都林的实践表明：由于加入量少，熔炼时铝取代锰等其他元素的氧化，所以在熔融金属中残留的铝量极低，不会影响钎料的流布性。

**3. 中频炉改造**

小微型钎料制造企业大多采用可倾转的无心中频感应炉熔炼，由于钎料品种繁多，熔炼不同牌号钎料时会引起化学成分干扰，必须进行洗炉，尤其是熔炼含Cd的银钎料，必须有单独使用的专用炉，生产上很不方便，因此有条件的工厂，会对倾转式中频炉进行改造。胡煜保工厂废除了原先的倾转机构，只留下感应线圈，把它安装在一个用角钢焊成的框架中，框架可上下移动，带动感应线圈一起上下移动，最高位置使线圈上边与熔炼坩埚齐平或稍低，图6-2a就是感应线圈处于熔炼时的位置，熔炼完后，将感应线圈下放至最低位置，也就是使框架上边齐平或稍低于地面，然后用浇包吊架把熔炼坩埚吊起去浇注。

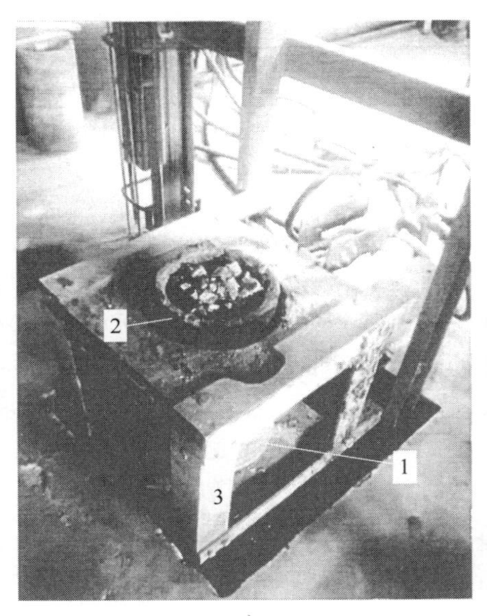


a)

b)

图6-2　动线圈无心感应中频炉

1—感应线圈　2—坩埚　3—框架　4—感应线圈（已隐蔽）、框架
5—龙门吊　6—水平滑轨　7—排气管

上海都林公司对中频炉改造原理相同，机构更完善些，安装感应线圈的框架

已隐蔽，这样保证工人安全，框架（即感应线圈）上下移动由龙门架升降机构自动操作，并加有自锁功能装置，以防滑脱，图 6-2b 正处于熔炼状态，熔炼完后，框架（感应线圈）上升至距坩埚合适的高度，坩埚由下面的水平滑轨移出一定距离，然后用抱钳夹紧坩埚，再用天车吊起坩埚进行浇注。

浙江某钎料制造企业对中频炉改造是固定感应线圈，移动熔炼坩埚，可以认为是目前国内最新颖的钎料熔炼炉。感应线圈安装在一个漏底的筒体中，筒体固定在某一高度位置，由液压机构操控熔炼坩埚上下移动，当坩埚由下往上升至感应线圈中间时，坩埚底下圆形支承板正好把漏底筒体密封，熔炼可在充有保护气体的筒内进行，熔炼完后，坩埚下降，直至最下面方形基板下落到水平轨道上，然后把基板和在其上面的坩埚一起拉出来，进行浇注操作，该熔炼炉结构较复杂，但熔炼质量非常好。

改装后的中频炉有如下优点：①免去修炉及其所用材料；②省去以前的浇包，取消浇包烘烤设施，省去焦炭或电力的消耗；③熔炼完后只要控制中频炉的电功率，可任意调节熔炉中金属液的温度和保温时间，这一优点对于黄铜钎料熔炼特别重要；④熔炼银钎料时，只要管控好所用的熔炼坩埚，就完全控制了 ROHS 规定的环保要求。

## 6.1.2 铝硅基钎料熔炼

### 1. 铝硅基钎料熔炼主要问题

（1）氧化　有色金属在大气条件下熔炼，不可避免金属元素都有相当大的烧损率，钎料熔炼也不例外，见表 4-1。熔炼时金属元素的烧损，主要源于金属元素在熔炼过程中的氧化，氧化趋势越大，也就是金属与氧的亲和性越强，则烧损越大。金属元素与氧的亲和力，可用氧化物的生成热来判断，通常生成热越大，则金属元素与氧的亲和力越强，氧化物越稳定。也可以用氧化物的分解压 $PO_2$来判断，$PO_2$越小，则金属元素与氧的亲和力越大，氧化物越稳定[54]，熔炼时烧损越大。附录 D 列出一些元素氧化物的生成热数据，可以作为元素与氧亲和力的判据；应该注意，金属元素与氧的亲和力，必须用 1mol 氧原子与金属元素反应时放出热量的多少作为判据。

金属熔炼除了关注金属元素与氧的亲和力外，同时关注所生成氧化物结构致密性，若结构致密，那么在液面生成氧化物后，可防止液面下的金属被继续氧化，有利于减少金属元素的烧损。氧化物致密性可用氧化物的体积与生成它所消耗的金属原子体积之比值 $\alpha$ 来判断[54]。

$$\alpha = \frac{V_{\mathrm{Me}_m\mathrm{O}_n}}{mV_{\mathrm{Me}}}$$

式中　$\alpha$——致密系数；

$V_{Me_mO_n}$——1mol 金属氧化物的体积；

$V_{Me}$——1mol 金属原子的体积；

$m$——生成氧化物时所消耗金属原子摩尔数；

$n$——氧原子摩尔数。

当 $\alpha>1$ 时，表面氧化物结构致密，能防止金属元素被继续氧化；当 $\alpha<1$ 时，表面氧化物是疏松不致密的，不能防止膜下金属氧化，表 6-1 列出一些元素氧化物的 $\alpha$ 值。

**表 6-1　一些元素氧化物的 $\alpha$ 值**[54]

| 金属名称 | Na | Li | Pb | Mg | Al | Zn | Cu | Ag | Mn |
|---|---|---|---|---|---|---|---|---|---|
| 氧化物化学式 | $Na_2O$ | $Li_2O$ | PbO | MgO | $Al_2O_3$ | ZnO | $Cu_2O$ | $Ag_2O$ | MnO |
| $\alpha$ 值 | 0.57 | 0.6 | 1.27 | 0.74 | 1.28 | 1.57 | 1.68 | 1.58 | 1.76 |
| 金属名称 | Cd | Ti | Ni | Fe | Sn | Ce | Si | Sb | Cr |
| 氧化物化学式 | CdO | $Ti_2O_3$ | NiO | $Fe_2O_3$ | $SnO_2$ | $Ce_2O_3$ | $SiO_2$ | $Sb_2O_5$ | $Cr_2O_3$ |
| $\alpha$ 值 | 1.21 | 1.46 | 1.61 | 2.16 | 1.31 | 1.16 | 2.15 | 2.31 | 2.03 |

铝对氧的亲和性很大，容易氧化，在 500～900℃范围内生成 $\gamma\text{-}Al_2O_3$，熔点 2027℃，密度为 3.74g/mL[29]，致密系数 $\alpha=1.28$，一旦液面生成 $\gamma\text{-}Al_2O_3$ 氧化膜，由于它结构致密，稳定性好，可阻止膜下铝液被继续氧化，起到保护作用。

（2）夹渣　$\gamma\text{-}Al_2O_3$ 的密度为 3.5～3.9g/mL[29]，而 Al 的密度为 2.702g/mL，因此氧化铝不会自动上浮至液面，而是沉至铝液下部或悬浮在铝液中，极易夹渣。

（3）气孔　铝熔炼时有强烈的吸气倾向，主要吸收氢气，氢的主要来源是 Al 和水气的反应，$2Al+3H_2O \longrightarrow Al_2O_3+6[H]$，$Al_2O_3$ 夹渣所吸附的氢和反应生成的原子态氢溶入铝液中，凝固时溶于铝液中的氢析出形成气孔。氢在铝中溶解度变化如图 6-3 所示。

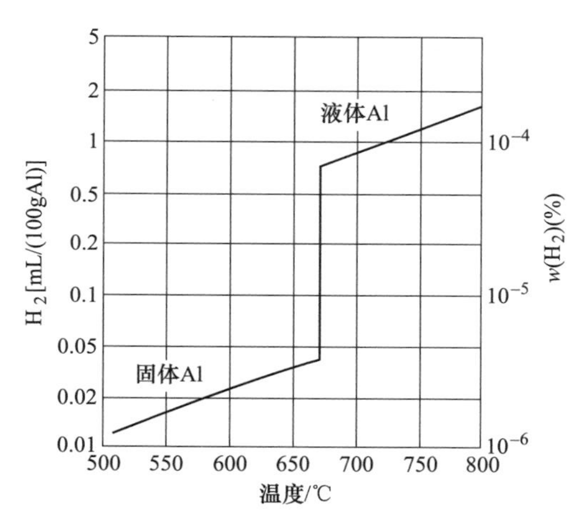


图 6-3　氢在铝中的溶解度变化[44]

**2. 熔炼**

电阻炉、高频感应炉都可熔炼铝硅基钎料合金，高频炉熔炼加热快，中间合金熔化和溶解迅速。高频炉感应线圈匝数是非常重要的参数，匝数太多导致熔液翻腾甚至飞溅，氧化严重；匝数太少，降低熔炼效率，在保证液面平静条件下，选取尽可能多的匝数。熔炼时把铜或 Al-Cu 中间合金，铝块先入炉，待铝熔化后再加 Si，待 Si 全部溶解后再加 Zn 等其他合金元素。熔炼温度 720～780℃，保温温度 600～650℃。因 $Al_2O_3$ 生成热大，致密系数 $\alpha>1$，所以熔炼时可不加覆盖剂。

**3. 精炼**

铝硅基钎料熔炼必须进行精炼，即熔剂精炼和去气精炼。

熔剂精炼是把精炼熔剂撒放在熔融的铝液上面，然后搅拌，液面上有很多熔渣，明显看得出铝液很易流动。精炼熔剂能把熔渣中部分氧化铝还原出铝，因此可减少钎料的熔炼损耗。精炼熔剂一般以 NaCl、KCl 共晶成分加氟化钠或冰晶石组成，精炼熔剂组成分列于表 6-2，熔剂加入量为炉料质量的 0.2%，熔剂精炼温度约为 700～720℃，精炼后须保温静置。

**表 6-2 精炼熔剂组成分**

| 序号 | 组成分（$w$,%） | | | | 文献 |
|---|---|---|---|---|---|
| | NaCl | KCl | NaF | $Na_3AlF_6$（冰晶石） | |
| 1 | 40 | 50 | 10 | — | [54] |
| 2 | 43 | 52 | — | 5 | [54] |
| 3 | 31 | 63 | 6 | — | ① |

① 笔者根据 NaCl-KCl-NaF 熔盐相图选配，熔剂密度约 2.07g/mL，熔点约 630℃。

去气精炼是把干燥的 $ZnCl_2$ 用带有许多小孔的钟罩压入铝液中，与 Al 发生反应产生 $AlCl_3$ 气体，$3ZnCl_2+2Al \longrightarrow 3Zn+2AlCl_3\uparrow$，$AlCl_3$>177.8℃升华。气体从铝液中逸出时，携带铝液中的氢逸出，并使熔渣上浮至液面，达到铝液去渣去氢的目的，$ZnCl_2$ 最大的缺点是吸湿性强，有可能把水分带入铝液，使用前必须烘干或熔化后再凝固使用。

气体精炼最好用六氯乙烷（$C_2Cl_6$），它不吸潮，185.5℃升华，加入量为炉料质量的 0.2%，用纸包好，再用钟罩压入铝液中，发生如下反应：$3C_2Cl_6+2Al \longrightarrow 2AlCl_3\uparrow+3C_2Cl_4\uparrow$，立刻产生大量气体，把熔液中的气体和夹渣带出液面，若六氯乙烷量较多，可分几次压入。$C_2Cl_4$（四氯乙烯）沸点 121℃，熔点 −22.35℃，属低毒气体，熔炼现场必须有良好通风[54]。精炼温度 700～720℃。

铝硅钎料精炼时，也可以先去气精炼，然后再熔剂精炼，此时只能在液面搅拌，这样精炼炉料损耗更少。

**4. 变质处理**

Y—1 型铝硅基钎料是用稀土 Ce+Ti 复合变质处理，稀土是长效变质剂，实验表明，重熔三次仍能保留变质效果，主要是细化 Si 颗粒和改变它的形状，Ti 能细化 $\alpha_{Al}$ 的晶粒；稀土 Ce 的加入量为 $w(Ce)=0.05\%$，Ti 的加入量为 $w(Ti)=$

0.02%，通常用 Al-Ce 中间合金形式加入，有时也可用 Al-Re（Re 为混合稀土）中间合金，Ti 以 Al-Ti 中间合金形式加入，加入变质剂时铝液温度约 680~720℃，变质剂可在精炼之后加入，若在精炼之前加，应考虑补偿由于精炼导致的损耗量。

**5. 浇注**

模具用氧化锌+水玻璃+水的溶液作为涂料，刷涂烤干后可以使用，浇注温度约 680~700℃，应注意浇勺口或浇包口与模口距离尽量小。

## 6.1.3　Y—2 型锌基铝钎料熔炼

**1. 熔炼特点**

锌基合金熔炼时吸气倾向小，对氢的溶解度不大[13]，但仍须进行精炼；ZnO 的致密系数为 1.57，见表 6-1，熔点 1975℃[29]。熔炼时不需加覆盖剂；采用二次熔炼工艺，除 Mg 外，几乎所有合金元素在锌的熔炼温度时，不能很快溶解，因此最好全部合金元素先熔炼成锌的中间合金，配制 Zn-Mg 中间合金时，实验表明，当 $w(\mathrm{Mg})=3\%\sim4\%$时，非常容易溶于液态锌中。

**2. 熔炼**

可用井式电阻炉、高频感应炉，配用石墨坩埚，不宜用铁质坩埚，熔炼温度≤600℃。不过文献［13，44］都指定 650℃，文献［43］指定高于合金液相点温度 100~200℃，Y—2 型锌基铝钎料的液相点温度为 393℃，熔炼温度 600℃已足够，实验发现，当熔炼温度超过 600℃，液面上锌的挥发非常明显。

熔炼时，把配料锌全部入炉，加热至 600℃ 保温，待锌全部熔化后，逐次把中间合金用钟罩压入锌熔液中，包括变质剂 Zn-Re 或 Al-Re 中间合金，全部熔化后搅拌均匀；再用 $NH_4Cl$（氯化铵）精炼，加入量为炉料质量的 0.1%~0.2%，扒去液面上的渣即可浇注。也有文献建议用 $ZnCl_2$或六氯乙烷（$C_2Cl_6$）精炼。

**3. 浇注**

浇注温度高于合金液相点温度 100~150℃[43]，Y—2 型锌基钎料浇注温度约 500℃；模具用 ZnO+水玻璃+水的溶液刷涂，烘干后使用。

## 6.1.4　少容量银钎料熔炼

大多数小微钎料制造工厂，一般用中频炉熔炼银钎料，熔炼技术都很成熟，但也有一些场合，如客户试用时要求供给很少量钎料，而工厂库存中没有现成的牌号；其次是根据客户要求研制非标牌号进行试用，熔制量很少，甚至少到 1kg 以下，若中频炉熔炼，在质量和经济性方面常常不尽人意，这里主要讲述炉料≤10kg 的银钎料熔炼实践经验。

**1. 银钎料熔炼特点**

（1）氧化　银在空气中加热到200℃以下，易被氧化成氧化银（$Ag_2O$），虽然 $Ag_2O$ 致密系数为1.58（见表6-1），但生成热很小，只有31.1kJ/mol，氧化物很不稳定，超过200℃时，氧化银分解，400℃明显分解，高温时的挥发造成银大量损耗[55,28]。必须尽力减少银损耗。

（2）溶解氧　银在加热过程中会溶解氧，液态银溶解的氧可超过其体积的20倍[28,55]，所以铸锭容易出气孔。

（3）合金元素挥发　以Ag-Cu为基的银钎料，常用的合金元素是Zn和Cd，它们的沸点分别为907℃和765℃，高温时极易挥发，添加时必须严格掌控熔液的温度。

**2. 熔炼**

熔炼设备选35kW或40kW的高频炉，因为高频炉的感应线圈可以很方便地随石墨坩埚容量大小而更换，经验表明熔炼炉料为1~2kg，5kg，10kg时，不能用同一个感应线圈，至少要有三个感应线圈供选择更换。为了减少银的损耗，熔炼时要用木炭覆盖，再加氮气保护，根据含银量的不同，阐述两个熔炼工艺实例。

1）配比 $w(Ag) \leqslant 15\%$，$w(Cu+Zn) \geqslant 85\%$ 的钎料，把电解铜入炉，覆盖木炭，同时向坩埚内通入氮气保护，开电熔炼，待铜熔化后逐块加银（文献［55，28］等都指出，铜熔化后应先用磷脱氧再加银），银块宜小不宜大，保证每块银都能没入铜液中，一直到银块加完，根据温度状况调低电功率，逐块加锌，一直到锌块加完。应该注意：加锌前必须先关闭氮气，否则将导致锌大量挥发，最后加脱水硼砂，搅拌精炼、静置。由于坩埚小，容量少，降温快，因此静置时应调小电功率，使熔体保持一定的温度，同时控制静置时间，最大限度地使熔液内的夹渣和气体上浮出液面，扒渣干净后再撒上一层草木灰覆盖，当熔液温度达到钎料液相点温度以上100~150℃左右时可以浇注，浇注时应注意挡渣，浇速宜缓慢。

如果钎料中含有镉，则加锌后再加镉，镉比锌更易挥发，当把镉块压入熔液时，若没有或有很少棕色烟雾，表明加镉时液温基本合适，若棕色烟雾较多，则液温偏高，若棕色烟雾很多，甚至坩埚边上出现棕色粉尘，表明液温大大超过加镉的合适温度。镉蒸气有毒，熔炼现场必须良好排风。

2）配比 $w(Ag)>30\%$、$w(Cu+Zn)<70\%$ 的银钎料，该类钎料含铜不多，最好把铜和锌一起入炉，铜块宜小不宜大，覆盖木炭，不要用氮气保护，在相对较低温度下缓慢熔炼，待铜和锌全部熔化后，再逐块加银和其他合金元素。精炼、静置同1）例。

**3. 浇注**

少容量熔炼一般都浇注成短锭坯，长度不超过100mm，不需车皮，但冒口端头必须严格车削干净，否则挤压丝料将出现缩尾缺陷，也会出现钎缝表面不光滑或夹渣。

### 6.1.5　铜磷钎料熔铸技巧

铜磷系列钎料施焊后有时会出现如图6-4所示的缺陷，钎缝表面不光滑，钎料流布面有黑色斑点，有时甚至有可见的细小渣粒，用手摸上去有粗糙感觉。笔者凭经验认为主要是熔炼过程中去渣不净，出炉后在浇包中静置时间不够；解决措施：首先在熔炼炉中尽量扒净表面粘糊的熔渣，出炉后在浇包中不要搅拌也不要扒渣，而是在液面上立刻撒上一层草木灰覆盖整个液面，根据出炉温度、天气室温情况静置3~8min，使熔液中的气体和熔渣充分上浮并与草木灰粘结，静置过程中可扒开一点上面草木灰覆盖层，观察熔液的颜色，液面红而不发亮，可以浇注，实测此时液温约900℃左右，浇注时应认真挡渣，严防熔渣流流入铸模，当熔液呈暗红色时，液温大约860℃左右，此为浇注的最低温度。应该注意：静置时间在2min以下，不能达到浮渣去气的效果，所述工艺主要针对BCu93P牌号的铜磷钎料，实践效果很好，其他牌号的铜磷系列钎料的熔注工艺也可以此工艺作为参考。

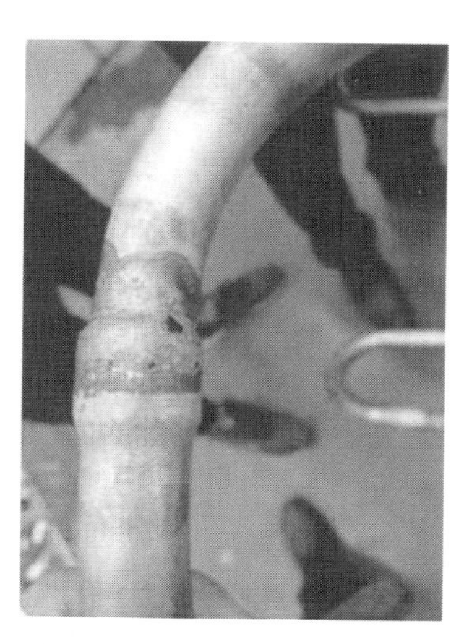

图6-4　铜磷系列钎料钎缝缺陷图

## 6.2　钎料挤压技术要点

钎料制造过程中，挤压加工是钎料成形、成材的重要技术，通过挤压可获得丝材坯、扁带坯、甚至可把脆性材料变成具有一定韧性、可后续变形加工的材料，如Cu-P系钎料、铝硅共晶型钎料、锌基钎料等。

### 6.2.1　小微型钎料制造企业常用的压机

现在广泛应用的挤压机为四柱立式油压机，规格有：2000kN(200t)和3150kN(315t)，它们工作缸内径分别为$\phi$320mm和$\phi$400mm，与压力表读数相对应的压机压力列于表6-3，由表6-3数据可知，在长时间连续负载工作条件下，压力表的读数应不大于 24MPa，短时间超载应在 26MPa 以下，因为一般机械设备都有一定的短期超载安全系数。

**表 6-3　四柱立式油压机压力表读数与压力关系**

| 2000kN（200t） | | | 3150kN（315t） | | |
|---|---|---|---|---|---|
| 压力表读数/MPa | 压机下压力/kN（t） | 注 | 压力表读数/MPa | 压机下压力/kN（t） | 注 |
| 10 | 804.2（80.42） | | 10 | 1256.6（125.66） | |
| 15 | 1206.3（120.63） | | 15 | 1884.9（188.49） | |
| 18 | 1447.6（144.76） | | 18 | 2261.9（226.19） | |
| 20 | 1608.4（160.84） | 负载率 80% | 20 | 2513.2（251.32） | 负载率 80% |
| 22 | 1769.2（176.92） | | 22 | 2764.5（276.45） | |
| 24 | 1930.0（193.00） | 负载率 96.5% | 24 | 3015.8（301.58） | 负载率 95.7% |
| 25 | 2010.5（201.05） | 满载 | 25 | 3141.5（314.15） | 满载 |
| 26 | 2091.0（209.10） | 超载 4.6% | 26 | 3267.2（326.72） | 超载 3.7% |
| 27 | 2171.3（217.13） | 超载 8.6% | 27 | 3392.8（339.28） | 超载 7.7% |

### 6.2.2　模具

**1. 挤压筒内径尺寸的确定**

挤压是挤压轴（工厂也称挤压杆）在挤压筒内向下移动，使锭坯变形直至从模孔流出的过程。作用在锭坯上的挤压力随挤压轴向下移动而发生变化，典型的正向挤压力与挤压轴行程的关系曲线如图 6-5 所示，为便于把钎料锭坯顺利放入挤压筒，锭坯直径大约比挤压筒内径小 1～3mm；挤压过程可分为三个阶段：①开始阶段，也称充填阶段，如图 6-5 中Ⅰ所示，压力从开始逐渐增大到最大压力，此阶段锭坯首先进行镦粗变形，然后充填满挤压筒，同时金属挤入模孔；当达到最大压力时，金属从模孔流出，这个最大压力称为突破压力，通常讲的挤压力就是指最大挤压力；锭坯镦粗时，模子、锭坯和挤压筒内壁之间形成很小的空间，如图 6-6 所示，随着挤压力的增加，这里的气体将被压入金属，当金属流出模孔时，使钎料表面形成气泡或起皮，因此锭坯不能太长，锭坯与挤压筒的间隙也不应太大；充填阶段由于塑性变形释放出相当大的热量，有利于锭接锭挤压时提高压余的温度，便于挤压过程连续进行。②平流阶段，（也称基本挤压阶段），图 6-5 中Ⅱ，金属从模孔流出一直到挤压轴端面接近塑性变形压缩锥区，这一阶段挤压力随锭坯长度减少迅速下降，且变得平稳。③挤压终了阶段，图 6-5 中Ⅲ，此时挤压轴端面接近变形区压缩锥高度，金属将沿挤压轴端面由周边向中心横向流动，锭坯外缘的氧化物和死区金属也向模口流动，直至流出模口，就形成挤压制品特有的缺陷——挤压缩尾。这一阶段由于锭坯温度降低和金属紊流，使压力又有所增加，由于钎料挤压是锭接锭挤压，并且都留有压余，所以钎料挤压时，第Ⅲ阶段挤压力上升不明显。实践表明 BCu93P 钎料突破压强约为 1320MPa 左右，CuPSn 钎料约为 1500MPa 左右，BCu60ZnSn(Si) 钎料约为 870MPa 左右。现以 BCu93P 钎料突破压强 1320MPa 为例，求额定压力为 3150kN 压机挤压筒内径尺寸 $d$。

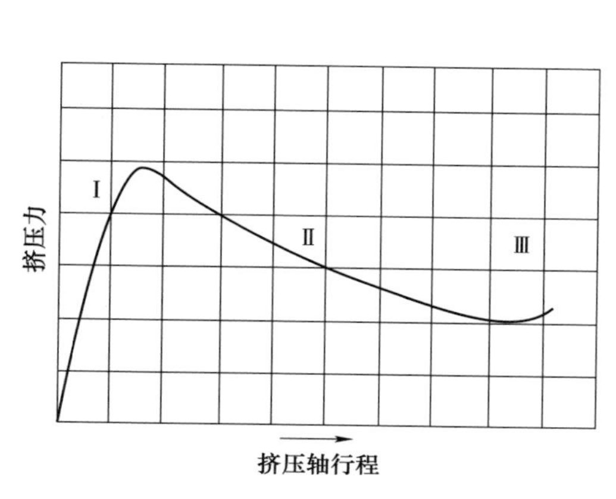


图 6-5　挤压力-挤压轴行程曲线示意图

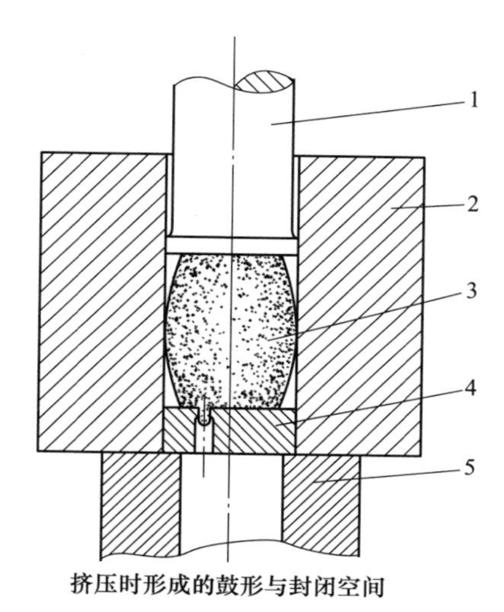


图 6-6　挤压充填阶段示意图

1—挤压轴　2—挤压筒

3—锭坯　4—模子　5—模垫

则 $F=1320\text{MPa}\times\frac{\pi}{4}d^2=3150000\text{N}$

$d=55.1\text{mm}$

按此计算式，计算挤压不同牌号钎料时，挤压筒内径尺寸列于表 6-4。

**表 6-4　不同牌号钎料挤压筒内径尺寸**

| 压力机型号 | 压力机额定压力/kN | 钎料牌号 | 突破压强/MPa（$kgf/mm^2$） | 挤压筒内径/mm |
|---|---|---|---|---|
| 3150 | 3150 | BCu93P | 1320（132） | 55.1 |
| | | CuPSn | 1500（150） | 51.7 |
| | | BCu60ZnSn（Si） | 870（87） | 67.9 |
| 2000 | 2000 | BCu93P | 1320（132） | 43.9 |
| | | CuPSn | 1500（150） | 41.2 |
| | | BCu60ZnSn（Si） | 870（87） | 54.1 |

由表6-4可见，型号3150压机正常长期连续工作时，挤压筒内径取 $\phi$50mm 比较合理，这也是大多数小微企业所采用的数据；若作为黄铜钎料专用压机，则可取 $\phi$65mm。对于型号2000型压机，挤压筒内径取 $\phi$43mm 比较合理，实际上工厂里一般取 $\phi$45mm。

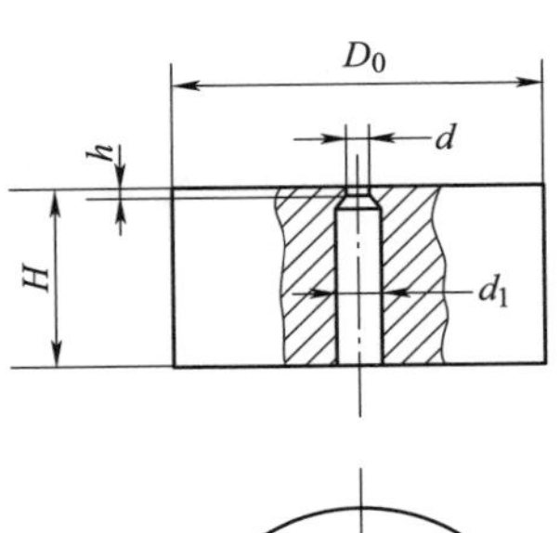


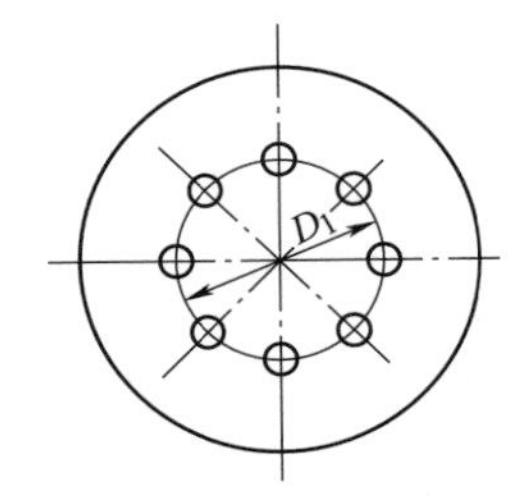


图6-7 多孔挤压模子

$D_0$—模子直径 $D_1$—同心圆直径

$d$—定径孔直径 $d_1$—出丝孔直径

$H$—模子厚度 $h$—定径带高度

**2. 多孔模参数**[56]

钎料锭坯挤压成丝料所用的模子，大多采用多孔平模，如图6-7所示。

$h$：定径带高度，用来稳定丝料尺寸，保证丝料表面质量，$h$ 太大将增大挤压力，$h$ 太短定径孔易磨损，可取0.8~1.0mm。

$d$：定径孔直径，如果挤压丝料直接成为钎料成品，根据GB/T 6418—2008标准规定，径向误差名义直径±0.2mm；如果挤压丝料须经拉丝成为成品，挤压丝径等于制品名义直径+(0.1~0.2mm)，作为拉丝留量。

$d_1$：出丝孔直径，钎料挤压的经验数据为当 $d \leqslant 1.2$mm 时，取 $d_1 = d + 1.5$mm，当 $d \geqslant 2$mm 时，取 $d_1 = d + 2$mm。

$H$：模子厚度 决定于被挤压金属的变形抗力、模子与模垫接触的支承面大小、使模子承受弯曲应力作用的情况；钎料挤压模子厚度的经验数据随挤压筒内径大小有不同，当挤压筒内径 $\leqslant \phi$45mm 时，取 $H = 20 \sim 23$mm，当 $\phi = 50$mm 时，取 $H = 25 \sim 30$mm。

$D_0$：模子直径，$D_0$ = 挤压筒内径−0.1mm，因为挤压筒加热后，内径尺寸比原尺寸会增大一些。

$D_1$：同心圆直径，它是多孔模非常重要的参数，根据文献［56，15］的计算公式：

$$D_1 = \frac{D_0}{a - 0.1(n - 2)}$$

式中，$a$ 为经验系数，取2.5~2.8；$n$ 为孔数。

当 $D_0$ 大、$n$ 大时，$a$ 取下限。该经验公式主要针对大吨位挤压机挤压棒材时的多孔模参数，对于钎料挤压，经验表明，求得的同心圆直径偏大，主要表现为模子与模垫的支承面积偏小，导致模子强度偏低被压弯。在2000kN，3150kN压机挤压时，据经验可取 $D_1 = (0.47 \sim 0.48) D_0$。

模孔安置太靠边缘，不但会降低模子强度，并导致死区金属流动，恶化丝材表面质量，出现起皮、分层，同时内侧金属供应量大，流速快，外侧金属供应量少，造成丝材外侧出现周期性裂纹；若模孔太靠近模子中心时，金属流动过程中，锭坯中心部分金属不足，外侧金属将沿挤压轴端面由周边向中心沿径向流动，补充中心部分金属不足，这时形成挤压缩尾，甚至出现纵向裂纹[15]。钧益厂的压机为2000kN，$D_0$ = 43.5mm，有一次拉丝时断裂非常多，断裂处出现缩尾，缩尾长度达30~35mm，生产中从来没出现过这种情况，后来检查结果，发现外购模子的同心圆直径只有$\phi$17mm，正常情况是$\phi$20.5mm，改换模子后就解决问题。

多孔模挤压最大优点是制品成分均匀，中心缩尾长度大大缩短，正常情况下只有10mm左右。多孔模的模孔应严格均匀分布在同心圆上，孔径、孔间距、定径带高度尽量保持相同，抛光程度也应尽量相同，否则各孔的出丝速度、表面质量会有差异。

现在多孔模的定径孔部位都用硬质合金镶嵌结构，模子使用寿命长，丝材尺寸稳定，具有明显优点，这种模子由专业制造企业供货，但模子参数可由钎料制造厂提出。

**3. 镶嵌结构模垫**

工厂里工人不叫模垫而叫塞块或横梢，模垫通常用H13或3Cr2W8V钢材制成，整体硬度要求50HRC左右，但模垫与模子接触部分直接承受着模子工作时很大的压力，与模子接触部分金属的硬度至少要求55HRC以上，否则挤压使用一定时间后，模垫支承模子的局部金属被压垮变形，$D_c$孔径（见图6-8）明显变小，甚至阻碍丝材流出，如果整体模垫热处理硬度很高，使用时模垫可能断裂。钧益工厂用镶嵌式结构的模垫如图6-8所示，其中镶嵌环1单独热处理，硬度达到58HRC左右，模垫主体硬度为45~55HRC，使用时可避免模垫的镶嵌环被压垮和变形，一旦镶嵌环损坏，可退出更换新环，模垫主体可继续使用，节约材料、降低成本。

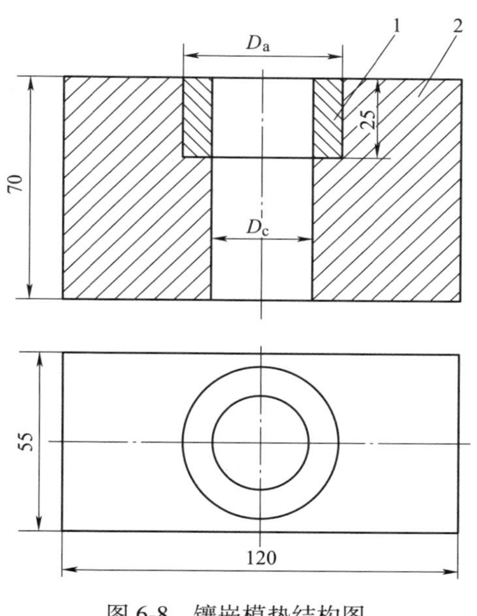


图6-8　镶嵌模垫结构图

1—镶嵌环　2—模垫

$D_a = D_0 +$（3~4mm），$D_c = D_1 + d_1 +$（3~4mm），

$D_0$—模子直径　$D_1$—同心圆直径　$d_1$—出丝孔直径

### 6.2.3 挤压规范参数

采用2000kN或3150kN四柱立式油压机、正向锭接锭多孔平模挤压方式条件下，挤压工艺参数主要有挤压温度、挤压速度和变形程度。

**1. 挤压温度**

钎料生产的挤压温度由两部分组成，即模温（挤压筒温度）和锭温。模温受制于模具钢材质，锭温由钎料种类和牌号决定。常用的模具钢有H13和3Cr2W8V，成分列于表6-5。

**表6-5 常用模具钢牌号及化学成分**[57]

| 牌号 | 化学成分（$w$）(%) | | | | | | | | |
|---|---|---|---|---|---|---|---|---|---|
| | C | Si | Mn | Cr | Mo | V | W | P | S |
| 4Cr5MoSiV1（中国冶标） | 0.32～0.42 | 0.80～1.20 | ≤0.40 | 4.50～5.50 | 1.20～1.50 | 0.80～1.10 | — | ≤0.03 | ≤0.03 |
| H13（美国标准） | 0.35～0.45 | 0.90～1.10 | 0.25～0.50 | 5.00～5.50 | 1.20～1.50 | 0.85～1.15 | — | ≤0.03 | ≤0.03 |
| 3Cr2W8V（中国冶标） | 0.30～0.40 | ≤0.40 | ≤0.40 | 2.20～2.70 | — | 0.20～0.50 | 7.50～9.00 | ≤0.03 | ≤0.03 |

从表6-5可知，H13钢和4Cr5MoSiV1钢有较高的含Cr量，又添加$w(\mathrm{Mo})=1\%$，因此有较好的淬透性，$w(\mathrm{C})=0.4\%$左右，在亚共析钢中属于中等程度含碳量，有利于淬硬，也有利于Cr、Mo、V元素形成碳化物，增加钢在回火处理时二次硬化，使钢具有高温硬度、高温强度及良好的热稳定性。钢中的Cr和Si，使钢具有良好的抗氧化性，因此H13钢很适合制造较大的热挤压模具[57]。

3Cr2W8V钢与H13钢相似，其含有大量的W，因此有高的高温硬度和热稳定性，与H13钢相比，含碳量稍低，因此能保证钢的韧性和塑性[57]。实践表明，3Cr2W8V钢的热处理技术要求比H13钢高，因此热处理质量稳定性不如H13钢。热处理规范参数列于表6-6。

**表6-6 热处理规范参数**[58]

| 牌号 | 普通退火 | | | 淬火 | | | 常用回火 | |
|---|---|---|---|---|---|---|---|---|
| | 加热温度/℃ | 冷却方式 | 硬度HRC | 温度/℃ | 淬火介质 | 硬度HRC | 温度范围/℃ | 硬度HRC |
| 4Cr5MoSiV1（H13） | 860～890 | 炉冷 | ≤229 | 1020～1050 | 油冷或空冷 | 56～58 | 200～300<br>500～550 | 52～51<br>52～53 |
| 3Cr2W8V | 840～860 | 炉冷 | 207～255 | 1050～1100 | 油冷 | 49～52 | 200～300<br>500～550 | 51～50<br>47～48 |

钧益公司挤压模具选用 H13 钢，挤压筒经锻造、退火、机加工，再经热处理，都由外协加工完成；挤压轴、模子、模垫等小的零件由工厂自己处理。热处理加热炉是额定温度 1200℃，功率 5kW 的箱式电阻炉，温控波动±1℃，热处理规范参数参考表 6-6 参数选定，退火温度 860℃、保温 3h，炉冷；淬火温度 1030℃，保温 2h，油冷，回火温度 250℃或 500℃保温 2h，油冷。加热时，模子上、下两端都要放石墨片，挤压轴也可用高频感应炉加热，工作端面一定要放在石墨片上，淬火温度约 1050℃，箱式电阻炉中回火，500℃，保温 2h，油冷，再于 250℃保温 2h 油冷，补充回火。

挤压时，挤压筒加热温度（即模温）选定 470℃，最高不超过 500℃；锭坯加热温度原则上上限低于钎料合金固相点温度以下 100℃，下限高于钎料合金再结晶温度以上 100℃，如果在钎料合金中加添 Sn、Cd、In、Ga 等低熔点元素时，晶间常有低熔点合金析出，此时锭坯加热温度宜低不宜高，具体加热温度根据钎料种类和牌号不同有差异，加热温度列于表 6-7。

**表 6-7 钎料锭坯加热规范**

| 序号 | 合金系 | 加热温度/℃ | 保温时间/min |
|---|---|---|---|
| 1 | AgCuZn | 低于钎料固相点 80~100 | 20 |
| 2 | AgCuZnCd | 520~540 | 15 |
| 3 | AgCuZnSn | 535~550 | 20 |
| 4 | AgCuZnCdSn | 510~520 | 15 |
| 5 | Cu-P；CuPAg | 550~565 | 20 |
| 6 | CuPSn | 540~550 | |
| 7 | BCu60ZnSn（Si） | 620~630 | |
| 8 | BCu58Zn（Sn）（Si）（Mn） | 580~610 | |
| 9 | Al-Si 基 | 400~420 | |
| 10 | ZnAl5；ZnCu6 | 锭 180；模不加热 | |
| 11 | Sn 基 | 模、锭都不加热 | |

**2. 锭坯尺寸**

锭坯直径=挤压筒内径-(1~3)mm

锭坯长度=锭坯直径×（2.0~2.6）

钎料合金塑性差或定径孔很小，如 $\phi$1.0~$\phi$1.2mm，那么锭坯长度尽量取短些。

**3. 变形程度和挤压比**

变形程度和挤压比是挤压过程中两个基本参数[15]，变形程度也称加工率，是金属坯料加工前后尺寸的绝对变化量占坯料原来尺寸之比[12]。计算公式为

$$变形程度\ \varepsilon = \frac{S_0 - S}{S_0} \times 100\%$$

挤压比也称延伸系数，计算公式为

$$挤压比\ \lambda = \frac{S_0}{S} = \frac{D_0^2}{nd^2}$$

式中 $S_0$——坯料变形前截面积（$mm^2$），挤压时为挤压筒截面积；

$S$——坯料变形后截面积（$mm^2$），挤压时为丝料总截面积；

$D_0$——挤压筒内径（mm）；

$d$——挤压丝料直径（mm）；

$n$——丝料出丝数。

变形程度与挤压比的关系如下式：

$$\varepsilon = \frac{\lambda - 1}{\lambda} \times 100\%$$

当 $\lambda = 10$ 时，$\varepsilon = 90\%$

$\lambda = 100$ 时，$\varepsilon = 99\%$

在压力加工过程中，为了改善金属材料的力学性能，通常都增加坯料的变形程度，当变形程度达到90%时，已能完全满足要求[15]，挤压比超过10以后，变形程度增加很小，钎料挤压时，挤压比一般都在30～100，细丝挤压比可达200以上，所以钎料锭坯挤压后，钎料丝材一般都有相当高的强度和塑性。

**4. 挤压速度和出丝速度**

挤压轴向下移动的速度称为挤压速度，用 $V_{挤}$ 表示，钎料金属丝材流出模孔的速度称为出丝速度，用 $V_{出}$ 表示；它们的关系式 $V_{出} = \lambda V_{挤}$，$\lambda$ 为挤压比，确定挤压速度或出丝速度的原则如下：

1）金属塑性差，如CuPSn钎料、合金中存在低熔点组分，如AgCuZnCd又添加Sn、In、Ga等元素，出丝速度宜慢不宜快，否则丝材出现脆性或表面起泡。

2）高温时金属黏性高，如铝基钎料，出丝速度宜慢。

3）金属再结晶温度低于室温或在室温附近，如Sn基钎料、Zn基钎料等，出丝速度很慢。

4）挤压力的影响，提高挤压力将提高挤压速度；如果当挤压力为确定值时，挤压筒内径尺寸就起决定性作用，挤压筒内径小，施加在锭坯上的压强就大，出丝速度快。工厂里往往增大挤压筒内径期望提高生产率，这样就显示压强不足，反而降低出丝速度，工人操作时常常提高锭坯温度，达到出丝快的目的，结果出现丝材脆性、表面起泡，甚至裂纹。

5）出丝速度与温度的配合，以提高生产率和保证丝材质量为原则，采取锭温稍低而出丝速度稍快为佳。

实践测定钎料挤压的出丝速度范围为：

BCu60ZnSn（Si）钎料：$V_{出}$ = 0.8～1.0m/s，

BCu93P 钎料：　　　　$V_{出}$ = 0.3～0.35m/s，

AgCuZn 类钎料：　　　$V_{出}$ = 0.4～0.5m/s。

含有 Cd 或 Cd+Sn 等的银钎料，应降低出丝速度。

### 6.2.4　挤压钎料丝材的缺陷

**1. 缩尾**

当一根锭坯挤压到最后阶段时，锭坯边缘金属沿挤压轴端面从周边向中心流动，并把锭坯外层的氧化物、夹渣等与金属一起经定径孔流出带入丝料，形成缩尾，这种形式的缩尾称为中心缩尾，钎料挤压时比较关注的缩尾就是这种缩尾，如图 6-9 所示，正常情况下，中心缩尾长度约 10mm 左右，如果同心圆直径太小，其长度可达 30mm 以上。如果锭坯表面和上下两个端面无夹渣和氧化物时，那么缩尾仅仅是因为挤压末期金属紊流而形成，对钎料质量没什么影响；如果有夹杂物和严重氧化物存在时，那么缩尾对钎料质量有严重影响，主要是后续拉丝加工时缩尾处常断裂，另一方面用户在施焊时，缩尾部分不能与钎料金属一起熔化，影响施焊过程，常常造成该批次钎料退货处理。

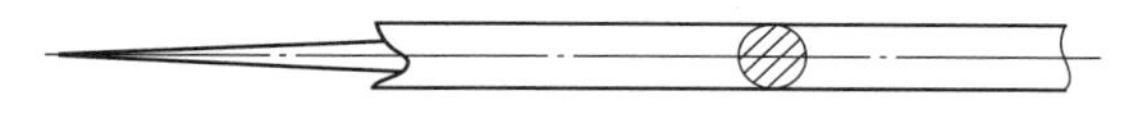

图 6-9　钎料中心缩尾示意图

中心缩尾是挤压加工丝材不可避免的缺陷，无法消除，但可减少，可采取如下措施：①留有压余，钎料挤压时压余不小于 15mm；②锭坯车皮，切除铸锭表面夹杂物和氧化皮，切除铸锭上部冒口，打磨或车削干净铸锭下端面，每段锭坯表面和上下端面有夹杂和氧化物不得进行挤压。③锭坯温度均匀，避免外冷中心热，禁止工人操作时把已加热的锭坯从加热炉中夹出来，放在炉外冷却后再放入挤压筒。④多孔模同心圆不能太小，经验表明：当挤压筒内径为 $\phi$43mm 时，同心圆直径不大于 17mm；挤压筒内径为 $\phi$50mm 时，同心圆直径不大于 20mm，都将使中心缩尾严重恶化。

**2. 挤压裂纹**

当金属流出模孔时，丝材中心金属流速比周边金属大，使丝材中心出现附加压应力，而表面出现附加拉应力，当拉应力超过金属所处温度的抗拉强度时，就出现裂纹，同时应力消失，挤压力使金属继续往前流出，又形成丝材中心与表面的应力差，继而又出现裂纹，周而复始，形成周期性横向裂纹，生产中通常降低锭坯温度、降低挤压速度来解决这种周期性裂纹。

**3. 表面起泡和起皮**

挤压铜磷系列钎料（如 CuPSn、BCu93P、BCu91PAg 等），在丝材表面比较容易出现气泡或起皮，其主要原因是锭坯内部有气孔、夹杂等缺陷，锭坯与挤压筒内壁间隙较大，挤压充填阶段速度较快，模子、锭坯下侧和挤压筒内壁间被封闭的气体（见图 6-6）来不及排出而被压入锭坯内部，当金属从模孔流出时，由于压力突然大幅下降，被压入金属的气体膨胀而形成表面气泡；锭温太高也是形成表面气泡的重要原因；起皮主要是挤压操作过程中有挤压皮落入挤压筒或挤压筒内壁有粘附物所致。

**4. 影响挤压钎料丝材质量的因素**

锭坯质量是直接影响钎料制品质量的重要因素，除了严格控制锭坯中的气孔、夹渣、氧化物等铸造缺陷外，通常都把铸锭车皮，保证锭坯表面无气孔、夹渣，切除铸锭上部最后凝固部分、打磨或车削干净铸锭底部等，作为保证钎料质量的重要措施。有时浇注成长度不超过 100mm 的短锭坯，除了侧表面清理干净外，上端面以车削方式切除最后凝固的表面层金属，是保证锭坯质量的最好手段。

其次是挤压工艺参数，主要是挤压温度、挤压速度和挤压比，其中挤压温度影响最大，由于模具加热温度已经确定，并且比较稳定，因此锭温起到决定性因素，例如 BCu93P 钎料，设定加热温度为 560℃，最高不能超过 580℃，当达到 600℃时，挤压丝材表面出现气泡、起皮，甚至丝材脆性很大，CuPSn 钎料对锭温的升高更为敏感。

# 附　　录

## 附录A　元素周期表

原子序数 → 1 H ← 元素符号；氢 ← 元素名称；1.00794 ← 相对原子质量

| ⅠA | ⅡA | ⅢB | ⅣB | ⅤB | ⅥB | ⅦB | ⅧB | | | ⅠB | ⅡB | ⅢA | ⅣA | ⅤA | ⅥA | ⅦA | ⅧA |
|---|---|---|---|---|---|---|---|---|---|---|---|---|---|---|---|---|---|
| 1 H<br>氢<br>1.00794 | | | | | | | | | | | | | | | | | 2 He<br>氦<br>4.00260 |
| 3 Li<br>锂<br>6.941 | 4 Be<br>铍<br>9.01218 | | | | | | | | | | | 5 B<br>硼<br>10.811 | 6 C<br>碳<br>12.0107 | 7 N<br>氮<br>14.0067 | 8 O<br>氧<br>15.9994 | 9 F<br>氟<br>18.9984 | 10 Ne<br>氖<br>20.1797 |
| 11 Na<br>钠<br>22.9897 | 12 Mg<br>镁<br>24.3050 | | | | | | | | | | | 13 Al<br>铝<br>26.9815 | 14 Si<br>硅<br>28.0855 | 15 P<br>磷<br>30.9738 | 16 S<br>硫<br>32.065 | 17 Cl<br>氯<br>35.453 | 18 Ar<br>氩<br>39.948 |
| 19 K<br>钾<br>39.0983 | 20 Ca<br>钙<br>40.078 | 21 Sc<br>钪<br>44.9559 | 22 Ti<br>钛<br>47.867 | 23 V<br>钒<br>50.9415 | 24 Cr<br>铬<br>51.9961 | 25 Mn<br>锰<br>54.9380 | 26 Fe<br>铁<br>55.845 | 27 Co<br>钴<br>58.9332 | 28 Ni<br>镍<br>58.6934 | 29 Cu<br>铜<br>63.546 | 30 Zn<br>锌<br>65.409 | 31 Ga<br>镓<br>69.723 | 32 Ge<br>锗<br>72.64 | 33 As<br>砷<br>74.9216 | 34 Se<br>硒<br>78.96 | 35 Br<br>溴<br>79.904 | 36 Kr<br>氪<br>83.798 |
| 37 Rb<br>铷<br>85.4678 | 38 Sr<br>锶<br>87.62 | 39 Y<br>钇<br>88.9058 | 40 Zr<br>锆<br>91.224 | 41 Nb<br>铌<br>92.9064 | 42 Mo<br>钼<br>95.94 | 43 Tc<br>锝<br>97.907 | 44 Ru<br>钌<br>101.07 | 45 Rh<br>铑<br>102.905 | 46 Pd<br>钯<br>106.42 | 47 Ag<br>银<br>107.868 | 48 Cd<br>镉<br>112.411 | 49 In<br>铟<br>114.818 | 50 Sn<br>锡<br>118.710 | 51 Sb<br>锑<br>121.760 | 52 Te<br>碲<br>127.60 | 53 I<br>碘<br>126.904 | 54 Xe<br>氙<br>131.293 |
| 55 Cs<br>铯<br>132.905 | 56 Ba<br>钡<br>137.327 | 57 La<br>镧<br>138.906 | 72 Hf<br>铪<br>178.49 | 73 Ta<br>钽<br>190.948 | 74 W<br>钨<br>183.84 | 75 Re<br>铼<br>186.207 | 76 Os<br>锇<br>190.23 | 77 Ir<br>铱<br>192.217 | 78 Pt<br>铂<br>195.078 | 79 Au<br>金<br>196.966 | 80 Hg<br>汞<br>200.59 | 81 Tl<br>铊<br>204.383 | 82 Pb<br>铅<br>207.02 | 83 Bi<br>铋<br>208.980 | 84 Po<br>钋<br>208.98 | 85 At<br>砹<br>209.99 | 86 Rn<br>氡<br>222.02 |
| 87 Fr<br>钫<br>223.02 | 88 Ra<br>镭<br>226.03 | 89 Ac<br>锕<br>227.03 | | | | | | | | | | | | | | | |

| | | | | | | | | | | | | | | | |
|---|---|---|---|---|---|---|---|---|---|---|---|---|---|---|---|
| 镧系 | 58 Ce<br>铈<br>140.116 | 59 Pr<br>镨<br>140.908 | 60 Nd<br>钕<br>144.24 | 61 Pm<br>钷<br>144.91 | 62 Sm<br>钐<br>150.36 | 63 Eu<br>铕<br>151.964 | 64 Gd<br>钆<br>157.25 | 65 Tb<br>铽<br>158.925 | 66 Dy<br>镝<br>162.500 | 67 Ho<br>钬<br>164.930 | 68 Er<br>铒<br>167.259 | 69 Tm<br>铥<br>168.934 | 70 Yb<br>镱<br>173.04 | 71 Lu<br>镥<br>174.967 |
| 锕系 | 90 Th<br>钍<br>232.038 | 91 Pa<br>镤<br>231.036 | 92 U<br>铀<br>238.029 | 93 Np<br>镎<br>237.05 | 94 Pu<br>钚<br>244.06 | 95 Am<br>镅<br>243.06 | 96 Cm<br>锔<br>247.07 | 97 Bk<br>锫<br>247.07 | 98 Cf<br>锎<br>251.08 | 99 Es<br>锿<br>252.08 | 100 Fm<br>镄<br>257.10 | 101 Md<br>钔<br>258.10 | 102 No<br>锘<br>259.10 | 103 Lr<br>铹<br>260.11 |

# 附录 B 元素的物理性质[3,10]

| 元素 | 元素符号 | 原子序数 | 相对原子质量 | 熔点/℃ | 沸点/℃ | 晶体结构（常温） | 晶格常数/nm | | | 比热容/[J/(g·℃)]（20℃） | 熔化热/(J/g) | 密度/(g/cm$^3$)（20℃） | 线膨胀系数/($10^{-6}$m/℃)(20℃) | 导热系数/[J/(cm·s·℃)]（20℃） | 电阻率/$10^{-6}\Omega$·cm(20℃) | 纵弹性模量/GPa |
|---|---|---|---|---|---|---|---|---|---|---|---|---|---|---|---|---|
| | | | | | | | $a$ | $b$ | $c$或轴角 | | | | | | | |
| 锕 | Ac | 89 | 227 | 1051 | 3200 | 面心立方 | | | | | | | | | | |
| 银 | Ag | 47 | 107. 868 | 961. 93 | 2163 | 面心立方 | 0. 4086 | | | 0. 2339 | 104. 6 | 10. 49 | 19. 68 | 4. 184（0℃） | 1. 59 | 70. 56~77. 42 |
| 铝 | Al | 13 | 26. 98 | 660. 452 | 2467 | 面心立方 | 0. 4049 | | | 0. 8996 | 395. 4 | 2. 699 | 23. 6 | 2. 22 | 2. 6548 | 61. 74 |
| 镅 | Am | 95 | 243 | 1176 | 2607 | 密排六方 | 0. 3635 | | 0. 1174 | | | 11. 7 | | | | |
| 氩 | Ar | 18 | 39. 948 | −189. 4±0. 2 | −185. 8 | 面心立方 | 0. 543 | | | 0. 523 | 28. 03 | 1. 784×$10^{-3}$ | — | 1. 70×$10^{-4}$ | — | — |
| 砷 | As | 33 | 74. 9216 | 817（2. 8MPa） | 613 | 三方 | 0. 459 | | 53°49′ | 0. 431 | 370. 3 | 5. 72 | 4. 7 | — | 33. 3 | — |
| 砹 | At | 85 | 210 | 302 | 337 | | | | | | | | | | | |
| 金 | Au | 79 | 196. 967 | 1064. 43 | 2857 | 面心立方 | 0. 4078 | | | 0. 1305 | 67. 4 | 19. 32 | 14. 2 | 2. 97（0℃） | 2. 35 | 80. 36 |
| 硼 | B | 5 | 10. 811 | 2092 | 4002 | | | | | 1. 2929 | — | 2. 34 | 8. 3 | — | 1. 8×$10^{12}$（0℃） | — |
| 钡 | Ba | 56 | 137. 34 | 727 | 1898 | 体心立方 | 0. 5025 | | | 0. 2845 | — | 3. 5 | — | — | — | — |
| 铍 | Be | 4 | 9. 0122 | 1289 | 2472 | 密排六方 | 0. 22858 | | 0. 35842 | 1. 8828 | 1087. 8 | 1. 848 | 11. 6 | 1. 46 | 4 | 254. 8 |
| 铋 | Bi | 83 | 208. 98 | 271. 442 | 1564 | 三方 | 0. 47457 | | 57°14′12″ | 0. 1230 | 52. 3 | 9. 80 | 13. 3 | 0. 08 | 106. 8（0℃） | 31. 36 |
| 锫 | Bk | 97 | 247 | 1050 | | 密排六方 | | | | | | | | | | |
| 溴 | Br | 35 | 79. 904 | −7. 2±0. 2 | 58 | 底心斜方 | 0. 440 | 0. 668 | 0. 874 | 0. 2929 | 67. 8 | 3. 12 | — | — | — | — |

| | | | | | | | | | | | | | | | | |
|---|---|---|---|---|---|---|---|---|---|---|---|---|---|---|---|---|
| 碳 | C | 6 | 12.01115 | 3727 | 4830 | 六方（石墨） | 0.24614 | | 0.67041 | 0.6904 | — | 2.25 | 0.6~4.3 | 0.24 | 1375（0℃） | 4.9 |
| 钙 | Ca | 20 | 40.08 | 842 | 1434 | 面心立方 | 0.5582 | | | 0.6234 | 217.6 | 1.55 | 22.3 | 1.26 | 3.91（0℃） | 21.56~26.46 |
| 镉 | Cd | 48 | 112.40 | 321.108 | 767 | 密排六方 | 0.29787 | | 0.5617 | 0.2301 | 55.2 | 8.65 | 29.8 | 0.92 | 6.83（0℃） | 55.37 |
| 铈 | Ce | 58 | 140.12 | 798 | 3426 | 面心立方 | 0.516 | | | 0.1883 | 35.6 | 6.77 | 8 | 0.11 | 75（25℃） | 41.16 |
| 锎 | Cf | 98 | 249 | 900 | | | | | | | | | | | | |
| 氯 | Cl | 17 | 35.453 | -100.99 | -34.7 | | | | | 0.6945 | 90.4 | $3.214\times10^{-3}$ | — | $0.72\times10^{-4}$ | — | — |
| 锔 | Cm | 96 | 245 | 1345 | 3110 | 密排六方 | | | | | | | | | | |
| 钴 | Co | 27 | 58.9332 | 1495 | 2928 | 密排六方 | 0.25071 | | 0.40686 | 0.4142 | 244.3 | 8.85 | 13.8 | 0.69 | 6.24 | 205.8 |
| 铬 | Cr | 24 | 51.996 | 1863 | 2672 | 体心立方 | 0.2884 | | | 0.4602 | 401.7 | 7.19 | 6.2 | 0.67 | 12.9（0℃） | 245 |
| 铯 | Cs | 55 | 132.905 | 28.39 | 671 | 体心立方 | 0.613 | | | 0.2015 | 15.9 | 1.903 | 97 | — | 20 | — |
| 铜 | Cu | 29 | 63.546 | 1084.87 | 2563 | 面心立方 | 0.36153 | | | 0.3849 | 211.7 | 8.96 | 16.5 | 3.94 | 1.673 | 107.8 |
| 镝 | Dy | 66 | 162.50 | 1412 | 2562 | 密排六方 | 0.359 | | 0.565 | 0.1715 | 105.4 | 8.55 | 9 | 0.10 | 57（25℃） | 68.7~96.04 |
| 铒 | Er | 68 | 167.26 | 1529 | 2863 | 密排六方 | 0.365 | | 0.558 | 0.1674 | | 9.15 | 9 | 0.096 | 107（25℃） | — |

（续）

| 元素 | 元素符号 | 原子序数 | 相对原子质量 | 熔点/℃ | 沸点/℃ | 晶体结构（常温） | 晶格常数/nm | | | 比热容/[J/(g·℃)]（20℃） | 熔化热/(J/g) | 密度/(g/cm$^3$)（20℃） | 线膨胀系数/($10^{-6}$m/℃)(20℃) | 导热系数/[J/(cm·s·℃)]（20℃） | 电阻率/$10^{-6}$Ω·cm(20℃) | 纵弹性模量/GPa |
|---|---|---|---|---|---|---|---|---|---|---|---|---|---|---|---|---|
| | | | | | | | *a* | *b* | *c* 或轴角 | | | | | | | |
| 锿 | Es | 99 | 254 | 860 | — | — | — | — | — | — | — | — | — | — | — | — |
| 铕 | Eu | 63 | 151.96 | 822 | 1597 | 体心立方 | 0.458 | | | 0.1632 | 102.5 | 5.245 | 26 | — | 90（25℃） | — |
| 氟 | F | 9 | 18.9984 | −219.6 | −188.2 | 单斜 | | | | 0.753 | 42.3 | $1.696\times10^{-3}$ | — | — | — | — |
| 铁 | Fe | 26 | 55.847 | 1538 | 2862 | 体心立方 | 0.2866 | | | 0.4602 | 274.1 | 7.87 | 11.76 | 0.75 | 9.71 | 196 |
| 镄 | Fm | 100 | 255 | — | — | — | — | — | — | — | — | — | — | — | — | — |
| 钫 | Fr | 87 | 223 | 27 | 677 | — | — | — | — | — | — | — | — | — | — | — |
| 镓 | Ga | 31 | 69.72 | 29.78 | 2237 | 底心斜方 | 0.4524 | 0.4523 | 0.7661 | 0.3305 | 80.2 | 5.907 | 18 | 0.29~0.38 | 17.4 | — |
| 钆 | Gd | 64 | 157.25 | 1313 | 3266 | 密排六方 | 0.364 | | 0.573 | 0.2970 | 98.3 | 7.86 | 4 | 0.088 | 140.5（25℃） | 54.88~196 |
| 锗 | Ge | 32 | 72.59 | 938.3 | 2834 | 金刚石立方 | 0.5658 | | | 0.3054 | — | 5.323 | 5.75 | 0.59 | 46 | — |
| 氢 | H | 1 | 1.00797 | −259.19 | −252.7 | 密排六方 | 0.376 | | 0.613 | 14.43 | 62.76 | $0.0899\times10^{-3}$ | — | $16.99\times10^{-4}$ | — | — |
| 氦 | He | 2 | 4.0026 | −269.7 | −268.9 | 密排六方 | 0.358 | | 0.584 | 5.23 | — | $0.1785\times10^{3}$ | — | $13.89\times10^{-4}$ | — | — |
| 铪 | Hf | 72 | 178.49 | 2231 | 4603 | 密排六方 | 0.31883 | | 0.50422 | 0.147 | — | 13.09 | 519 | 0.21 | 35.1（25℃） | — |
| 汞 | Hg | 80 | 200.59 | −38.836 | 357 | 三方 | 0.3005 | | 70°31′42″ | 0.138 | 11.72 | 13.546 | — | 0.082（0℃） | 98.4（50℃） | — |
| 钬 | Ho | 67 | 164.93 | 1474 | 2695 | 密排六方 | 0.358 | | 0.562 | 0.163 | 104.2 | 6.79 | — | — | 87（25℃） | 75.46 |
| 碘 | I | 53 | 126.9044 | 113.7 | 185.25 | 斜方 | 0.4787 | 0.7226 | 0.793 | 0.218 | 59.4 | 4.94 | 93 | $43.5\times10^{-4}$ | $1.3\times10^{15}$ | — |

| | | | | | | | | | | | | | | | | |
|---|---|---|---|---|---|---|---|---|---|---|---|---|---|---|---|---|
| 铟 | In | 49 | 114.82 | 156.634 | 2073 | 体心正方 | 0.4594 | | 0.4951 | 0.238 | 28.5 | 7.31 | 3.3 | 0.24 | 8.37 | — |
| 铱 | Ir | 77 | 192.2 | 2447 | 4428 | 面心立方 | 0.3839 | | | 0.128 | — | 22.5 | 6.8 | 0.59 | 5.3 | 519.4 |
| 钾 | K | 19 | 39.102 | 63.71 | 759 | 体心立方 | 0.5334 | | | 0.741 | 61.1 | 0.86 | 83 | 1.00 | 6.15(0℃) | — |
| 氪 | Kr | 36 | 83.80 | −157.3 | −152 | 面心立方 | 0.569 | | | — | — | $3.74\times10^{-3}$ | — | $0.88\times10^{-4}$ | — | — |
| 镧 | La | 57 | 183.91 | 918 | 3457 | 密排六方 | 0.377 | | 1.216 | 0.201 | 72.4 | 6.19 | 5 | 0.14 | 57(25℃) | 68.6~75.46 |
| 锂 | Li | 3 | 6.939 | 180.6 | 1342 | 体心立方 | 0.35089 | | | 3.305 | 435.97 | 0.534 | 56 | 0.71 | 8.55(0℃) | — |
| 铹 | Lr(Lw) | 103 | 260 | — | — | — | — | — | — | — | — | — | — | — | — | — |
| 镥 | Lu | 71 | 174.97 | 1663 | 3395 | 密排六方 | 0.350 | | 0.550 | 0.155 | 109.99 | 9.85 | — | — | 79(25℃) | — |
| 钔 | Md | 101 | 256 | (827) | — | — | — | — | — | — | — | — | — | — | — | — |
| 镁 | Mg | 12 | 24.312 | 650 | 1090 | 密排六方 | 0.32088 | | 0.52095 | 1.025 | 368.2±8.4 | 1.74 | 27.1 | | 4.45 | 45.08 |
| 锰 | Mn | 25 | 54.938 | 1246 | 2062 | 复杂体心立方 | 0.8912 | | | 0.481 | 266.5 | 7.43 | 22 | — | 185 | 160.72 |
| 钼 | Mo | 42 | 95.94 | 2623 | 4639 | 体心立方 | 0.31468 | | | 0.276 | 292.0 | 10.22 | 4.9 | 1.54 | 5.2(0℃) | 345.94 |
| 氮 | N | 7 | 14.0067 | −209.87 | −195.0 | 六方 | 0.404 | | 0.660 | 1.033 | 25.9 | $1.250\times10^{-3}$ | — | $2.51\times10^{-4}$ | — | — |
| 钠 | Na | 11 | 22.9898 | 97.80 | 883 | 体心立方 | 0.4289 | | | 1.234 | 115.1 | 0.9712 | 71 | 1.34 | 4.2(0℃) | — |
| 铌 | Nb | 41 | 92.906 | 2469 | 4744 | 体心立方 | 0.3301 | | | 0.271 | 288.7 | 8.57 | 7.31 | 0.52(0℃) | 12.5(0℃) | — |

（续）

| 元素 | 元素符号 | 原子序数 | 相对原子质量 | 熔点/℃ | 沸点/℃ | 晶体结构（常温） | 晶格常数/nm | | | 比热容/[J/(g·℃)] (20℃) | 熔化热/(J/g) | 密度/(g/cm$^3$) (20℃) | 线膨胀系数/($10^{-6}$m/℃)(20℃) | 导热系数/[J/(cm·s·℃)] (20℃) | 电阻率/$10^{-6}$Ω·cm(20℃) | 纵弹性模量/GPa |
|---|---|---|---|---|---|---|---|---|---|---|---|---|---|---|---|---|
| | | | | | | | *a* | *b* | *c*或轴角 | | | | | | | |
| 钕 | Nd | 60 | 144.24 | 1021 | 3068 | 密排六方 | 0.366 | | 1.180 | 0.188 | 49.29 | 7.00 | 6 | 0.13 | 64 (25℃) | — |
| 氖 | Ne | 10 | 20.183 | −248.6±0.3 | −246.0 | 面心立方 | 0.453 | | | — | — | 0.8999×$10^{-3}$ | — | 0.46×$10^{-3}$ | — | — |
| 镍 | Ni | 28 | 58.71 | 1455 | 2890 | 面心立方 | 0.35238 | | | 0.439 | 308.8 | 8.902 | 13.3 | 0.92 | 6.84 | 205.8 |
| 锘 | No | 102 | 249 | — | — | — | — | — | — | — | — | — | — | — | — | — |
| 镎 | Np | 93 | 237 | 639 | 3902 | — | — | — | — | — | — | — | — | — | — | — |
| 氧 | O | 8 | 15.9994 | −218.83 | −183.0 | 立方 | 0.684 | | | 0.912 | 13.81 | 1.429×$10^{-3}$ | — | 2.47×$10^{-4}$ | — | — |
| 锇 | Os | 76 | 190.2 | 3033 | 5012 | 密排六方 | 0.27341 | | 0.43197 | 0.130 | — | 22.57 | 4.6 | — | 9.5 | 553.7 |
| 磷 | P | 15 | 30.9738 | 44.14 | 280 | 复杂立方 | 0.718 | | | 0.741 | 20.92 | 1.83 | 125 | — | 1×$10^{17}$ (11℃) | — |
| 镤 | Pa | 91 | 231 | 1572 | 4027 | 体心正方 | — | — | — | — | — | 15.4 | — | — | — | — |
| 铅 | Pb | 82 | 207.19 | 327.502 | 1750 | 面心立方 | 0.49489 | | | 0.129 | 26.19 | 11.36 | 29.3 | 0.35 (0℃) | 20.846 | 13.72 |
| 钯 | Pd | 46 | 106.4 | 1555 | 2964 | 面心立方 | 0.38902 | | | 0.244 | 143.1 | 12.02 | 11.76 | 0.70 | 10.8 | 107.8 |
| 钷 | Pm | 61 | 145 | 1035 | 3512 | 六方 | | | | — | — | — | — | — | — | — |
| 钋 | Po | 84 | 210 | 254±10 | 962 | 立方 | 0.3352 | | | | | | | | | |
| 镨 | Pr | 59 | 140.907 | 931 | 3512 | 六方 | 0.367 | | 1.184 | 0.188 | 48.99 | 6.77 | 4 | 0.12 (−2.2℃) | 68 (25℃) | 48.02~68.6 |
| 铂 | Pt | 78 | 195.09 | 1769 | 3827 | 面心立方 | 0.39310 | | | 0.131 | 112.5 | 21.45 | 8.9 | 0.69 | 10.6 | 147 |

| | | | | | | | | | | | | | | | | |
|---|---|---|---|---|---|---|---|---|---|---|---|---|---|---|---|---|
| 钚 | Pu | 94 | 242 | 640 | 3230 | 单斜 | 0.6182 | 0.4826 | 1.0956 | 0.138 | — | 19~19.72 | 55 | 0.08（25℃） | 141.4（107℃） | 98 |
| 镭 | Ra | 88 | 226.05 | 700 | 1536 | 体心立方 | | | | | | 5.0 | | | | |
| 铷 | Rb | 37 | 85.47 | 39.48 | 688 | 体心立方 | 0.563 | | | 0.335 | 27.20 | 1.53 | 90 | — | 12.5 | — |
| 铼 | Re | 75 | 186.2 | 3186 | 5627 | 密排六方 | 0.2760 | | 0.4458 | 0.138 | — | 21.04 | 6.7 | 0.711 | 19.3 | 460.6 |
| 铑 | Rh | 45 | 102.905 | 1963 | 3770 | 面心立方 | 0.3804 | | | 0.247 | — | 12.44 | 8.3 | 0.879 | 4.51 | 290.08 |
| 氡 | Rn | 86 | 226 | −71 | −61.8 | — | — | — | — | — | — | $9.96\times10^{-3}$ | — | — | — | — |
| 钌 | Ru | 44 | 101.107 | 2250 | 3900 | 密排六方 | 0.27041 | | 0.42814 | 0.238 | — | 12.2 | 9.1 | — | 7.6（0℃） | 416.5 |
| 硫 | S | 16 | 32.064 | 115.22 | 444.6 | 斜方 | 1.050 | 1.295 | 2.460 | 0.732 | 38.91 | 2.07 | 64 | $26.4\pm10^{-4}$ | $2\times10^{23}$ | — |
| 锑 | Sb | 51 | 121.75 | 630.755 | 1587 | 三方 | 0.4056 | | 57°6′30″ | 0.205（0℃） | 160.2 | 6.62 | 8.5~10.8 | 0.188 | 39.0（0℃） | 77.42 |
| 钪 | Sc | 21 | 44.956 | 1541 | 2831 | 密排六方 | 0.331 | | 0.527 | 0.561 | 353.6 | 2.99 | — | — | 61 | — |
| 硒 | Se | 34 | 78.95 | 221 | 685 | 六方 | 0.4346 | | 0.4954 | 0.351 | 68.62 | 4.79 | 37 | $29\sim76.6\times10^{-4}$ | 12（0℃） | 57.82 |
| 硅 | Si | 14 | 28.086 | 1414 | 3267 | 金刚石立方 | 0.5428 | | | 0.678 | 1807.5 | 2.33 | 2.8~7.3 | 0.837 | 10（0℃） | 107.8 |
| 钐 | Sm | 62 | 150.35 | 1072 | 1791 | 三方 | 0.899 | | 23°13′ | 0.176 | 72.34 | 7.49 | — | — | 88（25℃） | 54.88 |
| 锡 | Sn | 50 | 118.69 | 231.968 | 2603 | 体心正方（β） | 0.58314 | | 0.31815 | 0.226 | 60.67 | 7.2984 | 23 | 0.628（0℃） | 11（0℃） | 41.16~45.08 |
| 锶 | Sr | 38 | 87.62 | 769 | 1382 | 面心立方 | 0.6087 | | | 0.736 | 104.6 | 2.60 | — | — | 23 | — |
| 钽 | Ta | 73 | 180.948 | 3020 | 5458 | 体心立方 | 0.3303 | | | 0.142 | 159.0 | 16.6 | 6.5 | | 12.45（25℃） | 186.2 |

（续）

| 元素 | 元素符号 | 原子序数 | 相对原子质量 | 熔点/℃ | 沸点/℃ | 晶体结构（常温） | 晶格常数/nm | | | 比热容/[J/(g·℃)]（20℃） | 熔化热/(J/g) | 密度/(g/cm³)（20℃） | 线膨胀系数/(10⁻⁶m/℃)(20℃) | 导热系数/[J/(cm·s·℃)]（20℃） | 电阻率/10⁻⁶Ω·cm(20℃) | 纵弹性模量/GPa |
|---|---|---|---|---|---|---|---|---|---|---|---|---|---|---|---|---|
| | | | | | | | *a* | *b* | *c* 或轴角 | | | | | | | |
| 铽 | Tb | 65 | 158.924 | 1356 | 3023 | 密排六方 | 0.360 | | 0.569 | 0.184 | 102.7 | 8.25 | 7 | — | — | — |
| 锝 | Tc | 43 | 99 | 2240 | 4877 | 密排六方 | 0.2729 | | 0.4379 | — | — | 11.5 | — | — | — | — |
| 碲 | Te | 52 | 127.60 | 449.7 | 988 | 六方 | 0.4457 | | 0.5929 | 0.197 | 133.9 | 6.24 | 16.75 | 0.544 | $4.36\times10^5$（23℃） | 41.16 |
| 钍 | Th | 90 | 232.038 | 1755 | 4788 | 面心立方 | 0.509 | | | 0.142 | 82.93 | 11.66 | 12.5 | 0.377（100℃） | 13（0℃） | — |
| 钛 | Ti | 22 | 47.90 | 1660 | 3289 | 密排六方 | 0.2950 | | 0.4683 | 0.519 | 435.1 | 4.507 | 8.41 | 0.172 | 42 | 115.64 |
| 铊 | Tl | 81 | 204.37 | 304 | 1473 | 密排六方 | 0.3457 | | 0.5525 | 0.130 | 21.09 | 11.85 | 28 | 0.389 | 18（0℃） | — |
| 铥 | Tm | 69 | 168.934 | 1545 | 1947 | 密排六方 | 0.353 | | 0.555 | 0.159 | 108.95 | 9.31 | — | — | 79（25℃） | — |
| 铀 | U | 92 | 238.03 | 1135 | 4134 | 底心斜方 | 0.28545 | 0.5868 | 0.49566 | 0.117 | — | 19.07 | 6.8~14.1 | 0.297 | 30 | — |
| 钒 | V | 23 | 50.942 | 1910 | 3409 | 体心立方 | 0.3039 | | | 0.498 | — | 6.1 | 8.3 | 0.309（100℃） | 24.8~26.0 | 176.4~196 |
| 钨 | W | 74 | 183.85 | 3422 | 5555 | 体心立方 | 0.3158 | | | 0.138 | 184.1 | 19.3 | 4.6 | 1.66（0℃） | 5.65（27℃） | 343 |
| 氙 | Xe | 54 | 131.30 | -111.9 | -108.0 | 面心立方 | 0.625 | | | — | — | $5.896\times10^{-3}$ | — | $5.19\times10^{-4}$ | — | — |
| 钇 | Y | 39 | 88.905 | 1522 | 3338 | 密排六方 | 0.365 | | 0.573 | 0.297 | 192.5 | 4.47 | — | 0.146（-2.2℃） | 57 | — |
| 镱 | Yb | 70 | 173.04 | 824 | 1194 | 面心立方 | 0.549 | | | 0.146 | 53.18 | 6.96 | 25 | — | 29（25℃） | — |
| 锌 | Zn | 30 | 65.37 | 419.58 | 907 | 密排六方 | 0.2665 | | 0.4947 | 0.383 | 100.8 | 7.133 | 39.7 | 1.13（25℃） | 5.916 | — |
| 锆 | Zr | 40 | 91.22 | 1855 | 4409 | 密排六方 | 0.32312 | | 0.51477 | 0.280 | 251.0 | 6.489 | 5.85 | — | 40 | 94.08 |

资料来源：录自文献［8］，元素顺序按英文字母字序排列整理；熔点，沸点参考文献［27，29］修正。

# 附录 C 金属的表面张力

表 C-1 液态金属的表面张力[3]

| 元素 | 温度/℃ | 表面张力/($10^{-5}$N/cm) | 元素 | 温度/℃ | 表面张力/($10^{-5}$N/cm) |
|---|---|---|---|---|---|
| Ag | 960.8* | 930 | Mo | 2607* | 2500 |
| Al | 660.1* | 915 | Na | 97.8* | 190.8 |
| | 700 | 900 | | 100 | 190.6 |
| | 800 | 865 | | 200 | 181 |
| Au | 1063* | 1124 | | 300 | 171 |
| Ba | 710* | 195 | | 500 | 151 |
| Be | 1282 | 1330 | Nb | 2468* | 2030 |
| Bi | 300 | 376 | Ni | 1550 | 1924 |
| | 400 | 370 | Os | 2727* | 2450 |
| | 600 | 356 | Pb | 327.3* | 444~480 |
| Ca | 850* | 225 | | 400 | 438~462 |
| Cd | 320.9* | 550 | | 500 | 431~438 |
| | 350 | 586 | | 600 | 426~414 |
| | 400 | 605 | | 800 | 409 |
| | 500 | 600 | Pd | 1552* | 1280 |
| Ce | 804* | 610 | Pt | 2000 | (1770) |
| Co | 1550 | 1936 | Rb | 38.8* | 77±5 |
| Cr | 1898* | 1880 | Re | 3180 | 2480 |
| Cs | 29.7* | 55 | Sb | 630.5* | 383 |
| Cu | 1200 | 1300 | | 700 | 383 |
| Fe | 1550 | 1835 | | 800 | 380 |
| Ga | 29.8* | 735 | Si | 1450 | 730 (He) |
| | 50 | 735 | | | 730~860 ($H_2$) |
| Hf | 1943* | 1510 | Sn | 231.9* | 566 |
| Hg | 20 | 465 | | 300 | 580 |
| | 100 | 456 | | 400 | 573 |
| | 200 | 436 | | 500 | 566 |
| | 300 | 405 | | 600 | 560 |
| | 350 | 395 | Sr | 700* | 165 |
| In | 157* | 559 | Ta | 2977* | 2860 |
| | 200 | 555 | Te | 450* | 300 |
| | 300 | 545 | Th | 1691* | 1075 |
| | 400 | 535 | Ti | 1710 | 1510±18 |
| | 500 | 525 | Tl | 327 | 401 |
| | 600 | 515 | U | 1133* | 1193 |
| Ir | 2454 | 2310 | V | 1912* | 1697 |
| K | 63.7* | 86 | W | 3377* | 3200 |
| | 100 | 86 | Zn | 419.5* | 824 |
| | 200 | 86 | | 500 | 798 |
| Li | 180* | 430 | | 600 | 774 |
| Mg | 650* | 556 | | 800 | 756 |
| | 700 | 542 | Zr | 1850* | 2080 |
| | 750 | 526 | | | |
| Mn | 1243* | 1293 | | | |

注：*熔点。

资料来源：J. F. Elliott, M. Gleiser; Thermochemistry for steelmaking, Vol. I (1960), Addison-Wesley.

**表 C-2 金属及合金的表面张力[3]**

| 元素符号 | 中文名称 | 温度/℃ | 表面张力/(mN/m) |
|---|---|---|---|
| Ag | 银 | 960 | 925 |
| Al | 铝 | 660 | 871 |
| Au | 金 | 1065 | 1145 |
| Be | 铍 | 1500 | 1100 |
| Bi | 铋 | 271.5 | 382 |
| Ce | 铈 | 804 | 707 |
| Co | 钴 | 1500 | 1881 |
| Cr | 铬 | 1860 | 1642 |
| Cu | 铜 | 1083 | 1330 |
| Er | 铒 | 1530 | 637 |
| Eu | 铕 | 826 | 264 |
| Fe | 铁 | 1530 | 1862 |
| Ga | 镓 | 30 | 711 |
| | | 730 | 702 |
| | | 1500 | 581.5 |
| Gd | 钆 | 1350 | 664 |
| Ge | 锗 | 960 | 607 |
| Hf | 铪 | 2200 | 1536 |
| Hg | 汞 | -38 | 489 |
| Ho | 钬 | 1500 | 650 |
| In | 铟 | 157 | 556 |
| | | 200 | 551 |
| | | 300 | 527 |
| Ir | 铱 | 2450 | 2264 |
| La | 镧 | 920 | 728 |
| Li | 锂 | 186 | 399 |
| Lu | 镥 | 1700 | 940 |
| Mg | 镁 | 650 | 577 |
| Mn | 锰 | 1245 | 1152 |
| Mo | 钼 | 2620 | 2250 |
| Nb | 铌 | 2486 | 1908 |
| Nd | 钕 | 1024 | 687 |
| Ni | 镍 | 1455 | 1796 |
| Os | 锇 | 3050 | 2500 |
| Pb | 铅 | 327 | 457 |
| Pd | 钯 | 1552 | 1482 |
| Pr | 镨 | 932 | 716 |
| Pt | 铂 | 1770 | 1763 |
| Re | 铼 | 3167 | 2655 |
| Rh | 铑 | 1966 | 1915 |

（续）

| 元素符号 | 中文名称 | 温度/℃ | 表面张力/(mN/m) |
|---|---|---|---|
| Ru | 钌 | 2250 | 2215 |
| Sb | 锑 | 630 | 371 |
| Sc | 钪 | 1540 | 939 |
| Se | 硒 | 220 | 130 |
| | | 260 | 98 |
| Si | 硅 | 1450 | 860（$H_2$） |
| Sm | 钐 | 1072 | 430 |
| Sn | 锡 | 231.85 附近 | 470~630 |
| Ta | 钽 | 2950 | 2150 |
| Tb | 铽 | 1356 | 669 |
| Te | 碲 | 460 | 208 |
| Th | 钍 | 1690 | 1006 |
| Ti | 钛 | 1680 | 1543 |
| Tl | 铊 | 305 | 459 |
| U | 铀 | 1130 | 1552 |
| V | 钒 | 1735 | 1885.3 |
| W | 钨 | 3370 | 2361.5 |
| Y | 钇 | 1520 | 872 |
| Yb | 镱 | 824 | 320 |
| Zn | 锌 | 420 | 789 |

**表 C-3　一些金属系统的表面张力**[2]

| 系统 | 温度/℃ | $\sigma_{固气}$/(mN/m) | $\sigma_{液气}$/(mN/m) | $\sigma_{液固}$/(mN/m) |
|---|---|---|---|---|
| Al-Sn | 350 | 1010 | 600 | 280 |
| | 600 | 1010 | 560 | 250 |
| Cu-Ag | 850 | 1670 | 940 | 280 |
| Cu-Fe | 1100 | 1990 | 1120 | 440 |
| Fe-Ag | 1125 | 1990 | 910 | >3400 |
| Cu-Pb | 800 | 1670 | 410 | 520 |
| CuAg 共晶 | 1000 | — | 970 | — |

注：通常所说的表面张力是指 $\sigma_{液气}$、$\sigma_{液固}$ 和 $\sigma_{固气}$ 为界面张力。

# 附录 D　一些金属氧化物、氟化物的性质

| 化学式 | 生成热 | | 密度 /$(g/cm^3)$ | 熔点/℃ | 化学式 | 生成热 | | 密度 /$(g/cm^3)$ | 熔点/℃ |
|---|---|---|---|---|---|---|---|---|---|
| | kJ/mol | 1mol 氧原子参加反应时/kJ | | | | kJ/mol | 1mol 氧原子参加反应时/kJ | | |
| $Ag_2O$ | 31.1 | 31.1 | 7.14 | >230 分解 | $Cs_2O$ | 345.8 | 345.8 | 4.25 | >400 分解 |
| AgF | 204.1 | — | 5.852 | 435.0 | CsF | 553.5 | — | 4.115 | 682 |
| $Al_2O_3$ | 1687.28 | 562.43 | 3.9 | 2027 | FeO | 272 | 272 | 5.7 | 1369 |
| $AlF_3$ | 1510.4 | — | 2.882 | 1291 | $Fe_2O_3$ | 824.2 | 274.7 | 5.12 | 1565 |
| BeO | 565.22 | 565.22 | 3.02 | 2530 | $Fe_3O_4$ | 1118.4 | 279.6 | 5.2 | 1594 |
| $BeF_2$ | 1026.8 | — | 1.986 | >800 升华 | $Ga_2O_3$ | 1089.1 | 363 | 6.44 | 1900 |
| BiO | 206.28 | 206.28 | 7.15 | — | $K_2O$ | 361.5 | 361.5 | 2.32 | >350 分解 |
| $Bi_2O_3$ | 576.94 | 192.3 | 8.55 | 825 | KF | 567.3 | — | 2.48 | 858 |
| CO(g) | 110.5 | 110.5 | 1.25 | -78.5 | $La_2O_3$ | 1793.7 | 597.9 | 6.51 | 2307 |
| $CO_2$(g) | 393.5 | 196.8 | 1.977 | -199 | $Li_2O$ | 595.78 | 595.78 | 2.02 | 1700 |
| CaO | 634.9 | 634.9 | 3.32 | 2614 | LiF | 616 | — | 2.635 | 845 |
| $CaF_2$ | 1228 | — | 3.18 | 1423 | MgO | 601.6 | 601.6 | 2.35 | 2852 |
| CdO | 258.4 | 258.4 | 7.5 | 1420 | $MgF_2$ | 1124.2 | — | — | 1261 |
| $CeO_2$ | 1088.7 | 544.4 | 7.3 | 约 2600 | MnO | 389.79 | 389.79 | 5.43 | 1650 |
| CoO | 237.9 | 237.9 | 6.54 | 1795±20 | $MnO_2$ | 520.0 | 260 | 5.026 | >230 分解 |
| $Cr_2O_3$ | 1139.7 | 379.9 | 5.21 | 2266 | NiO | 246.6 | 246.6 | 6.67 | 1957[25] |
| $Cu_2O$ | 168.6 | 168.6 | 6.0 | 1235 | $Ni_2O_3$ | 489.5 | 163.16 | 4.83 | — |
| CuO | 157.3 | 157.3 | 6.4 | 1326 | $P_2O_5$ | 1557.49 | 311.5 | 2.39 | 585<br>>300 升华 |
| PbO(红) | 219.0 | 219.0 | 9.53 | 886 | $TiO_2$ | 912.72 | 465.4 | 4.26 | 1825 |
| $PbO_2$ | 277.4 | 138.7 | 9.375 | >290 分解 | $V_2O_3$ | 1239.29 | 413.2 | 4.87 | 1600[25] |
| $Sb_2O_3$ | 700.87 | 233.62 | 5.67 | 656 | $V_2O_5$ | 1829.63 | 365.93 | 3.35 | 685[27] |
| $Sb_2O_4$ | 817.64 | 204.4 | 6.2 | 1060 分解 | ZnO | 350.5 | 350.5 | 5.6 | 1975 |
| $Sb_2O_5$ | 960.28 | 192.05 | 3.78 | 450 分解 | $ZnF_2$ | 764.4 | — | 4.95 | 872 |
| $SiO_2$ | 910.7 | 445.4 | 2.65 | 1723 | | | | | |
| SnO | 284.28 | 284.28 | 6.95 | 1040 | | | | | |
| $SnO_2$ | 577.6 | 288.8 | 7.0 | 1630 | | | | | |

注：本附录数据录自文献［13］、［29］个别氧化物无熔点数据，查文献［25］、［27］补充。

# 附录 E　摩尔分数与质量分数的换算

$$w(\mathrm{A})=\frac{x(\mathrm{A})m(\mathrm{A})}{x(\mathrm{A})m(\mathrm{A})+x(\mathrm{B})m(\mathrm{B})+x(\mathrm{C})m(\mathrm{C})}\times 100\%$$

$$w(\mathrm{B})=\frac{x(\mathrm{B})m(\mathrm{B})}{x(\mathrm{A})m(\mathrm{A})+x(\mathrm{B})m(\mathrm{B})+x(\mathrm{C})m(\mathrm{C})}\times 100\%$$

$$w(\mathrm{C})=\frac{x(\mathrm{C})m(\mathrm{C})}{x(\mathrm{A})m(\mathrm{A})+x(\mathrm{B})m(\mathrm{B})+x(\mathrm{C})m(\mathrm{C})}\times 100\%$$

$$x(\mathrm{A})=\frac{w(\mathrm{A})/m(\mathrm{A})}{w(\mathrm{A})/m(\mathrm{A})+w(\mathrm{B})/m(\mathrm{B})+w(\mathrm{C})/m(\mathrm{C})}\times 100\%$$

$$x(\mathrm{B})=\frac{w(\mathrm{B})/m(\mathrm{B})}{w(\mathrm{A})/m(\mathrm{A})+w(\mathrm{B})/m(\mathrm{B})+w(\mathrm{C})/m(\mathrm{C})}\times 100\%$$

$$x(\mathrm{C})=\frac{w(\mathrm{C})/m(\mathrm{C})}{w(\mathrm{A})/m(\mathrm{A})+w(\mathrm{B})/m(\mathrm{B})+w(\mathrm{C})/m(\mathrm{C})}\times 100\%$$

式中，A、B、C 分别为组成合金的三个组元；$x(\mathrm{A})$、$x(\mathrm{B})$、$x(\mathrm{C})$分别为组元 A、B、C 的摩尔分数；$w(\mathrm{A})$、$w(\mathrm{B})$、$w(\mathrm{C})$分别为组元 A、B、C 的质量分数；$m(\mathrm{A})$、$m(\mathrm{B})$、$m(\mathrm{C})$分别为组元 A、B、C 的摩尔质量或相对原子质量。

# 参 考 文 献


[1]《热处理化学》编写组．热处理化学［M］. 沈阳：辽宁人民出版社，1982．

[2] 邹僖．钎焊［M］. 2 版．北京：机械工业出版社，1989.

[3] 虞觉奇，易文质，等．二元合金状态图集［M］. 上海：上海科学技术出版社，1987.

[4] 虞觉奇，尹邦跃，等．25AgCuZnCd 钎料脆性的研究［J］. 焊接学报，1999，20，增刊：119-123.

[5] ANSI/AWS A5. 8-89 An American National Standard Specification for Filler Metals for Brazing. AWS. 1989. 16.

[6] 虞觉奇．实用钎料合金相图手册［M］. 北京：机械工业出版社，2015.

[7]《重有色金属材料加工手册》编写组．重有色金属材料加工手册：第一分册［M］. 北京：冶金工业出版社，1979．

[8] 横山亨．合金状态图简明读本［M］. 刘湖，译，北京：冶金工业出版社，1982.

[9] 侯增寿，陶岚琴．实用三元合金相图［M］. 上海：上海科学技术出版社，1983.

[10] 唐仁政，田荣璋．二元合金相图及中间相晶体结构［M］. 长沙：中南大学出版社，2009.

[11]《铸造有色合金及其熔炼》编写组．铸造有色合金及其熔炼［M］. 北京：国防工业出版社，1985.

[12] 田荣璋，王祝堂．铜及铜合金加工手册［M］. 长沙：中南大学出版社，2002.

[13] 戴圣龙．铸造手册：铸造非铁合金［M］. 3 版．北京：机械工业出版社，2011.

[14] 章四琪，黄劲松．有色金属熔炼与铸锭［M］. 北京：化学工业出版社，2006.

[15] 刘永亮，李耀群．铜及铜合金挤压生产技术［M］. 北京：冶金工业出版社，2007.

[16] 肖恩奎，李耀群．铜及铜合金熔炼与铸造技术［M］. 北京：冶金工业出版社，2007.

[17] 机械工业部．焊接材料产品样本［M］. 北京：机械工业出版社，1997.

[18] 张启运，庄鸿寿．钎焊手册［M］. 2 版．北京：机械工业出版社，2008.

[19] 徐琦，郑丽华，许异森．低银钎料的研制［C］//第六届全国焊接会议论文集：第Ⅰ册．西安，1990.

[20] 韩逸生，邹家生，等．Ag-P-Cu 钎料中 Ag 的作用分析［J］. 焊接技术，2000，29（3）．

[21] 庄鸿寿，孙德宽．无银铜磷锡钎料研究［J］. 焊接，1989（11），1-5.

[22] 邱惠中．全国钎焊材料汇编（内部资料）［Z］. 北京：1998.

[23] 陆学善．相图与相变［M］. 合肥：中国科学技术大学出版社，1990.

[24] 王世伟．合金元素对铜基低银钎料性能的影响［J］. 中国有色金属学报，1995. 5（2）：108-111.

[25] 梁基谢夫．金属二元系相图手册［M］. 郭青蔚，等译．北京：化学工业出版社，2009.

[26] 何纯孝，李开芳．贵金属合金相图及化合物结构参数［M］. 北京：冶金工业出版社，2007.

[27] 戴永年．二元合金相图集［M］．北京：科学出版社，2009.
[28] 宁远涛，赵怀志．银［M］．长沙：中南大学出版社，2005.
[29] 李梦龙．化学数据速查手册［M］．北京：化学工业出版社，2003.
[30] 何纯孝，马光辰，等．贵金属合金相图［M］．北京：冶金工业出版社，1983.
[31] 翟宗仁．无镉银钎料研制进展概述［C］//第十届全国钎焊与扩散焊技术交流会论文集．无锡，1998.
[32] 韩宪鹏，薛松柏，赖忠民．无镉银钎料研究现状与发展趋势［J］．焊接，2007（6）：19-23.
[33] 赖忠民，王俭辛，卢方焱．无镉银基钎料合金研究进展［J］．焊接，2011（10）：11-17.
[34] 赖忠民，王俭辛，卢方焱．稀土铈对 Ag30CuZnSn-3Ga-2In 钎料显微组织的影响［J］．焊接学报：2011，32（1）：9-12.
[35] 刘宏伟，封小松．含镓和铟的无镉银基中温钎料性能的研究［J］．焊接，2011，9：30-33.
[36] 韩宪鹏，薛松柏，顾立勇．镓对 Ag-Cu-Zn 钎料组织和力学性能的影响［J］．焊接学报，2008（2）：45-48.
[37] 徐锦锋，张晓存，翟秋亚，等．镍对 Ag-Cu- Sn−In 钎料组织及加工性能的影响［J］．焊接学报，2011（11）：65−68.
[38] Λ · E 米列尔．有色金属加工手册：下册［M］．子群，译．北京：中国工业出版社，1965.
[39] 方洪渊．简明钎焊手册［M］．北京：机械工业出版社，2000.
[40] 虞觉奇，张素芬．Y—1 型铝基钎料的研究［J］．焊接，1989（1）：1.
[41] 张启运．钎焊文集［M］．北京：北京师范大学出版社，2009.
[42] 大野笃美．金属凝固学［M］．朱宪华，译．南宁：广西人民出版社，1982.
[43] 孙连超，田荣璋．锌及锌合金物理冶金学［M］．长沙：中南大学出版社，1994 .
[44] 黄伯云，李成功，石力开，等．有色金属材料手册：上册［M］．北京：化学工业出版社，2009.
[45] ERNEST M L，CARL R R，HOWARD F M. Phase Diagrams for Ceramits［M］. Columbus，Ohio：The American Ceramic Society Supplement，1969.
[46] 虞觉奇，陈永泰．Y—2 型中温锌基铝钎料的研究［J］．焊接，1997（8）：11-13.
[47] 大连工学院无机化学教研室．无机化学［M］．北京：人民教育出版社，1978.
[48] 日本化学学会．无机化合物合成手册：第二卷［M］．安家驹，等译．北京：化学工业出版社，1986.
[49] 虞觉奇，黄红武，谢贤清，等．双辊快速凝固钎料薄带连铸技术［J］．焊接技术，1989（6）：4-5.
[50] 虞觉奇，陈明安，高香山．快速凝固 Al-Si 基钎料性能的研究［J］．焊接学报，1994，15（2）：67-73.
[51] 虞觉奇，黄红武，黄桂湘，等．双辊快速凝固 Al-Si 合金的显微组织［J］．材料研究学报，1998，12（6）：594-597.

[52] 虞觉奇，虞璐. 双辊快速凝固 0.1~0.5mm 铝合金薄带的冷轧性 [J]. 轻合金加工技术，2002，30（12）：19-21.
[53] 谢贤清，虞觉奇，刘金水. 双辊快速凝固的研究进展 [J]. 金属成型工艺，1998，16（6）：43-48.
[54] 陆树荪，顾开道，郑来苏. 有色铸造合金的熔炼 [M]. 北京：国防工业出版社，1983.
[55] 贵金属加工手册编写组. 贵金属加工手册 [M]. 北京：冶金工业出版社，1978.
[56] 杨守山. 有色金属塑性加工学 [M]. 北京：冶金工业出版社，1982.
[57] 王笑天. 金属材料学 [M]. 北京：机械工业出版社，1987.
[58] 叶卫平，张覃铁. 热处理实用数据速查手册 [M]. 北京：机械工业出版社，2006.